“十四五”职业教育国家规划教材

“十三五”职业教育国家规划教材

矿山测量

(第2版)

主　编　吴贵才　王旭科
副主编　李风贤　柴生亮
　　　　李玉霞　张文清

本书数字资源

黄河水利出版社
·郑州·

内 容 提 要

本书是“十四五”职业教育国家规划教材，是高等职业教育测绘工程、工程测量技术和矿山测量的核心课程教材。全书共九个项目，项目一主要介绍地质勘探工程测量；项目二主要介绍近井网测量；项目三主要介绍矿井联系测量；项目四主要介绍井下平面控制测量；项目五主要介绍井下高程控制测量；项目六主要介绍巷道及回采工作面测量；项目七主要介绍贯通测量；项目八主要介绍矿图及数字矿山信息系统；项目九主要介绍地表移动及变形观测。

本书可作为高等职业教育测绘工程、工程测量技术专业、矿山测量专业及相关专业教材，也可供相关专业工程技术人员和自学者阅读参考。

图书在版编目(CIP)数据

矿山测量/吴贵才，王旭科主编. —2 版. —郑州：黄河水利出版社，2020.1 （2024.2 修订重印）

“十四五”职业教育国家规划教材

ISBN 978-7-5509-2374-4

Ⅰ.①矿… Ⅱ.①吴… ②王… Ⅲ.①矿山测量-高等职业教育-教材 Ⅳ.①TD17

中国版本图书馆 CIP 数据核字(2019)第 101346 号

策划编辑：陶金志 电话：0371-66025273 E-mail：838739632@ qq. com

出 版 社：黄河水利出版社 网址：www. yrcp. com

地址：河南省郑州市顺河路黄委会综合楼 14 层 邮政编码：450003

发行单位：黄河水利出版社

发行部电话：0371-66026940、66020550、66028024、66022620(传真)

E-mail：hhslcbs@ 126. com

承印单位：河南承创印务有限公司

开本：787 mm×1 092 mm 1/16

印张：12. 5

字数：292 千字

版次：2019 年 11 月第 2 版 印次：2024 年 2 月第 2 次印刷

2024 年 2 月修订

定价：38. 00 元

规划教材审定委员会

第2版前言

党的二十大报告提出“实施科教兴国战略，强化现代化建设人才支撑。统筹职业教育、高等教育、继续教育协同创新，推进职普融通、产教融合、科教融汇，优化职业教育类型定位。”这是对新时期职业教育发展提出的部署与要求。教材建设是《国家职业教育改革实施方案》对职业院校人才培养、专业设置与课程建设提出的重要改革内容，服务于国家战略能力、绿色生态发展、数字化智能化职业场景的高质量教学教材是培养新时期具备工匠精神，精操作、懂工艺、会管理、善协作、能创新的技术技能型人才的根本保障。

本书在积极探索育人模式、途径和方法的基础上，依据教育部《职业教育专业简介》、矿山与地下工程测量人才培养方案编写，旨在阐述矿山与地下工程测量工作基础理论的同时注重将其与实际生产实践项目相结合，增加了实践操作技能训练内容，以提高教材使用者立足工程现场发现、分析和解决实际问题的能力。

本书在编写过程中力争体现以下特点：一是内容新颖，适当反映矿山测量学科领域当前新技术与新趋势；二是突出特色，重点体现职业教育的应用性和实践性；三是符合要求，必须满足相关专业的人才培养方案、课程目标（包括知识目标、技能目标和素质目标）和教学大纲的基本要求；四是适应国情，针对相关专业学生学习矿山与地下工程测量的特点，内容力求简明扼要、重点突出，不仅便于教师组织教学而且适合学生自学。本书在结构和内容上主要包括绪论、地质勘探工程测量、近井网测量、矿井联系测量、井下平面控制测量、井下高程控制测量、巷道及回采工作面测量、贯通测量、矿图及数字矿山信息系统和地表移动及变形观测共九个项目。实际教学时，有些项目内容可以全讲，也可根据需要选讲，其余内容可供参考或自学。本书全面加入了课内实训建议和基本纲要等实训内容，便于教师展开实践性教学。

本书由辽宁工程技术大学吴贵才、兰州资源环境职业技术大学王旭科担任主编，兰州资源环境职业技术大学李风贤、柴生亮、李玉霞、张文清担任副主编。本书编写分工如下：吴贵才编写绪论，王旭科编写项目六、项目七，李风贤编写项目三，柴生亮编写项目四、项目五，李玉霞编写项目一、项目二，张文清编写项目八、项目九。全书由王旭科统稿。

为了不断提高教材质量，编者于2023年12月，全面贯彻落实党的二十大精神，以习近平新时代中国特色社会主义思想为指导，落实职业教育立德树人根本任务，根据近年来国家及行业最新颁布的规范、标准、规定等，以及在教学实践中发现的问题和错误，对全书进行了修订完善。

本书在编写过程中，参阅了大量文献资料，引用了同类书刊中的部分资料，在此谨向相关作者表示衷心感谢！本书编者水平所限,书中难免存在不当之处,恳请广大读者予以批评指正!

编 者

2023年12月

目 录

绪 论

一、矿山测量的研究内容及任务

矿山测量学科是采矿学科的一个分支,是采矿学科的重要组成部分,也是介于测量学和采矿学的边缘交叉学科。它综合运用测量、地质及采矿等多种学科的知识来研究矿山勘查设计、矿区建设、矿物开采直至矿井报废全生命周期中的矿山测量及矿图绘制的理论与方法,仪器设备的选型与检校,测绘工作的组织实施,以及测绘成果的验收、管理与应用。同时,还研究开采沉陷规律和采动损害的防治及矿物开采损失和储量动态计算与管理等。

(一)矿山测量学科的主要内容

1. 矿区控制测量

矿区控制测量主要研究矿区平面和高程控制网的建立,包括坐标系统的选定、技术设计、施测和平差计算等内容,是与大地测量学联系极为紧密的基础学科。

2. 矿山测量学

矿山测量学包括矿区建设施工测量、生产矿井测量和露天矿测量三大部分。矿区建设施工测量主要研究矿区建设时期工业与民用建筑物,道路(公路、铁路),地面及地下管网,立井(斜井)施工等工程的测量工作,工业设备安装测量,以及井底车场、井下硐室和主要井巷施工测量等。生产矿井测量主要研究矿井开采时期的测量工作,包括矿井的平面与高程控制测量、矿井联系测量、巷道施工测量与贯通测量、采掘工程的进度与验收测量,以及各种矿图的绘制和矿山地理信息系统管理等。露天矿测量主要研究露天矿剥离、日常生产测量及边坡变形监测等问题。

3. 矿山开采沉陷学

矿山开采沉陷学主要研究因开采引起的围岩与地表移动的变形规律,以及采动损害与防治等矿山岩体力学与环境工程的问题,是由采矿学科发展起来的一个重要分支。

4. 矿体几何学

矿体几何学是应用图解和数学模型研究矿体形态、矿产性质和矿产资源保护与评价等问题,是矿图测绘、储量计算与管理的理论基础。矿体几何学也是由采矿学和地质学互相交融而发展起来的一个重要分支。

矿山测量是矿产资源开发过程中不可缺少的一项重要基础技术工作。在矿井勘探、设计、建设和生产直到矿井报废,都要进行矿山测量工作。

在矿井勘探阶段,要建立勘探区域的地面控制网,测绘勘探区域 1∶5 000 比例尺的地形图,在实地标定出图纸上设计的勘探工程位置,如钻孔、探槽、探井、探巷等。同时,还要与地质工作人员共同勘测现场、编制图纸和计算储量。

在矿井设计阶段,需要测绘 1∶1 000、1∶2 000 比例尺的地形图,作为设计工业广场、建(构)筑物、道路管网等工程的依据,以及计算施工土方量。

在矿井建设阶段,要进行一系列施工测量,如标设立井井筒或露天矿开采挖沟道的位置、工业与民用建(构)筑物的施工放样、凿井开巷测量、设备安装及道路管网测量等。

在矿井生产阶段,需要进行巷道标定、储量管理、开采监督、采区岩层与地表移动观测与研究,以及露天矿边坡稳定性的观测与研究等。参与采矿计划编制、环境保护和土地复垦等。

当矿井报废时,还须将全生命周期的矿山测绘资料、测量记录手簿及成果资料等全部转交给有关单位长期保存。

(二)矿山测量在矿井生产建设中承担的主要任务

(1)建立矿区地面和井下(或露天矿)控制测量系统,测绘大比例尺地形图。

(2)完成各种矿山基本建设工程的施工测量。

(3)测绘各种采掘工程图、矿山专用图及矿体几何图。

(4)检查和监督资源利用及生产情况。

(5)观测和研究由于开采引起的地表与岩层移动基本规律,以及露天矿边坡的稳定性。组织开展"三下"(建筑物下、道路下、水体下)采矿和矿柱留设的实施方案。

(6)进行矿区土地复垦及环境综合治理研究。

(7)进行矿区范围内的地籍测量。

(8)参与本矿区(矿)月度、季度、年度生产计划和长远发展规划的编制工作。

二、矿山测量发展概括

矿山测量是一门工程技术应用型学科,它是从采矿实践中产生和发展起来的。我国是世界上采矿事业发展最早的国家,公元前2 000多年的时候已经开始金属矿的开采,如铜矿开采。到了周代,金属工具已普遍应用,说明此时采矿业已很发达。据《周礼》记载,在周代已经设立了专门的采矿部门,在开采时重视矿体形状,并使用矿产地质图以辨别矿产的分布。说明此时我国的矿山测量已经有相当的成就。到了近代,矿山测量技术有了长足发展。1879年(光绪五年)开滦(在现在的河北唐山境内)矿区建设第一对矿井——唐山矿时,就设立了测量机构,测绘了井田区域地形图和采掘工程图。1908年,清政府颁布实施的《大清矿务章程》中已经有了矿图绘制程式要求。

中华人民共和国成立后,我国矿山测量技术领域得到了迅速发展。根据采矿业发展的需求,1953年北京矿业学院(现中国矿业大学)首先设置了矿山测量专业。1954年,燃料工业部全国煤矿管理总局成立测量处,之后合并为地质测量处。1956年,唐山煤炭科学研究院建立了中国第一个矿山测量机构——矿山测量研究室,即现在的煤炭科学研究总院唐山分院矿山测量研究所。与此同时,各大中型矿山企业相继成立了矿山测量机构,对矿区地面控制网进行了全面的改建和重建,统一了矿区坐标系统。1981年,中国煤炭学会矿山测量专业委员会成立,召开了第一届矿山测量学术大会。

在国外,公元前13世纪,古埃及就有了按比例缩小绘制的巷道图。公元前1世纪,希腊学者亚利山德里斯基已对地下测量和定向进行了叙述。但是,矿山测量作为一门独立的学科始于德国、俄国和东欧等国家。在德国,1556年出版了由格·阿格里柯拉著的《采矿与冶金》一书,书中专门论述采用罗盘测量井下巷道和解决采矿过程中的一些几何问题。16世纪后半期,德国采矿业中出现了专门从事测量工作的人员,被称为矿山测量员。他们把为解决不同采矿主的开采边界及其地面界线等技术问题称为矿山测量术。这一技术传入俄国后，许多学者曾建议改为“矿山几何学”，但由于矿山测量术一词已成为习惯，很难更改。我国在中华人民共和国成立初期采用苏联模式，故仍袭用“矿山测量术”一词至今。1885 年，德国建立了矿山测量师协会，并出版了世界上第一种矿山测量的定期刊物《矿山测量学通报》。

在苏联，矿山测量科学技术一直比较受重视，发展较快。1742 年，M. B. 罗蒙诺索夫著的《冶金与采矿的首要基础》一书中专门有一章“矿山测量”，不仅介绍了各种测量仪器，而且研究了诸如立井和平巷贯通等各种具体测量问题。1847 年，JI. A．奥雷舍夫提出用经纬仪代替挂罗盘和半圆仪测量井下巷道。1904 年，在俄国的托姆斯克工学院成立了第一个矿山测量专业。1921 年，苏联召开全俄矿山测量员代表大会，大会决定在各采矿企业建立矿山测量机构。1932 年，全苏联矿山测量大会建立了“中央矿山测量科学研究局”，之后改建成“全苏联矿山测量科学研究所”。

为了交流各国矿山测量在生产、教学及科研方面的经验，探讨矿山测量和采矿工业的发展，在国际采矿学会下建立了矿山测量分会。1969 年 8 月，在捷克斯洛伐克的布拉格召开了第一届国际矿山测量会议，成立了国际矿山测量协会（ISM），会议决定每 3 年召开 1 次。我国的矿山测量科学家们从 1979 年的第四届大会开始参加 ISM 的国际活动。2004 年，国际矿山测量协会（ISM）第 12 届国际大会在辽宁阜新召开。这是 ISM 自 1969 年成立以来第一次在中国召开大会。

20 世纪 60 年代以后，随着电子、激光等新技术的迅速发展，推动了矿山测量仪器设备的研发工作，陀螺经纬仪（或全站仪）、光电测距仪、电子经纬（水准）仪、全站仪、数字摄影测量、全球导航卫星系统（GNSS）、遥感（RS）、地理信息科学等新仪器和新技术，以及计算机科学技术等相继在矿山测量工作中得到应用，使传统的矿山测量学理论和技术方法发生巨大变革，并朝着数据采集、储存、计算和绘图数字化、自动化、可视化的方向发展。

三、矿山测量技术人员应该具备的专业理论和品格

为了出色地完成上述各项任务，充分发挥应有的作用，矿山测量技术人员不仅要具有高度的政治思想水平和爱岗敬业的精神，而且应具备扎实的理论知识和实际操作技能，具体如下：

（1）测绘方面的知识。包括地形图测绘、矿区控制测量、GNSS 定位技术、测量平差、贯通测量、矿图绘制、大地测量学基础等。

（2）地质方面的知识。必须掌握地质基本理论及矿井地质、矿体几何等知识，以便研究矿体的形状和性质、赋存规律、计算储量和损失率，确定合理的回采率等。

（3）采矿方面的知识。主要通过学习采矿方法与工艺来了解采矿全过程，以便更好地参加采矿计划编制，并进行监督检查和研究岩层与地表移动等问题。

（4）具备数字摄影测量、遥感（RS）、地理信息科学和矿区土地复垦的知识，以便对因采矿引起的环境变化进行监测，对因开采沉陷造成的生态环境问题进行综合治理。

（5）掌握一些其他学科领域的基础理论知识，如高等数学、工程力学、工程制图、计算机科学技术及外语等。

由于矿山测量是一门边缘交叉性应用学科，承担的任务多样复杂，因而作为一名合格的

矿山测量技术人员,不仅要具有丰富的理论知识和娴熟的职业技能,还应当具备良好的职业品格:

(1)矿山测量作为采矿工程的“先行”和“眼睛”,在测量工作中任何差错都可能给矿山生产建设带来难以估量的损失,真可谓“差之毫厘,失之千里”,因此矿山测量技术人员必须具有强烈的事业心和责任感,养成严谨、求实、认真、细致的工作作风。

(2)矿山测量技术人员的工作条件比较艰苦,经常携带仪器工具上山、下井从事大量的外业工作,还要从事大量的内业计算和绘图工作,而且责任重大。因此,矿山测量人员必须具有职业奉献的精神和克服困难的毅力。

(3)矿山测量的每一项工作都不是一个人所能完成的,而是诸多测量技术人员相互配合、集体劳动的成果。因此,矿山测量技术人员要有团结合作精神以便顺利完成每一项测量任务。

四、矿山测量概述

矿山测量工作就是为了分析与解决矿山各种几何、采矿技术及其问题,它是编绘各种采矿图纸资料所必须的测量和计算工作的总称。开采有用矿物的方法有地下开采和露天开采两种。由于开采方法不同,矿井测量的方法自然也不一样。在矿山建设时期的施工测量方法也具有一些特点。因此,通常将矿山测量分为生产矿井、矿井建设施工测量和露天矿测量3个部分的内容,本书所介绍的主要是生产矿井测量。

生产矿井测量是矿山测量学的重要组成部分。在矿山开发建设过程中,首先需要进行地质勘探。在决定采取井巷开拓方式之后,即可依据地质勘探资料进行矿井设计,再按设计进行建设。在矿井建设完毕,投入生产之后,便成为生产矿井。在整个矿产资源开发过程中采矿工程是主体,延续的时间很长,生产矿井工作占有重要地位,因而也使生产矿井测量学成为测量学科中最重要的主干课程之一。

生产矿井测量的对象是采矿巷道。现代化大型矿井几乎都是多井口、多水平和多层次的开采,因而生产矿井测量面对的是多通道、多水平的空间问题。根据巷道的性质和形状不同,有水平巷道和缓倾斜巷道,也有急倾斜巷道和竖直的立井及暗井;有沿煤层开凿的直线或弯曲巷道,也有不沿煤层开凿的直线或曲线巷道,整个矿井是由这些不同性质和形状的巷道构成的复杂空间体系。因此,生产矿井测量的主要工作:首先,是标定巷道的实地位置,指示巷道的掘进方向,测设井巷的空间位置;其次,根据所测资料及时地把新掘的巷道填绘在图纸上,并绘制各种矿图,以保证采矿工作安全合理进行;再次,是测定矿体埋藏要素及其特征点,包括矿体的走向、倾角、厚度,顶底板面、取样地点及井下钻孔的位置等,并及时绘制到矿图上。它们是研究矿体形状、性质及绘制矿体几何图所必需的数据信息。

生产矿井测量和地面测量一样,其目的是测定点的空间位置,其任务是放样与测图,其内容分为平面控制测量和高程控制测量。通常生产矿井测量进行的顺序是:首先,将地面控制点引测至井口附近进行联系测量,即通过井筒(立井或斜井)把地面控制点的平面坐标及高程传递到井下,在井底车场建立井下起始点坐标、起始点高程和起始边坐标方位角;其次,沿主要巷道进行井下平面和高程控制测量;最后,沿次要巷道进行各种碎部测量。除联系测量外,其他各项测量工作均与地面相似。

五、井下测量工作应遵循下列基本原则

(1)测量顺序一般情况下遵循高级控制低级的原则。这样可以控制测量误差的积累,从而提高测量的精度。

(2)各项测量工作应与采矿工程所必需的精度相适应。精度过高是不必要的浪费,而精度过低则不能满足工程要求,一般按有关规范执行。对某些特殊工程的必要精度,应进行专门的测量技术设计,并预计其精度能否满足该工程的要求。当满足要求时,则可按技术设计进行施测。

(3)对每项测量工作的正确性必须进行检查。测量是一项细致而繁重的工作,任何一点微小差错,都有可能导致巨大的工程损失,甚至造成重大的安全事故。由于测量过程中包括大量操作、记录和计算,有可能产生一些差错,因此除要求测量技术人员严肃、认真、细心地工作外,还应对数据成果进行必要的检核,以便及时发现错误,加以改正。对单个测量要素,如角度、边长及高差等,应在野外按规定要求当场进行检核。对整项测量工作的质量,还应通过室内计算加以检核。例如,导线测量可用角度闭合差和坐标增量闭合差或两次测量较差来进行检查等。

(4)井下测量与地面测量相比,也有一些不同之处。首先,井下测量工作条件比地面环境差,井下黑暗、狭窄,行人和运输繁忙,给测量造成一定的困难。其次,井下测量的对象经常在变化,因此在采矿全过程需要连续地进行测量。最后,井下测量为了解决某些重要的矿山几何问题,还必须专门做技术设计,并按设计要求进行高精度的测量。

本书介绍的主要内容是生产矿井测量方法、生产矿井测量精度分析、矿图知识等。学习本课程时,应充分利用已经学到的测绘知识,联系井上下实际情况,掌握生产矿井测量、计算及绘图的基本知识和理论,同时要能较熟练地在现场掌握仪器设备操作的技能,达到理论与实践相结合。

小青山仿真煤矿
一号井全景漫游

项目一 地质勘探工程测量

项目概述

学习勘探线、勘探网布设的基本形式及测设方法;钻孔位置确定方法;地质剖面线的测量方法及地质剖面图的绘制方法;能够依据矿区资料及《地质矿产勘查测量规范》(GB/T 18341—2021)等要求,制订该矿区的各阶段地质勘查测量工作方案及地质剖面测量工作方案,并依据方案实施。

学习目标

知识目标:

①能正确陈述勘探线、勘探网的基本布设形式和测量方法;

②能基本正确陈述钻孔的布设形式及测设方法;

③能正确陈述地质剖面端点测设方法、地质剖面测量及地质剖面图测量的基本方法。

技能目标:

①能进行矿区勘探线、勘探网的建设及测设;

②能准确标定钻孔位置并测设;

③能进行地质剖面线端点测设;

④能进行地质剖面线控制测量。

单元一 勘探线、勘探网的建立

【导入】

党的二十大报告提出“我们提出并贯彻新发展理念,着力推进高质量发展,推动构建新发展格局,实施供给侧结构性改革,制定一系列具有全局性意义的区域重大战略,我国经济实力实现历史性跃升。”“能源安全得到有效保障……能源、信息等基础设施建设取得重大成就。”

某矿产勘查测量区域的地理坐标为东经113°42′24″~113°52′50″,北纬34°19′04″~34°22′45″。京广铁路、京珠高速公路在测区内南北穿过,107国道和郑州—平顶山—南阳省道在测区西部南北经过,登杞地方铁路在测区北部东西向擦边而过。郑州国际机场在测区北部约23 km处,交通十分方便,进出测区方便快捷。本区属暖温带大陆性干旱性季风气候，年均气温15.7°C，冻土期为每年的12月至次年的3月，冻结深度10~15 cm，积雪最大厚度20 cm。总体地势西高东低，比较平坦，平均海拔为110 m。依据该矿区地质勘查工程资料及《地质矿产勘查测量规范》(GB/T 18341—2021)等，制订该矿区的各阶段具体地质勘查测量工作方案。

【正文】

地质勘查通常是指矿产资源普查与勘探，其目的是详细查明地下资源，确定矿物位置、形状及储量。地质勘探一般分为普查、详查和精查三个阶段，在这三个阶段中要进行勘查工程，并需相应地进行测量工作，这项工作称为地质勘查工程测量。从事地质勘查的技术人员，除需掌握地质勘查方面的知识外，还应熟悉地质勘查工程中的测量工作，以便结合现场需要，正确组织测量业务，合理地使用测量资料。

普查阶段的主要工作是根据在地表上所发现的矿点(矿体露头)及配合地表揭露工程和少量的勘探工程等手段所进行的地质勘查，并填绘中、小比例尺地形地质图，初步查明矿产的品种，矿体的规模、形状和产状，确定矿石的品位和储量，对矿区有无进一步勘探的价值做出评价。

详查阶段亦称勘探阶段，是在普查阶段基础上对矿区进行更详细的勘查。在这个阶段采用的勘查手段主要有地质点观察、地表揭露工程(剥土、槽探、井探等)、钻探工程，必要时还需要做一定数量的坑道探矿工程，目的是查明矿区的地质构造、矿体产状，获得矿石品位、物质成分及储量等更可靠的地质资料，编制矿区大比例尺(1∶1 000~1∶5 000)地形地质图作为矿山建设与开采的依据。

精查阶段是在普查和详查的基础上，进一步查明矿体埋藏规模，确定矿体品位、储量、开采价值、开采方法等。最后，综合所有资料，编制矿区大比例尺(1∶1 000~1∶5 000)地形地质图，绘制供研究矿体产状、品位和储量的专题地图，并对勘探结果提交完整的综合地质报告，为下一步开矿做好准备。

地质勘查工程测量可分为基础测量和工程测量两部分。基础测量主要是指对整个矿区的控制测量，以及大比例尺地形图的测绘；工程测量是为地质勘探工程的设计、布设、施工和地质点定位等进行的各种测量。

地质勘查工程测量主要包括以下任务：

(1)为地质勘查工程设计提供基础资料，包括区域内的控制测量和各种比例尺的地形图。

(2)根据地质工程的设计在实地提供工程施工位置和方向(定位和定线)，指导地质勘探工程施工，并测出竣工后工程点的坐标和高程。

(3)及时准确地测定已完工的工程点坐标和高程，为研究地层构造、编写地质报告和储量计算提供有关的测量资料。

地质勘查工程测量的主要内容有勘查工程测量、地质工程测量和地质剖面测量。所有这些测量工作都必须在控制测量的基础上进行。地质勘探区控制网控制的面积，不仅要考虑到目前地质勘探工程的需要，而且要考虑勘探区可能扩大时的需要。控制网的精度也要有所储备。密度不仅要满足矿区所需比例尺地形图的需要，而且要保证各项勘探工程，特别是大型探矿坑道工程的需要。作为地质勘探区首级平面控制网，可根据勘探面积、勘探网密度和地形条件,布设四等或5″级导线网。在此基础上再以交会法、导线法等方法进行加密。控制网的高程一般采用等外水准测量施测。

当勘探区已建立地形测量控制网时,如果精度能满足勘探工程测量的需要,应利用其作为一切勘探工程测量的平面控制和高程控制,不必重新布网。如其密度不够,可在原有基础上进行加密。勘探区的地形测量是为地质勘探工程服务的,测图比例尺的大小是随地质勘探对矿体储量计算的精度要求不同而变化的。储量计算得越精确,测图比例尺就应该越大,随着勘探工程的深入,勘探工程所需的地形图比例尺也逐渐变大。一般应满足1∶500或1∶1 000测图需要。

一、勘探线、勘探网的概述

在地质勘探过程中,为正确圈定矿体,了解矿体不同部位的产状、形态和内部构造,用于揭露矿体的各种勘探工程(如探槽、探井和钻孔等)必须按照一定距离有规律地布置,一般是沿着一定直线方向布设的,这些直线叫作勘探线。勘探线又彼此交叉构成一定形状的格网,称为勘探网。

为有效地揭露地质构造,勘探线的布设形式如图1-1所示,斜线区域是矿体的分布范围,曲线是地形等高线,编号为1—1′,2—2′…的单线表示勘探线。

勘探工程的布设要求有一定的方向,一般是平行于矿体走向或者垂直于矿体走向。平行于矿体总体走向的勘探线称为横向勘探线,垂直于矿体总体走向的勘探线称为纵向勘探线。纵、横勘探线相互交叉构成勘探网。勘探网的形状和密度由矿体的种类及产状确定。一般有正方形、菱形、矩形和平行线形,如图1-2所示。

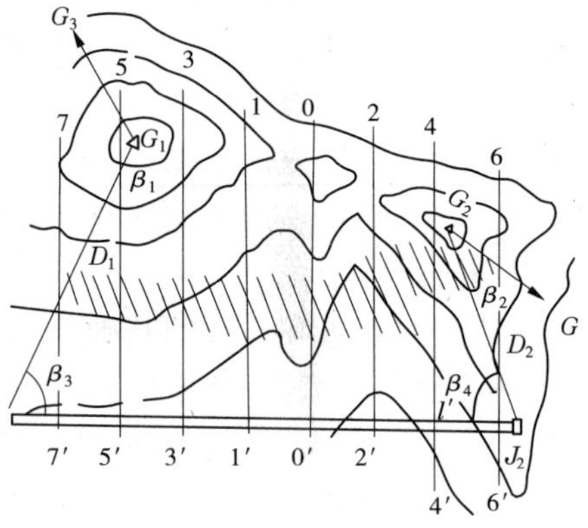

图1-1 勘探线的设计

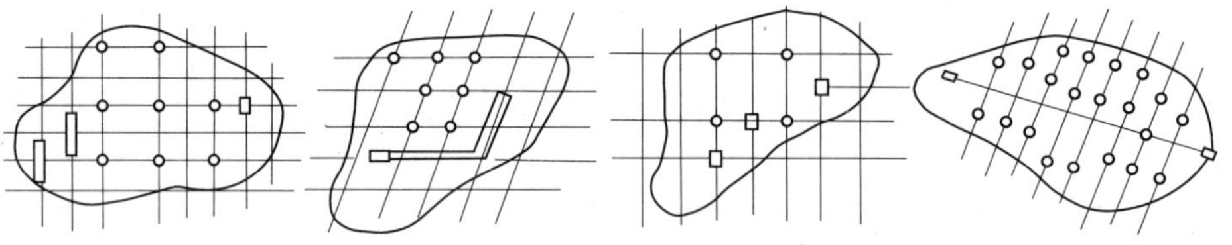

(a)正方形　(b)菱形　(c)矩形　(d)平行线形

图1-2 勘探网的布设形成

勘探网是由两组勘探线相交而成的,其形状和密度主要依据矿床的种类和产状确定,通常布设成正方形、菱形和矩形等。为了控制勘探线和勘探网的测设精度,亦须遵循由整体到局部的原则,首先沿矿体走向布设一条“基线”,然后在此基础上布设其他勘探线。图1-3中MN即为基线,基线两端点M、N应与控制点连接。勘探网的编号以分数形式表示,分母代表线号,分子代表点号。以通过基点P的零号勘探线为界,西边的勘探线用奇数号表示,东边的则用偶数号表示;以基线为界,以北的点用偶数号表示,以南的点用奇数号表示。

勘探网中各条勘探线的间距一般是相等的,勘探线间的距离称为线距。线距的大小要根据矿床类型、勘探阶段要求探明的储量级别而定,一般取 10 m、20 m、50 m 的整倍数。为了控制勘探线和勘探网的测设精度,也须遵循先整体、后局部的原则,首先在矿区中布设一条基线,然后布设其他勘探线,如图 1-3 所示。每条勘探线上的工程点间距称为点距,它是根据不同储量级别所规定的相邻工程在矿层面上的间距而定的。一般黑色金属矿比有色金属矿勘探线的间距要大;大面积沉积矿比脉状勘探线间距要大;探储量的级别越高,要求勘探线的间距越小。

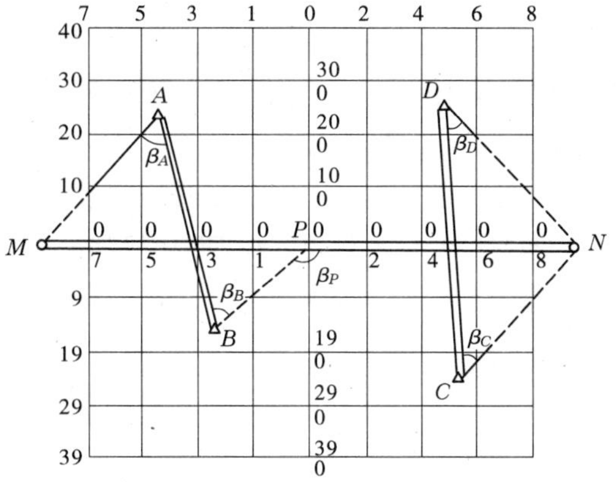

图 1-3　基线的建立与测设

二、基线、勘探线、勘探网的测设

(一)基线的测设

在已建立测量控制网的情况下,根据地质勘探工程的设计坐标和已知测量控制点的坐标反算测设数据,直接将地质勘探工程测设到实地上。

在尚未建设控制网的勘探区,应首先布置勘探基线作为布设勘探网的依据。由地质人员和测量人员实地确定法线的方向和位置,基线一般由三点组成。如图 1-3 所示,A、B、C、D 为已知控制点,M、N、P 为设计的基线上之点,首先利用控制点和 M、N、P 三点的设计坐标将 M、N、P 三点标设于实地,测设完基线后要检查三点是否在一条直线上,如果误差在允许范围内,则在基线两端点埋设标石,然后采用导线、单三角形或前方交会等方法重新测设其坐标,并求出实测值与设计坐标的差值,若互差小于 1/2 000,取平均值作为最终结果,否则应检查原因,必要时应重测。

(二)勘探线、勘探网的测设

勘探线、勘探网的测设就是将基线与勘探线上的工程点测设于实地。常规的测设方法是:在基点 P 安置全站仪,定出基线方向,按设计给定的勘探线间距,采用精密测距的方法定出各勘探线在基线上的交叉点,如图 1-3 中的 $\frac{0}{2}$、$\frac{0}{4}$、$\frac{0}{6}$、$\frac{0}{8}$ 和 $\frac{0}{1}$、$\frac{0}{3}$、$\frac{0}{7}$ 等,然后分别在这些点上安置全站仪,依据设计给定的勘探线上工程点的点距,采用点位测设的方法,将其测设于实地,即得到第一组勘探线。采用同样的方法,可将另一组勘探线上的工程点测设于实地。将勘探线上的工程点测设于实地后,应埋设标志并编号。现在多采用全站仪坐标法测设勘探线、勘探网。具体做法是:在一个控制点上安置全站仪,将已知点坐标、需放样点的坐标输入全站仪,利用全站仪坐标放样功能进行测设。利用全站仪放样可以减少设站次数,从理论上讲,只要在仪器站能看见的地方都可以一次完成测设,减少了人工计算,降低了出错的机会。

(三)高程测设

高程测设分为基线端点、基点的高程测量和勘探线、勘探网高程的测量。基线端点和基点的高程,应在点位测设于实地后,用三角高程测量与平面点位同时测定。实际高程与设计高程之差若在规定的限差之内,取其平均值即可,否则应查找原因。勘探线、勘探网高程的测定,可采用三角高程或水准测量的方法进行,并布置成闭合或附合水准路线,以便检核。

随着全站仪的普及应用,勘探网的测设可不再布设控制基线,而只在勘探区已有控制点的基础上,用测距导线建立一些加密控制点,均匀分布于勘探区内,然后在这些点上用极坐标法测设勘探工程点。这样不仅提高了测设精度,而且提高了测设速度。

三、物探网的测设

物探是地球物理勘探或地球物理探矿的简称。它包括电法勘探、磁法勘探、地震勘探及重力勘探等。在进行物探工作时,首先布设物探网。

(一)物探网的设计

如图1-4所示,物探网一般是由平行的测线与基线相交而成的规则网形,基线间距为500~1 000 m,测线间距为20~200 m,同一物探网中基线和测线各自的间距应相等。基线与测线的交点为基点,基线的两个端点称为控制基点,基线的起始基点应布设在勘探区中央的制高点上。

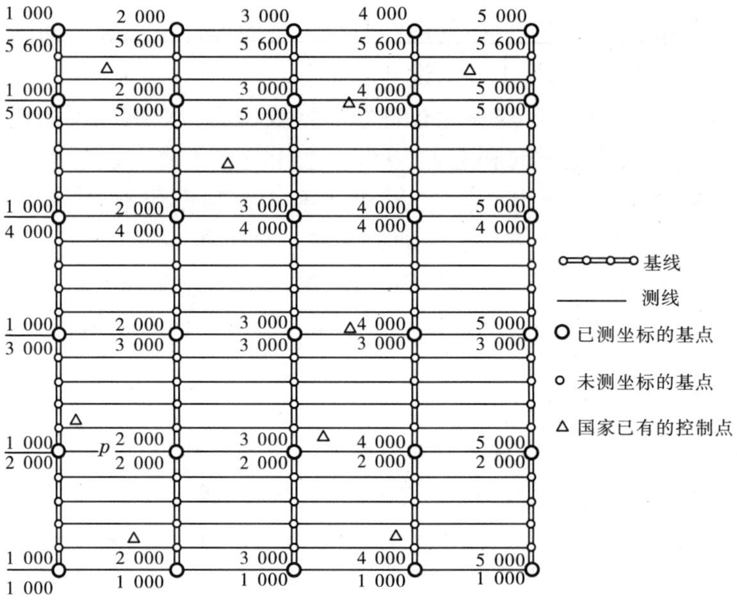

图1-4　物探网的设计

物探网的编号一般用分数形式表示,分母表示线号,分子表示点号,从物探网西南角的基点开始,向北、向东按顺序编号,为了避免向西南角扩展时出现负数编号,一般起始点编号不为0,而是一个较大的正整数,如图1-4中为1 000。如果物探网较小,编号也可用序号来表示。

(二)物探网的测设

物探网的测设包括基线测设、测线测设和高程测设。

1. 基线测设

基线测设包括起始基点测设、控制基点测设和基线测设。

首先应求出测设数据,如果起始基点、控制基点给出了坐标,就利用给出的坐标计算出测设数据。如果起始基点、控制基点没有直接给出坐标,可以利用物探网设计图纸,从图上量取测设数据,然后用极坐标法、角度交会或距离交会等方法测设。基点测设于实地后,应埋设标石,用单三角形或者前方交会等方法重新测定其坐标,并与设计值比较,应满足《工程测量标准》(GB 50026—2020)要求,否则应重新施测。

基线测设就是将基线上的全部点测设于实地,当控制基点测设后,将全站仪安置在基线一端的控制点上,瞄准另一端的控制点定向。沿视线方向,量出各基点的距离,实地标出各基点,钉以木桩并编号。

2. 测线测设

测线测设就是将测线上的每个测点按设计要求测设于实地。传统的方法是用全站仪导线法,它适用于不同的地形条件和不同的比例尺。具体方法是:在基线点上安置仪器,以相邻基线点定向,然后转动全站仪 90°,则望远镜的视线方向即为测线方向。在测线方向上用视距法测设各测点,并插旗、编号。根据测线上的地形情况和视距的允许长度确定转站点。

3. 高程测设

基点、测点高程采用水准测量或三角高程测量的方法,精度要满足相应规范要求。

四、实训任务

(1)分析该矿区地质勘查的基本资料。

认真分析该矿区的地形条件、地质及矿体走向等基本状况、储量分布情况,以及原有地形图资料。

(2)拟定勘探线、勘探网的测设方案。

在制订这个阶段的测设方案时,要根据不同的测量形式,制订合适的测量方案。

(3)根据制订的具体测量方案进行实际测量。

根据分组讨论制订的具体测量方案,领取相关仪器,以小组为单位进行实际测量工作。在各个测量工作中,要依据相应的规范要求进行操作。最后,要完成记录及处理工作。

(4)总结勘探线、勘探网测设的实训经验并思考相关问题。

认真思考地质勘探工程测量中勘探线、勘探网测设的目的、意义及具体工作步骤,探讨这个阶段中的测量工作方案,找出不足并完善。在实际测量工作中,要掌握仪器的具体操作使用步骤,并按规范要求完成测量。在处理数据时,要根据具体精度要求,进行平差计算,检核数据是否正确。最后完成实训报告,总结整个测量工作的心得体会。

单元二 钻探工程测量

【导入】

某矿区位于某县城北东方向约 40 km 处,行政区域划分隶属于该县城墨登乡管辖。矿区地理坐标为东经113°14′25″~113°22′45″、北纬36°49′52″~37°01′15″,面积158.96 km^2。矿区东至县城有柏油路相通,县城有太长高速、太长铁路通过,交通非常便利。区内属太行山中南段西侧,沁水盆地东南缘,以剥蚀为主,兼有黄土覆盖,沟壑纵横,地形复杂。矿区内东部高、西部低,最高点海拔1 909.0 m,最低点海拔约1 210.0 m,相对高差699.0 m。区内气候温和,四季分明,大陆性气候显著。年平均气温9 ℃,1月平均气温零下6.4 ℃,7月平均气温23.2 ℃。平均年降水量519 mm,年均无霜期150~160 d。当地居民经济情况一般,主要从事农业,农作物以谷子、玉米、豆类等为主。区内无大型工矿企业,仅有乡镇煤矿及民采矿点。矿产资源丰富,电力供应情况一般。矿区已有资料:矿区1:10 000扫描地形图、周围国家控制点若干个。

实测GNSS点若干个,并且埋设水泥桩;钻孔若干个,实测要求为点位中误差为图上1.0 mm。测量仪器及测量方法:作业采用仪器为经检验合格的中海达测绘仪器有限公司生产的V8 GNSS RTK系统接收机4台,其中1台为基准站,3台为移动站。接收机与手簿之间通过蓝牙装置连接传输数据,其定位精度平面为±$(10\ mm+1\times10^{-6}D)$,高程为±$(20\ mm+1\times10^{-6}D)$,其中D为被测距离,单位为km。托普康335型全站仪一台。坐标系统,采用1954北京坐标系;高程系统,采用1985国家高程基准;中央子午线,111°00′00″,6°带坐标。

依据该矿区地质勘查工程资料及《地质矿产勘查测量规范》(GB/T 18341—2021)等,制订该矿区的具体钻探工程测量方案。

【正文】

一、概述

钻探是勘探工程中重要的勘探手段,通过机械回转钻进,向地下钻成直径小而深度大的钻孔,并从孔内取得岩心或矿心实物[见图1-5(a)]作为观察分析的资料,依据这些资料来探明地下矿体的范围、深度、厚度、倾角及变化情况。它是当前探矿的主要技术手段。随着矿体种类、矿体类型及勘探储量计算等级的要求不同,钻孔布设的形式和密度也就不同,但一般是布设成勘探线[见图1-5(b)]或勘探网[见图1-5(c)]。目前主要采用勘探线,勘探线是一组与矿体走向基本垂直的直线,一般都是沿勘探线布孔。

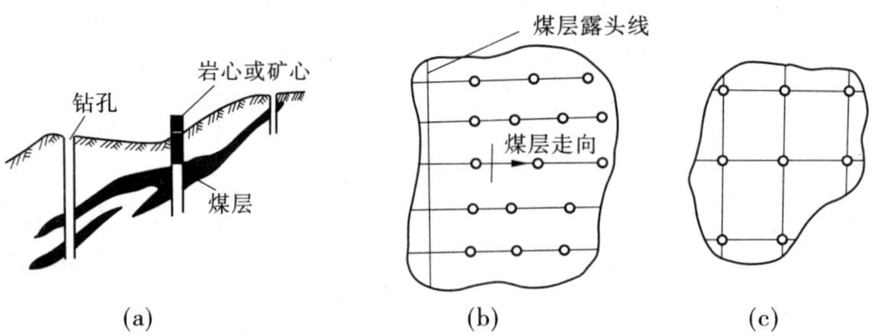

图1-5 钻探工程测量

二、工作内容

钻探工程测量的主要任务是钻孔位置测量,按孔位测量的工作程序又分为初测、复测和定测三个步骤。

(一)初测

初测又称为布孔，一般由地质人员、钻机人员和测量人员共同商量进行，但主要由地质人员决定。由测量人员根据钻孔的设计坐标，从附近的控制点，采用全站仪交会法或极坐标法，将钻孔孔位测设于实地。受地形限制，钻孔位置也可适当移动一段距离，最后确定孔位，并设置木桩标志。随着 GNSS 测量定位技术的普及，现在大多采用 GNSS RTK 技术测设。

根据控制点的分布和地形条件等因素，测设钻孔位置常用的方法有极坐标法、角线交会法。

钻探工程测量的工作内容包括钻孔位置的布设(简称布孔)和定测。

1. 全站仪极坐标法

控制点离钻孔位置较近时采用全站仪极坐标法。如图 1-6 所示，A、B 为已知控制点，C 为设计的钻孔位置，其坐标为已知数据。

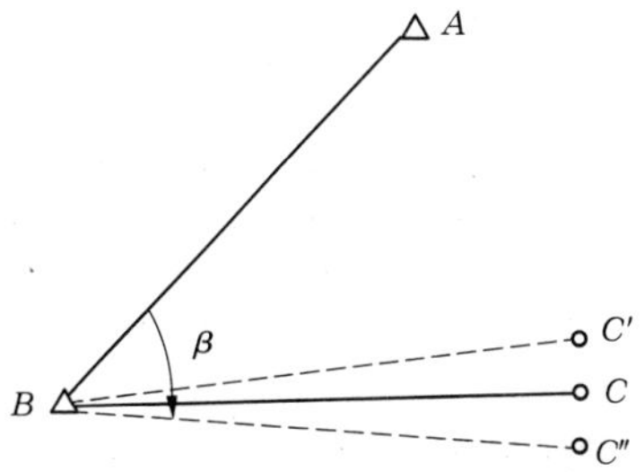

图 1-6　极坐标法

操作步骤：

(1)用 A、B、C 点的坐标，按坐标反算公式计算出 β 角值和边长 S_{BC}。

(2)在 B 点安置全站仪，照准 A 点，正镜拨 β 角，标定一点 C'，再倒镜拨 β 角标定一点 C''。

(3)取 C' 与 C'' 的平均位置，沿 B 与平均位置连线方向量平距 S_{BC} 定出孔位 C。

(4)用木桩作孔位标志。

2. 全站仪角线交会法

角线交会法一般用于地形较复杂的地带。如图 1-7 所示，P 为设计钻孔位置，根据通视情况选定控制点 A 和 B 作为交会的起算点。

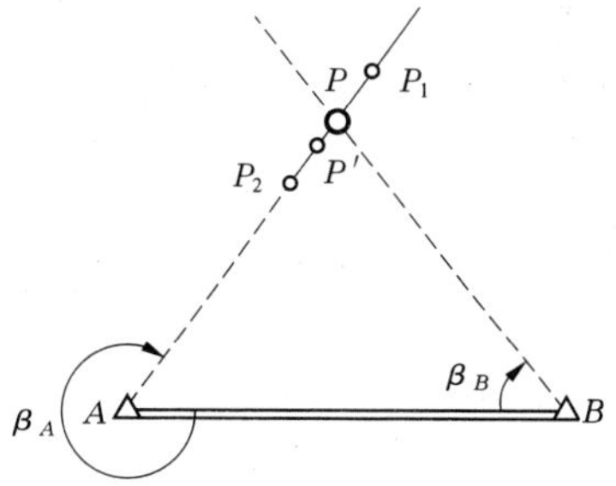

图 1-7　角线交会法

操作步骤：

(1)根据钻孔 P 的设计坐标与 A、B 点的坐标，计算出 S_{AP}、S_{BP} 及 β_A、β_B。

(2)在 A 点安置全站仪，瞄准 B 点定向，拨 β_A 角，定出 AP 方向，再定出 AP 长度 S_{AP}，即得到 P' 点，同时沿 AP 方向在 P' 点前后定出 P_1 和 P_2 两点。

(3)再将仪器安置于 B 点，用相同的方法给出 β_B 角，定出 BP 方向。

(4)观察 P' 点是否在视线上，若不在，则将棱镜沿 P_1、P_2 的连线方向移动，直至棱镜位于 BP 的视线方向上，此时棱镜的位置即为钻孔 P 的位置。

(5)钻孔位置确定后，应在孔位设站，检测交会角，检测角值与计算角值之差不得大于 3′。

不论采用哪一种方法布孔，当孔位在实地确定后，应立即在其附近建立校正点，作为复测钻孔位置的依据。校正点要建在不妨碍平整钻机平台的地方，以免遭受破坏。根据钻孔周围的地形条件，可采用下列方法建立校正点：

(1)十字交叉法。过孔位中心标定出勘探线及其垂直的校正方向(直孔可为任意正交的两个方向),并分别沿着这两个方向,在孔位四周选择四个校正点,使相对网点连线的交点刚好通过孔位,如图1-8所示为十字交叉法确定钻孔位置的布置图。

(2)直线通过法。沿勘探线(直孔可为任意方向的直线)在孔位两侧确定两个校正点,使两点的连线通过孔位中心,并量取孔位到两端点的距离,如图1-9所示为直线通过法确定钻孔位置的布置图。

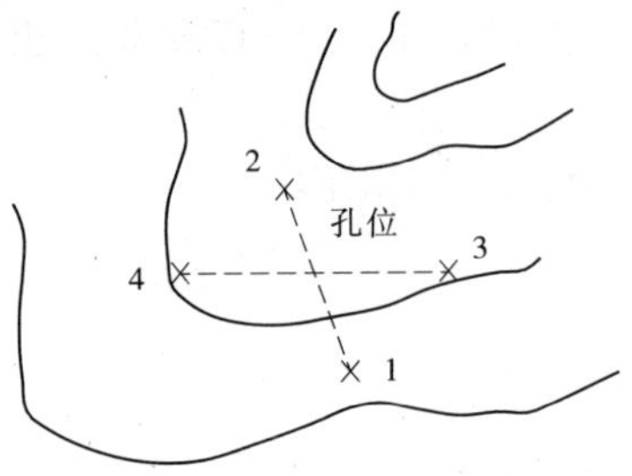

图1-8　十字交叉法

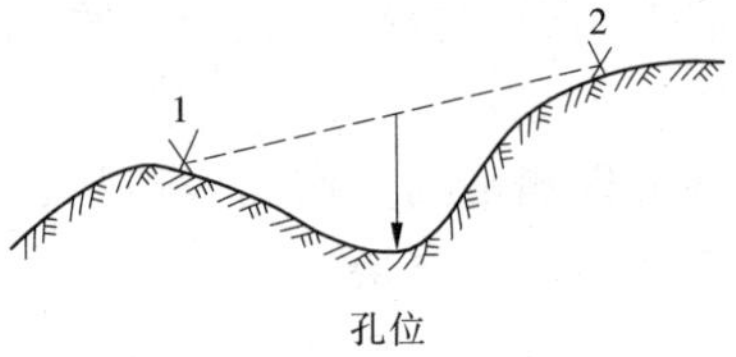

图1-9　直线通过法

(3)距离交会法。在孔位四周选择不同方向上的三个以上校正点,分别量取孔位至各点的距离。

(二)复测

钻孔位置标定后,即可平整钻机场地,但在清理平台的过程中,钻孔的初测标桩往往会遭到破坏,因此在清理钻机场地之前,必须对标定的钻孔桩加以保护,一般的做法是在标定的孔位桩周围钉几个控制桩(或利用初测建立的校正点)。如图1-10(a)所示,P'为孔位桩,1、2、3、4为控制桩(校正点)。控制桩(校正点)1、2、3、4是供复测钻孔用的,因此又称为复测桩。复测桩应设置在平整场地的影响之外。另外,还要根据初测桩测出复测桩的高程。

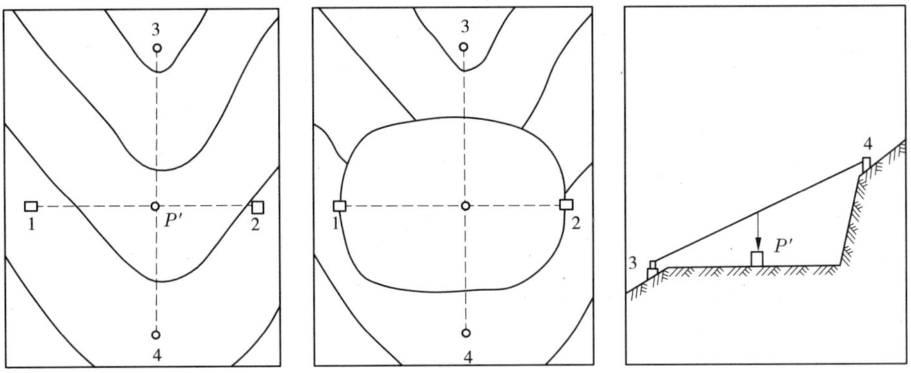

(a)复测桩布置图　(b)破土后钻机平台平面图　(c)钻机平台断面图

图1-10　钻机平台位置图

平整钻机平台后进行钻孔位置的复测,按校正点与孔位间的几何关系用垂球投影法对孔位进行校核,其偏差不得超过图上0.1 mm。若平整钻机平台后,表示孔位的木桩已经丢失,此时可利用校正点重新标出孔位。如对校正点有怀疑或者木桩已丢失,则应按布孔时的操作方法重新测定孔位。

复测时除校核钻孔位置外,还应采用三角高程法测定出平整钻机平台后孔位的高程。

(三)定测

定测一般是在钻探完毕封孔后进行的(也可在钻探过程中进行),测量人员应测定钻孔位置。钻孔位置,以封孔标石中心或套管中心为准进行钻孔坐标的测定,可根据控制点的分布情况决定。

当钻孔的密度较大时,可与已知控制点组成两端有已知边的三角锁和线性三角锁;当钻孔的密度较小时,可用测角交会法或独立三角形法测定其坐标位置。在平坦地区也可用全站仪导线法测定。孔口高程的测量一般采用等外水准测量(地形地质图 0.5 m 等高距时)或三角高程测量。

钻探资料是计算矿产储量的重要依据,所以钻孔位置的定测精度要求较高,其中心位置对附近测量控制点的位置中误差不得超过图上 0.1 mm(孔位初测可放宽为 2~3 倍)。其高程对附近测量控制点的高程中误差不得超过地形地质图基本等高距的 1/10。

定测工作十分重要。如果把钻孔位置定错,那就会直接影响地质资料的正确性。如果把穿过透水层、封孔质量又不好的钻孔位置定错,在将来的巷道掘进中遇到这种钻孔时,就可能导致严重的透水事故,故应特别注意。

三、实训任务

(1)分析该矿区地质勘查的基本资料。

认真分析该矿区的地形条件、地质及矿体走向等基本状况、储量分布情况,以及原有地形图资料。

(2)拟定钻探工程的测量方案。

根据钻探工程测量的目的、任务和测量形式,制订合适的方案。

(3)根据制订的具体测量方案进行实际测量。

根据分组讨论制订的具体测量方案,领取相关仪器,以小组为单位进行实际的测量工作。在各个测量工作中,要依据相应的规范要求进行操作。最后,要完成相应的数据记录及处理工作。

(4)总结钻探工程测量的实训经验并思考相关问题。

认真反思钻探工程测量的初测、复测、定测三个阶段的测量工作的目的、意义及具体工作,探讨三个阶段中的测量方案,找出不足并完善。在实际测量工作中,要掌握仪器的具体操作使用步骤,并按规范要求完成测量。在处理数据时,要根据具体精度要求,进行平差计算,检核数据是否正确。最后完成实习报告,总结整个测量工作的心得体会。

单元三　地质剖面测量

【导入】

库车地区是塔里木盆地中新生界出露最全的地区,库车河地质剖面最有代表性。在该剖面系统采样 25 块(2 块花岗岩、2 块烧变岩、21 块砂岩),使用电子自旋共振(electron spin resonance,ESR)谱仪,采用热活化技术测定样品的石英氧空位相对浓度,以寻求沉积物中石英氧空位的 ESR 信号与其所接受的剂量(可换算为沉积年龄)之间的关系。首先测定 2 块花岗岩(上二叠统侵入岩)样品的 K-Ar 年龄和石英氧空位 ESR 信号强度;再根据第二块花岗岩样品的 K-Ar 年龄[(227.6±3.34)Ma]和 ESR 信号强度,计算出2块烧变岩的形成年龄[上三叠统烧变岩为(3.26±0.3)Ma,中侏罗统烧变岩为(2.33±0.2)Ma]。由于侵入岩的热作用和第三纪末的煤层自燃,上二叠统至中侏罗统克孜勒努尔组的10块砂岩样品没有保持初始 ESR 信号,不能用于研究。上侏罗统齐古组至上第三系康村组(时间间隔约130 Ma)的11块砂岩样品石英氧空位 ESR 信号强度与所接受的累积剂量呈明显线性相关(回归关系式的相关系数为0.97)。根据这11块样品的 K-Ar 年龄估算结果,建议把中侏罗世与晚侏罗世的界线定为154~158 Ma,白垩纪和侏罗纪的界线定为125 Ma,早白垩世与晚白垩世的界线定为105~108 Ma。

依据该区域地质勘查工程资料及《地质矿产勘查测量规范》(GB/T 18341—2021)等,制订该区域各阶段具体地质剖面测量的工作方案。

【正文】

一、概述

地质剖面测量通常是沿着勘探线方向,测定位于该方向线上的地形特征点、地物点、勘探工程点(钻孔、探井、探槽)及地质点的平面位置与高程,并按一定的比例绘制成横剖面图。

地质剖面测量的目的在于提供勘探设计、工程布设、储量计算和综合研究资料。正确地设计勘探工程的位置和加密勘探工程的位置都需要剖面图作为设计依据,以便有效地掌握工程间的相互关系和矿体变化情况。在储量计算中,各个剖面的间距和同一剖面线上各勘探工程间的间距,是控制矿体位置和大小的基本依据。剖面测量贯穿于地质普查和勘探的整个过程中。在普查剖面等精度要求不高时,可以在已有的地形地质图上切绘,精度要求高的剖面图必须实测。

地质剖面测量的比例尺,是指展绘剖面图的水平比例尺。水平比例尺也叫横比例尺,依据展绘各测点至剖面线端点的距离而定。为了真实显示剖面与地表交线(即剖面地形线)的形状,在地质剖面图上展绘测点高程所采用的纵向(垂直)比例尺,一般与横向比例尺一致。但是,有时地形起伏较小,为了突出显示剖面与地表交线(即剖面地形线)的形状,纵向(垂直)比例尺与横向比例尺不一致,可把纵向(垂直)比例尺放大为横向比例尺的1~2倍。

地质剖面测量的比例尺常常要大于矿区地形地质图比例尺,通常是根据矿床类型、矿床成因和探储量级别等因素确定的。对于矿层薄、面积小和品位变化大的稀有贵重矿种,剖面图比例尺要大些,剖面比例尺通常为1:2 000~1:500;对于大面积沉积矿体,剖面图的比例尺要小些,剖面比例尺常为1:10 000~1:2 000;而特种工业原料地质勘探剖面图的比例尺更大,可采用1:200。

进行地质剖面测量时应采用矿区统一的坐标系统和高程,使勘探线剖面图与矿区地形图以及地面、地下的勘探工程测量一致。此外,勘探线标定和勘探线上工程位置、地物点的位置和地形点测定都应符合规范的精度要求,以便使用剖面法计算矿产储量时不至于产生不允许的误差。

地质剖面测量的顺序:

(1)进行剖面定线,建立剖面线上的起点、转点和终点,在其间加设控制点。

(2)进行剖面测量。

(3)展绘地质剖面图。

二、地质剖面线端点的测设

剖面定线是在实地布设剖面线的端点和定向点,测设剖面线端点的目的是确定剖面线的位置和方向,剖面线一般就是勘探线。布设时根据剖面端点的设计坐标和附近测量控制点的坐标,计算测设数据,然后在已知点上安置全站仪,采用极坐标法将端点测设于实地。测设完毕,应立即实际测量端点的平面坐标,并用三角高程或等外水准测量方法测量端点的高程。

剖面端点对附近测量控制点的位置中误差不得超过图上 0.1 mm,高程误差不得超过地形地质图基本等高距的 1/20。两端点的方位与设计方位的最大偏差不得超过下式的规定:

$$\Delta\alpha = \pm\frac{0.4M}{D}\rho \qquad (1\text{-}1)$$

式中 M——地形图的比例尺分母;

D——两端点之间的水平距离,m;

ρ——常数,206 625″。

三、地质剖面线控制测量

剖面线控制测量的任务是:在剖面线端点及定向点测量的基础上,在剖面线上建立必要数量的控制点,以及在剖面控制点之间加密测站点。

剖面线端点、定向点及剖面控制点平面位置测定的精度不得低于图根点的要求。剖面控制点的高程一般采用三角高程测量的方法测定。地形图的等高距为 1 m 或 0.5 m 时,应采用等外水准测量的方法进行测定。

为了在剖面线上设站进行剖面测量,必须在剖面控制点的基础上加密剖面线测站点。加密测站点时可以在剖面控制点之间以量距或视距导线的方法进行。采用视距法和量距法测量剖面地形时,根据不同比例尺,测站点的间距不应超过表 1-1 的规定。

表 1-1 不同比例尺剖面测量基本要求

剖面横向比例尺	1:500	1:1 000	1:2 000	1:5 000
视距/m	—	200	350	500
量距/m	100	—	—	—

(1)在地形起伏不大、通视良好的地区,可将全站仪架设在任一端点上,经对中、整平后,瞄准另一端点,直接在剖面线上选定剖面控制点的位置,并以木桩标记,然后用测定端点的方法精确测出控制点的平面坐标和高程,并同时计算出剖面端点到各控制点的距离和高差及各控制点之间的距离和高差。

(2)在地形起伏较大、通视不好的地区,应在图上沿剖面线设计控制点的位置,并依据设计坐标,按极坐标法或交会法将剖面控制点测设到实地,然后测定其实地点位的平面坐标及高程。

在第一种情况下,测定剖面控制点时,点位应沿剖面线前后移动,并选在视野开阔的地方;在第二种情况下,当在图上量取剖面控制点的设计坐标时,要考虑到该点的位置是否便于观测。

对于未建立控制网的地区,可先进行剖面测量,待控制网点建立后,再测端点及剖面控制点的坐标和高程。

四、地质剖面测量的基本方法

地质剖面测量的目的是了解各个时代的地层层序、地层或岩层的厚度、岩性特征、标志层以及地质构造形态等。地质剖面测量贯穿在地质普查与勘探的整个过程中。精度要求不高的地质剖面,可在已有的地质图上切绘。若地形图的精度不能满足绘制剖面图的要求,以及在半暴露和全暴露地区,必须实测剖面图,不允许在地质图上切绘。

地质剖面测量的任务是测定剖面线上地形点、地物点、地质点及勘探工程点的位置和高程。对于尚未建立测量控制网的矿区,只能从基点起沿剖面方向逐站进行测量,与全站仪导线形式相当。对于设置了剖面控制点的剖面线,为施测剖面点而设置的测站点,则必须起闭于相邻剖面控制点。进行剖面测量时,剖面线端点、定向点、控制点均可设站,根据剖面图的比例尺、精度要求、设备和地形条件,可采用全站仪数字测图法、GNSS RTK 数字测图法等。剖面点的密度取决于剖面图的比例尺、地形条件等,通常是剖面图上间距为 1 cm 时测一个剖面点,如图 1-11、图 1-12 所示。

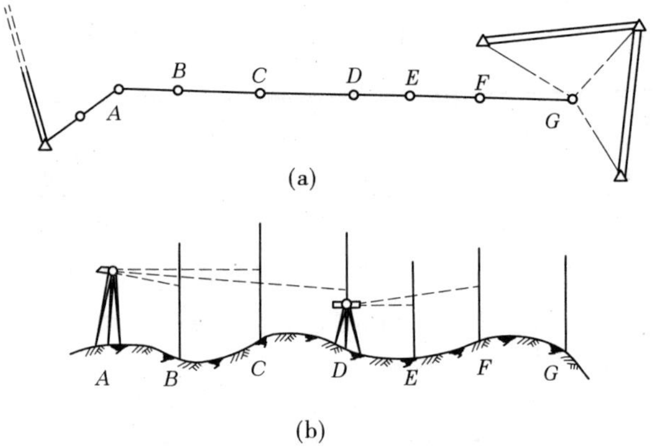

图 1-11　剖面测量(水准测量)

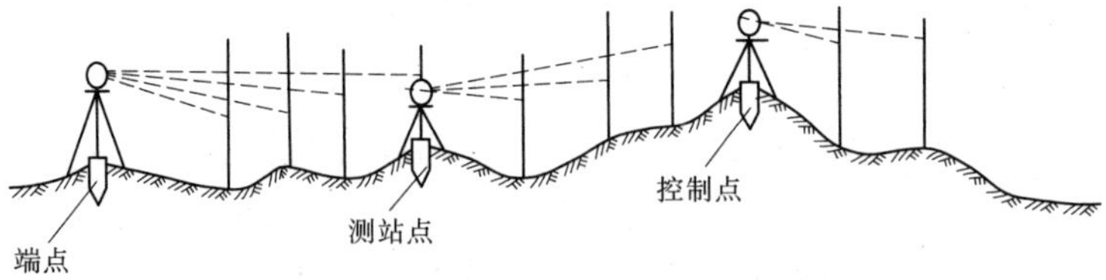

图 1-12　剖面测量(三角高程测量)

(一)剖面定线

剖面定线的目的是在实地上确定剖面线的位置和方向,现分两种情况加以说明:

(1)如果剖面线是由地质人员根据设计资料结合实地情况选定的,那么选定后的剖面线端点的坐标和高程,就由测量人员用交会法或用导线与附近控制点联测确定。如图 1-11(a)所示。

（2）如果剖面线端点需要根据设计坐标测设，那么测量人员可根据附近控制点的坐标和端点的设计坐标。计算测设数据，并按测设孔位的方法测设剖面线端点。

如果两端点之间距离过长或不通视则要在剖面线上适当地点增设控制点及转点，并用木桩标记，其布设方法与端点相同。观测时，在端点、控制点与转点，通常都要插立标杆，作为照准和标定方向之用。

（二）剖面测量方法

（1）将全站仪安置在剖面的端点上，照准剖面另一端点或中间的控制点。

（2）沿视线方向按照测量地形点的方法测出地形坡度变化点、地物点、工程点及地质点的水平距离与高程。

（3）当视线过长或不通视时，应迁站到控制点或根据端点在前进方向的适当位置增设测站点，继续测量直至测到剖面末端。

（三）剖面图的绘制

剖面图是根据各点高程和各点间的水平距离绘制的，如图 1-13 所示。

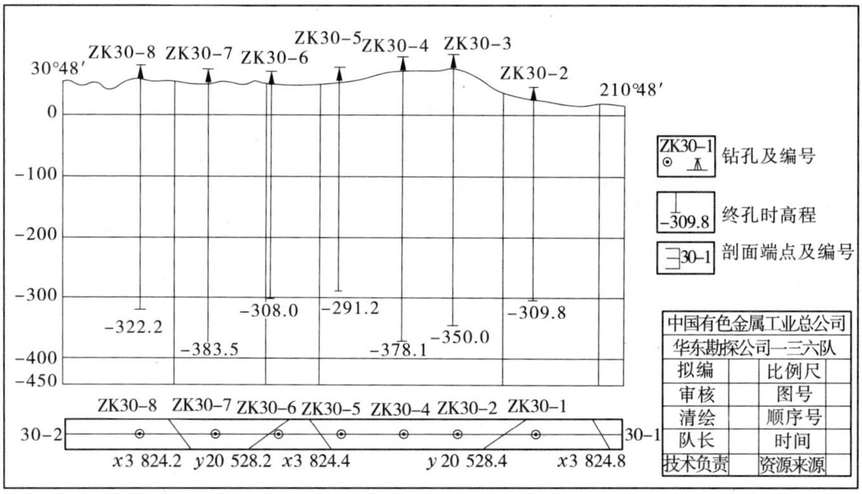

图 1-13 勘探线剖面图

1. 传统绘制剖面图的方法与步骤

（1）根据剖面线上最低点和最高点的高程，按竖向比例尺设计一组高程线绘在图纸上，高程线由许多条等间隔的、相互平行的水平线组成，每条高程线为 10 m 或 100 m 的整倍数。

（2）在最下面的一条高程线上定出起始端点的位置，根据各点到端点的水平距离，按规定的水平比例尺将各点标出。

（3）根据高程线的注记，分别在过各点垂直高程线的方向上定出各剖面点的空间位置，并依次将各剖面点连成圆滑的曲线，即得剖面图，如图 1-13 所示。

2. 注意事项

地质工程点和主要地质点，在剖面上应加以编号注记，在剖面线的起、止两端，还应注明剖面线的方位角，在剖面图的下面标出剖面线和坐标线交点的位置，并注上坐标值。剖面图绘制完成后，应在其下面绘制相应的平面图，如图 1-13 所示。

在剖面图上标出纵横坐标线，主要是为了在图上量取地面和地下任意点的坐标，便于在储量计算中能将剖面图和地形地质图对照使用。

3. 展绘坐标线的方法和步骤

(1)在平面图上量出剖面线与各坐标线交点至起始端点的距离 S_{Axi}、S_{Ayi}，如图 1-14 所示，按水平比例尺将坐标线与剖面线的交点位置标在剖面图最低的一条高程线上。

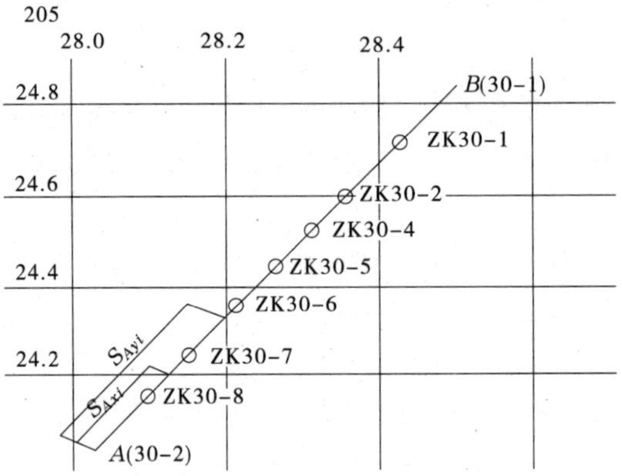

图 1-14　剖面线与坐标线交点至起始端点的距离

(2)由交点位置作垂线，即得各坐标线在剖面图上的位置。

地质剖面图绘制完毕后，应在其下方绘制剖面投影平面图，比例尺与剖面图相同。

4. 绘制剖面投影平面图的方法和步骤

(1)在欲绘制的平面图图廓的中央绘一条与高程线平行的直线，作为剖面投影线。

(2)将剖面图上的 x 及 y 坐标线垂直投影于直线上，依剖面线方位角绘制投影平面图的 x 及 y 坐标线，并注记相应的坐标值。

(3)将剖面端点、地质工程点、主要地质点等内容直接投影到直线上，加注同样的编号或注记。

(4)整饰图廓，写明剖面图的名称、编号、比例尺、绘图时间和图内用到的图例符号等。

现代剖面图绘制方法为：外业用全站仪或 GNSS RTK 测出剖面上各点的水平距离和高程，用全站仪或 GNSS 内存记录，内业采用相应的通信程序，将数据传输到计算机，经预处理，使数据格式符合绘图软件的要求，运行绘制剖面图软件，即可绘制出剖面图。

五、地质填图测量

(一)概述

在地质勘探阶段，一般需进行大比例尺的地质填图，通过地质填图来查清地面地质情况，搞清地层层序，研究地表的地质规律，为下一步的勘探工程设计和矿产储量计算提供依据。

地质填图是以相应比例尺的地形图作为底图，将各种地质点测绘到地形图上，详细描述各点的地质内容，然后根据地质点描绘岩层和矿体界限(包括地层界限、煤层露头线、断层线等)，并填绘各地层符号，最后制成一幅地形地质图。

填图比例尺依据矿床的具体情况而定，若矿床的生成条件较简单，产状较有规律(如沉积矿床)，规模较大，品位变化较小，则采用的填图比例尺就较小；反之，填图比例尺就应较大。勘探阶段的地质填图比例尺,通常用 1∶10 000、1∶5 000、1∶2 000、1∶1 000 数种。对于煤、铁等沉积矿床,通常用 1∶10 000 和 1∶5 000;对于铜、铅、等有色金属的内生矿床,通常采用 1∶2 000 和 1∶1 000;对于某些稀有金属矿床,还可采用更大的比例尺,如 1∶500。

无论何种比例尺的地质填图测量,其基本工作都是从地质观察点(地质点)做起的。

(二)地质点测量

地质点是以地质调查为目的的观测点,一般包括露头点、地层(或岩层)界限点、构造点(断层点、槽曲轴线点、枢纽点)、矿体和围岩界限点、水文点、取样点等。

地质点的位置是由地质人员在实地观察中确定的。在找煤及普查阶段,由于地形图比例尺小(1∶50 000 及 1∶25 000),测定地质点的精度要求不高,一般由地质人员依据测量控制点和明显的地物、地貌,按罗盘交会法和目测法等定点方法在地形图上测定地质点。对于 1∶10 000 及更大比例尺的地质填图,因精度要求较高,故需根据附近的控制点,测定地质点的位置。测绘地质点的方法和地形测量中测绘碎部点的方法一样,测绘地质界限和测绘小路一样。测绘时,由地质人员将实地上的地质点,用红油漆或白油漆标出,并挂上编号,并在点旁插旗标记。测量人员则根据地质人员标出的地质点进行测绘。

(三)地质界限标定

在测定地质点的基础上,根据矿体和岩层的产状与实际地形的关系,将同类地质界线连接起来,并在其变换处适当加密测点,以保证界限位置的正确。

地质界限的圈定,由地质人员在现场进行,也可根据野外记录在室内完成。图 1-15 是用地形图作为底图测绘出的部分地质图,图中虚线表示的是根据地质点和地质界线的观测资料圈定的地质界线。

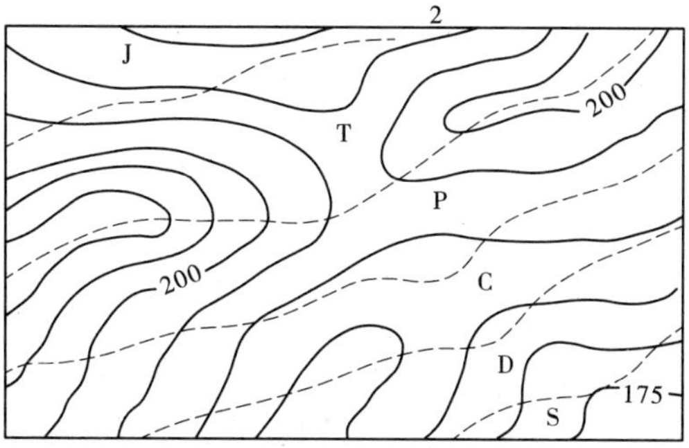

图 1-15 地质地形图

例如,虚线 1—2 表示保罗系(J)和三叠系(T)地层的分界线,P 为二叠系,C 为石炭系,D 为泥盆系,S 为志留系。

六、实训任务

(1)分析该矿区地质勘查的基本资料。

认真分析该矿区的地形条件、地质及矿体走向等基本状况、储量分布情况,以及原有地形图资料。

(2)制订地质勘探工程测量各阶段的测量方案。

地质勘探工程测量分为三个阶段:普查阶段、详查阶段和精查阶段,这三个阶段需要进行相应的测量工作。各个阶段的测量目的及方案有所不同,三个阶段所要进行的测量工作有勘探线、勘探网的测设,钻探工程测量,地质剖面图测量和地质填图测量。因此,在制订测量方案时,要根据不同的测量形式,制订合适的测量方案。

(3)根据制订的具体测量方案进行实际测量。

根据分组讨论制订的具体测量方案,领取相关仪器,以小组为单位进行实际的测量工作。在各个测量工作中,要依据相应的规范要求进行操作。最后,要完成相应的数据记录及处理工作。

(4)总结地质勘探工程测量的实训经验并思考相关问题。

认真反思地质勘探工程测量三个阶段工作的目的、意义及具体测量工作,探讨4个阶段中测量工作的方案,找出不足并完善。在实际测量工作中,要掌握仪器的具体操作使用步骤,并按规范要求完成测量。在处理数据时,要根据具体精度要求,进行平差计算,检核数据是否正确。最后完成实习报告,总结整个测量工作的心得体会。

(5)熟悉地质勘探工程测量技术设计书的编写规范。

1. 编制地质勘探工程测量技术设计书的目的

编制地质勘探工程测量技术设计书的目的在于补充矿区地质勘探工作设计中有关测量方面的事宜,详细地叙述测量操作方法及保证精度要求的措施,作为施工的依据。技术设计书应指定专人或由矿区作业组编制。

2. 编制技术设计书时应遵守的原则

(1)既要满足目前地质工作需要,又要照顾到矿区远景发展及为有关部门利用。

(2)有条件时应充分利用和监测矿区已有成果、成图资料。

(3)技术设计书处处要有根据,各工序精度明确,方法和措施具体,选择设计方案应既经济实用,又合理而且保证质量。

(4)尽量采用经过鉴定而确实具有成效的新技术和新方法。

(5)必须充分合理地组织人力、物力,以发挥潜力。

3. 编制技术设计书时应依据的资料

(1)上级下达的任务计划。

(2)地质勘探工程设计(或地质提出的特殊技术要求)。

(3)统一的规范、细则、图式和有关方面颁发的技术指示。

(4)已经分析鉴定可用的矿区现有的测量成果、成图资料。

(5)矿区调查、勘选资料。

(6)生产定额等。

4. 技术设计书的装订和形式

技术设计书的有关内容按下列次序排列装订:

(1)目录。

(2)设计书说明。

(3)设计工作量及进度安排表。

(4)人员组成表。

(5)需用仪器及主要器材表。

(6)设计图。

5. 技术设计书的封面格式

设计书的用纸一律采用 16 开纸,文字一律从左至右横写,设计图亦应折叠成同样大小。

思考题

1. 地质勘探工程测量的主要任务是什么?
2. 钻探工程测量分为哪几步? 分别如何进行?
3. 地质剖面图包括哪些内容? 如何绘制地质剖面图?
4. 地质剖面图测量的顺序是什么? 如何测定剖面端点和剖面控制点?

项目二　近井网测量

近井网的测设

项目概述

学习地面近井点和井口水准基点的埋设要求、测量方法和精度要求,GNSS 近井网形设计的一般方法;能够依据矿区资料、《全球定位系统(GPS)测量规范》(GB/T 18314—2009)及相关规范标准等要求,制订矿区近井点建立方案,并依据方案实施。

学习目标

知识目标:

①能正确陈述地面近井点和高程基点埋设的基本要求和测量方法;

②能基本正确陈述地面近井点和高程基点测量的精度要求;

③能正确陈述 GNSS 近井网形设计的一般方法。

技能目标:

①能进行矿区地面近井点和高程基点的布设;

②能正确选择近井点和高程基点的测量方法;

③能进行近井网的测量和计算;

④能进行 GNSS 近井网的网形设计。

【导入】

党的二十大报告提出“基础研究和原始创新不断加强,一些关键核心技术实现突破,战略性新兴产业发展壮大,载人航天、探月探火、深海深地探测、超级计算机、卫星导航、量子信息、核电技术、新能源技术、大飞机制造、生物医药等取得重大成果,进入创新型国家行列。”我国北斗卫星导航系统自提供服务以来,已在交通运输、农林渔业、水文监测、气象测报、通信授时、电力调度、救灾减灾、公共安全等领域得到广泛应用,服务国家重要基础设施,产生了显著的经济效益和社会效益。

某矿位于文化底蕴丰厚的豫西山区、中华仰韶文化的发祥地某县境内,县城西 20 km 处南临陇海铁路、310 国道和连霍高速公路,交通十分便利。井田走向长 7 km,倾斜宽 1. 3~2. 2 km,井田面积 11. 43 km^2,工业储量 7 176 万 t,可采储量 3 929. 5 万 t。设计规模 45 万 t/a,现在生产能力达到 60 万 t/a。矿井采取中央并列式通风,对立井,单水平上下山开拓方式。该矿在进行风井和副井贯通测量之前,为了进行矿井联系测量,将地面坐标系统传递到井下,并为井上下各类矿建工程的施工和建设服务,需要在副井井口附近建立近井网,以此获得井口附近的平面和高程控制点。该矿目前有2个独立定向的井口,需要采用扩网的形式,即在风井和副井口附近建立近井网。

【正文】

根据控制测量的相关内容,我们知道在全国范围内都布设了国家一、二等三角网和水准网,在矿区范围内也有国家一、二等三角点和水准点。但是,这些点的密度很小,远远不能满足矿区测量的需要。通常进行的矿区控制测量就是在国家一、二等三角网和水准网的基础上布设矿区三、四等三角网(GNSS网)或高精度的光电测距导线作为矿区的平面控制,布设矿区三、四等水准网作为矿区的高程控制。

一、近井点和高程基点选点、埋石、造标的基本要求

为了使井上下保持同一平面坐标和高程基准,必须进行联系测量,即将地面坐标系统中的平面坐标、坐标方位角和高程系统传递到井下的起始点和起始边。这样,就必须先进行联系测量。在地面井口附近,建立作为定向时与垂球线连接的点,称为连接点。由于井口附近建筑物较多,连接点通常不能直接和地面控制点通视,因此还必须在井筒附近建设近井点。同样,为了从地面向井下传递高程,还要设立井口的高程基点(一般近井点可以兼作为高程基点)。

近井点和井口高程基点是井下各种测量工作的基准点,其精度直接关系到井下测量点位的精度,同时这些点还需要较长时期的保存,故所建立的近井点和井口高程基点,应满足下列要求:

(1)尽可能将点埋设在便于观测,易于保存和不受开采影响的地方。当近井点须设置于井口附近工业厂房房顶上时,应保证观测时不受机械振动的影响和便于向井口布设导线。

(2)每个井口附近应设置至少一个近井点和两个高程基点,近井点和联测导线点均可作为高程基点。

(3)近井点至井口的联测导线边数应不超过三条。

(4)多井口矿井的近井点应统一规划、合理布置,尽可能使相邻井口的近井点构成控制网中的一条边,或力求间隔的边数最少。

(5)近井点和井口高程基点的标石埋设深度,在无冻土地区应不小于0.6 m,在冻土地区盘石顶面与冻结线之间的高度应不小于0.3 m。

(6)为使近井点和井口高程基点免受损坏,在点的周围宜设保护桩或栅栏或刺网。在标石上方宜堆放不小于0.5 m的碎石。

(7)在近井点及与近井点直接构成控制网边上的点上,宜建造永久标志。

二、近井点和高程基点测量的精度要求

近井点及高程基点测量的精度,必须要满足重要井巷工程测量的精度要求。因此,它应能满足相邻井口间利用两个近井点进行主要巷道贯通测量的精度要求。

近井点的精度对贯通测量的影响表现在:

(1)两近井点相对点位误差(两近井点之间坐标增量中误差的线量误差)。

(2)两近井点后视边坐标方位角相对误差(两近井点后视边的坐标方位角之差的中误差)。

井口高程基点的高程精度对贯通测量的影响表现为:两井口高程基点相对的高程误差(两井口高程基点高差的中误差)。

(一)近井点的点位精度要求

两井口之间进行主要巷道贯通时,在假定的 X 轴方向(贯通水平重要方向)的允许偏差 $M_{X允}$ 一般规定为±0.5 m,则中误差取其一半,即 $M_X=\pm0.25$ m。利用两个近井点进行贯通测量时,一般要求两近井点相对的点位中误差引起井巷贯通在假定的 X 轴方向偏差的中误差应不大于 $\pm\dfrac{M_X}{3}=\pm0.08$ m。

由于为设置近井点而布设的近井网一般规模都较小,因此两相邻近井点相对的点位中误差一般均小于或近似等于这两个近井点点位中误差平方和的平方根。近井点的精度对于测设它的起算点来说,其点位中误差不得超过±7 cm。在实际工作中,有可能在个别情况下,因受地形条件限制,不能构成较好的近井网时,对于多井口的矿井,在确保相邻近井点相对的点位中误差在顾及起算边误差影响时不超过±0.11 cm的前提下,或一个矿井只需建立一个近井点时,可适当地放宽规程所规定的这一要求。

(二)近井点后视边坐标方位角的精度要求

在进行贯通测量时,利用两个近井点布设导线,由于两个近井点后视边相对的坐标方位角中误差 $M_{\alpha\,\mathrm{I-II}}\leqslant\dfrac{23\,300''}{\sqrt{R_{y\,\mathrm{I}k}^2+R_{y\,\mathrm{II}k}^2}}$。而 $\sqrt{R_{y\,\mathrm{I}k}^2+R_{y\,\mathrm{II}k}^2}$ 的值在最不利的条件下,近似等于两井点间的距离 $D_{\mathrm{I-II}}$,故上式可写为

$$M_{\alpha\,\mathrm{I-II}}\leqslant\frac{23\,300''}{\sqrt{R_{y\,\mathrm{I}k}^2+R_{y\,\mathrm{II}k}^2}}\approx\frac{23\,300''}{D_{\mathrm{I-II}}} \tag{2-1}$$

式中 $D_{\mathrm{I-II}}$——两近井点之间的距离,以米为单位。

近井点后视边的坐标方位角误差相对于四等网边来说,不得超过±10″。因此,在实际测量工作中,应通过合理地布设近井网,使近井网的后视边坐标方位角的精度达到相关规范标准的规定,且符合式(2-1)的要求。

(三)井口高程基点的精度要求

应满足两相邻井口间的坐标进行主要巷道贯通的精度要求。由于两井口间进行主要巷道贯通时,在竖直方向的允许偏差 $M_{Z允}=\pm0.2$ m,则中误差 $M_Z=\pm0.1$ m。一般要求两井口高程基点相对高程中误差引起贯通点 K 在竖直方向的偏差中误差应不超过 $\pm\dfrac{M_Z}{3}=\pm0.33$ m。

三、近井网的测设

近井点可在矿区原有控制点的基础上布设导线进行测设,同时凡符合近井点要求的控制点或同级导线点均可作为近井点。但现在GNSS控制网测量已非常普及,建立GNSS近井网更方便、灵活、快捷,而且其精度也完全能满足近井网的要求。

(一)GNSS近井网形设计

随着GNSS用于定位测量技术越来越广泛,矿山测量中建立近井网采用GNSS的方法也越来越普及。进行GNSS近井网测量时,首先要根据测量任务和观测条件进行GNSS控制网

的设计，其内容包括测区范围、布网形式、控制点数、测量精度、提交成果方式、完成时间等。设计的技术依据可参照原国家测绘地理信息局颁布的《全球定位系统（GPS）测量规范》（GB/T 18314—2009）及中华人民共和国住房和城乡建设部颁布的《卫星定位城市测量技术标准》（CJJ/T 73—2019）。

根据中华人民共和国国家质量监督检验检疫总局（现改为国家市场监督管理总局，下同）和中国国家标准化管理委员会在2009年颁布实施的《全球定位系统（GPS）测量规范》（GB/T 18314—2009），GPS按其精度可分为AA、A、B、C、D、E共6级。各级GPS网相邻点基线精度长度用下式：

$$\sigma = \sqrt{a^2 + (b \times D)^2} \tag{2-2}$$

式中 σ——网中相邻点间距离中误差，mm；

a——固定误差，mm；

b——比例误差系数，mm/km；

D——相邻点间的距离，km。

对于不同等级的GPS网，其精度要求见表2-1。

表2-1 各等级GPS网精度要求

测量等级	固定误差 a/mm	比例误差系数 $b/(\times 10^{-6})$	相邻点间距离 D/km	用途
AA	≤3	≤0.01	1 000	全球性的地球动力学研究，地壳形变测量，精密定轨
A	≤5	≤0.1	300	区域性地球动力学研究，地壳形变测量
B	≤8	≤1	70	局部性变测量和各种精密工程测量
C	≤10	≤5	10~15	大中城市及工程测量的基础控制网
D	≤10	≤10	5~10	中小城市、城镇及测图、地籍、土地信息、房产、物探、勘查、建筑施工等的控制测量
E	≤10	≤20	0.2~5	

根据传统布网方法，近井点是在矿区三、四等平面控制网的基础上用插点或插网的方式布设的，则其精度相对于起始点来说，最高也仅为四等，甚至四等以下，故用GNSS技术建立近井网其精度选用，根据中华人民共和国住房和城乡建设部在2020年11月联合发布的《工程测量标准》（GB 50026—2020）平面控制测量中关于卫星定位测量对其中四等至二级的主要技术要求（见表2-2）和作业要求（见表2-3），再结合具体的矿井范围、井口多少及开采的复杂程度等情况，选用GNSS网中的C、D、E级网中的一种作为近井网，其精度应该是能够满足矿山井下开采工程需要的。关于GNSS网的C、D、E级精度要求见表2-4。

表2-2 各等级卫星定位测量控制网的主要技术指标

等级	平均边长/km	固定误差 a/mm	比例误差系数 b/(mm/km)	约束点间的边长相对中误差	约束平差后最弱边相对中误差
四等	2	≤10	≤10	≤1/100 000	≤1/40 000
一级	1	≤10	≤20	≤1/40 000	≤1/20 000
二级	0.5	≤10	≤40	≤1/20 000	≤1/10 000

表 2-3　GNSS 控制测量作业的基本技术要求

等级		四等	一级	二级
接收机类型		多频或双频	多频或双频	多频或双频
仪器标称精度		5 mm+2×$10^{-6}D$	10 mm+5×$10^{-6}D$	10 mm+5×$10^{-6}D$
观测量		载波相位	载波相位	载波相位
卫星高度角/(°)	静态	≥15	≥15	≥15
有效卫星观测数	静态	≥4	≥4	≥4
观测卫星长度/min	静态	≥15	≥10	≥10
数据采样间隔/s	静态	10~30	5~15	5~15
点位几何强度因子 PDOP		≤6	≤6	≤6

(二)GNSS 近井网的基准

对于一个 GNSS 网,在技术设计阶段应该明确其成果所采用的坐标系统和起算数据,即 GNSS 网的基准。对于近井网,其作用是向井下传递地面的坐标系统,即近井网必须和地面坐标系统保持一致。这样,GNSS 网的位置基准就要根据起算点的坐标确定,一般需选取三个以上地面坐标系统的控制点与 GNSS 点重合,作为坐标起算点,以求得坐标转换参数。为了保证近井网的精度均匀,起算点一般应均匀分布于 GNSS 网的周围,要避免所有的起算点分布于网的一侧。

方位基准一般根据给定的起算方位确定。起算方位可布设在 GNSS 网中的任意位置。

为求得 GNSS 网点的正常高程,应根据近井网的需要适当进行高程联测。C 级网应按四等水准或与其相当的方法至少每隔 3~6 点联测一点的高程;D、E 级网应按四等水准或其相当的方法根据具体情况确定联测高程点的点数,均匀分布于整个网,GNSS 未知点的正常高程应尽量为内插。

(三)网形设计的注意事项

根据测区踏勘的情况和近井网布设要求,GNSS 网的布网方案可在 1∶2 000 或 1∶5 000 地形图上进行设计,包括网形、网点数、连接方式、网中同步环和异步环的个数估计等。其网形的好坏直接关系到建网的费用控制、成果的精度及网的可靠性。GNSS 控制网可不考虑点与点的通视问题,因此网形设计的灵活性比较大。其考虑的主要问题有以下 5 个方面的问题。

1. 网的可靠性

由于 GNSS 借助于无线电定位,受外界环境影响较大,因此在图形设计时应重点考虑成果的准确和可靠,要有较可靠的检验方法,GNSS 网一般应通过独立观测边构成闭合图形,以增加检核条件,提高网的可靠性。因近井网中控制点的个数较少,可根据测区情况、已知点的个数及分布等采用同步图形扩展式进行布网，其连接方式可考虑边连式或混连式。这两种基本网形一般可满足近井点的点数要求，对近井点的设点要求也较易满足。同时，这两种网形的作业方法也较简单，具有较好的图形强度。边连式还具有较高的作业效率，若要求进一步提高网的可靠性，可考虑适当增加观测时段。而混连式本身就具有较好的自检性和可靠性。

表 2-4　GNSS 测量基本技术要求规定

级别			C	D	E
卫星截止高度角/(°)			15	15	15
同时观测有效卫星数			≥4	≥4	≥4
有效卫星总数			≥6	≥4	≥4
观测时段数			≥2	≥1.6	≥1.6
观测时段长度/min	静态		≥60	≥45	≥40
	快速静态	双频+P 码	≥10	≥5	≥2
		双频全波	≥15	≥10	≥10
		单频	≥30	≥20	≥20
采样间隔/s	静态		10~30	10~30	10~30
	快速静态		5~15	5~15	5~15
时段中任意一卫星有效观测时间/min	静态		≥15	15	15
	快速静态	双频+P 码	≥1	≥1	≥1
		双频全波	≥3	≥3	≥3
		单频	≥5	≥5	≥5

2. 作业效率

在进行 GNSS 网的设计时，经常要衡量控制网设计方案的效率，以及在采用某种布网方案作业所需要的作业时间、消耗等。因此，所设计的近井网应尽量使其作业效率高一些。

3. 通视条件

GNSS 点虽然不需要通视，但是为了便于用常规方法联测和扩展，要求控制点至少与一个其他控制点通视，或在控制点附近 300 m 处布设一个通视良好的方位点，以便建立联测方向。

4. 高程测量

为了利用 GNSS 进行高程测量，在测区内 GNSS 点应尽可能与水准点(井口高程基点)重合，或者进行等级水准联测。

5. GNSS 点布设要求

GNSS 点尽量选在视野开阔、交通方便的地点,并要远离大面积水域、高压线、变电所及微波辐射干扰源。

四、实训任务

(一)分析矿区矿图资料

认真分析矿区的地形条件、地质及矿体走向等基本状况,储量分布情况,以及现有的各种矿测资料。

(二)拟定近井网测量施测方案

为保证与生产控制系统一致,确定以张塔为起算点,利用靠近生产井一侧的一条边(张塔—行政楼)为后视方向,其长度为 2 440 m,以减小两边立井定向时的定位误差,按照四等导线精度进行联测。但考虑到起算点为四等精度,因此近井网作为 5″级导线较为合适。

(三)对制订的实测方案进行精度分析

根据现有的网形和施工方案,将选定的点位转绘到 1∶2 000 的地图上,按先验角中误差±5″、测距仪标称精度$\pm(1\ \mathrm{mm}+1\times10^{-6}D)$($D$ 为全站仪或测距仪的实际测量值,单位为 km)进行精度估算。经过估算,可知风点为最弱点,选取路线为张塔—风。量取边长和方位角,计算出坐标增量的近似值可知风点的点位误差为±2. 1 mm,当布设成闭合导线时,其精度可提高 $1/\sqrt{2}$,即风点点位误差为±1. 48 mm。

综上所述,现有的设计网形及施测方案切实可行,近井点精度可以满足本次测量要求。

(四)根据制订的实测方案进行外业测量

1. 水平角观测

选用全站仪测角,在水平角观测之前,对棱镜对点器、全站仪对点器及全站仪等项目进行校验。水平角观测限差及要求按照相关规范标准执行。

2. 边长观测

选用 DJ2002 光电测距仪测边,其测距精度为$\pm(1\ \mathrm{mm}+1\times10^{-6}D)$,边长采用对向观测,各 2 个测回,每次读数 4 次,气象数据按规定读取记录。垂直角观测各 2 个测回。边长进行气象改正、加常数改正、倾斜改正,最终化为高斯边长。

(五)根据外业观测数据进行平差计算

平差计算是在计算机上进行,参加平差计算的角度为同精度的,角度先验中误差为±5″,边长观测值中误差按照下式确定:$M_S=\pm(1\ \mathrm{mm}+1\times10^{-6}D)$,$D$ 以 km 计。导线平差后精度如下:方位角闭合差 $W_B=-4.3''$,导线全长相对闭合差为 1/60 023,平差后角度中误差为±2. 3″,风点位误差为±2. 1 mm。

(六)技术总结

从平差结果来看,最弱点风的点位误差与估算值基本吻合。近井网精度较高,完全满足贯通要求。西风井与-450 m 西翼大巷于某年 8 月顺利贯通,贯通精度较高。本例主要为了强调精度控制估算在控制测量中的重要性。通过精度估算可以很好地把握控制网的精度,做到及时修正施测方案,以避免由于精度过低需要返工,或者由于精度过高而浪费不必要的人力物力资源。

思考题

1. 近井点的作用是什么？
2. 近井点和高程基点的埋设有哪些要求？
3. 近井点可用什么方法测设？可按什么精度要求测设？
4. GNSS 近井网的网形设计应考虑哪些因素？

项目三　矿井联系测量

矿井联系测量

项目概述

主要介绍联系测量的任务、目的,外业测设和内业计算;详细介绍一井定向和两井定向的方法、步骤和计算等;全面介绍陀螺全站仪的定向原理和方法;主要介绍钢尺法、钢丝法和光电测距仪法三种高程联系测量的方法。

学习目标

知识目标:

①能准确陈述联系测量的主要任务和目的;

②能基本正确陈述一井定向和两井定向的方法及步骤;

③了解陀螺全站仪的定向原理,能正确陈述陀螺全站仪的定向方法;

④能正确陈述钢尺法、钢丝法和光电测距仪法导入高程的原理和测量方法。

技能目标:

①熟悉一井定向和两井定向的方法、步骤,掌握内业计算的步骤及方法;

②能熟练使用陀螺全站仪进行定向和计算方位角;

③能熟练运用钢尺法、钢丝法和光电测距仪法导入高程。

单元一　一井定向

【导入】

朱庄煤矿是一个开采近50年的老矿井,到目前为止,已有很多采区报废,考虑到经济及实用需要,对一些未有生产活动的主巷道及报废采区,在重新布置控制网时不作考虑。经过对一些生产主采区及开拓、准备区进行现场勘查,目前朱庄煤矿二水平井底车场及二水平正、副石门里被破坏到了一个导线控制点也没有的情况,为了重新补设控制点,需对该矿井进行重新定向工作。该次定向采用一井定向完成。

【正文】

一、矿井联系测量概述

将矿区地面的平面坐标系统和高程系统传递到井下的测量工作,称为联系测量。将地面的平面坐标系统传递到井下的测量工作称为平面联系测量,简称定向。将地面的高程系统传递到井下的测量工作称为高程联系测量,简称导入高程。矿井联系测量的目的就是使地面和井下的测量控制网采用统一坐标系统。

矿井平面联系测量的方法主要分为几何定向和物理定向两种。几何定向又分为一井定向和两井定向两种。物理定向主要指陀螺全站仪定向。对斜井或平硐可以直接连测导线进行定向,也属于几何定向,由于其方法与普通导线测量方法一样,在此不做介绍。精度要求如表 3-1 所示。

表 3-1　联系测量的主要精度要求

联系测量类别	限差项目	精度要求	备注
几何定向	由近井点推算的两次独立定向结果的互差	一井定向:<2′ 两井定向:<1′	井田一翼长度小于 300 m 的小矿井,可以适当放宽限差,但不得超过 10′
陀螺全站仪定向	井下同一定向边两次独立定向平均值中误差的互差	15″级仪器:<40″ 25″级仪器:<60″	
导入高程	两次独立导入高程的互差	$<\frac{h}{8\ 000}$	h—井筒深度

根据地面已知控制点的平面坐标和已知边的方位角,确定井下导线的起算点平面坐标和起始边的方位角。

对于通过斜井和平硐开拓的矿井,可直接从地面已知控制点沿斜井或平硐敷设导线到井下,即可求出井下起算点的平面坐标和起始边的方位角。而对于采用立井开拓的矿井,则需进行专门的测量工作。

进行矿井平面联系测量时,传递坐标的误差和传递方位角的误差对井下测量的影响过程大致可用图 3-1 来说明。

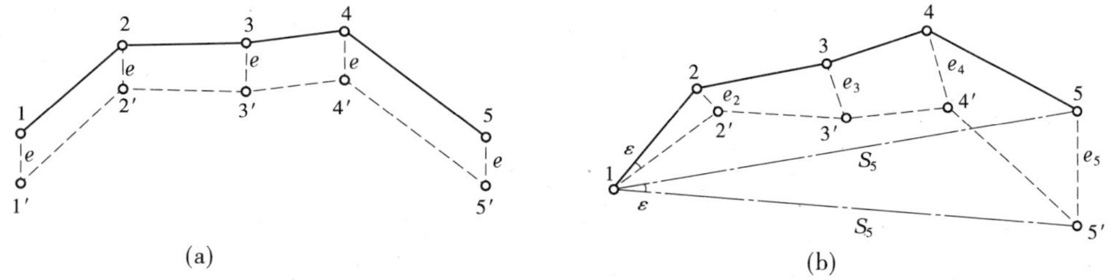

图 3-1　联系测量

由图 3-1(a)可知,在假定井下测量不存在方向误差的情况下,坐标传递误差 e 对井下起算点和井下最远点的影响程度相同,即相当于整个导线平移了距离 e。然而,从图 3-1(b)可以看出,方位角的传递误差则不同。

同样假定井下测量不存在坐标误差,当井下起始边传递方位角的误差为 ε 时,相当于整个导线以井下起算点为圆心转动了角度 ε,即导线延伸越长,影响越大。假定 $\varepsilon=2'$, $S_n=5\ 000$ m,则

$$e_n = \frac{S_n \cdot \varepsilon}{\rho'} = \frac{5\ 000 \times 2}{(180°/\pi \times 60)} = \frac{10\ 000}{3\ 438} = 2.91(\mathrm{m}) \tag{3-1}$$

由此可见,方位角的传递误差对井下测量的影响是相当大的。正因如此,在进行平面联系测量时要尽可能减小方位角的传递误差,以方位角的传递为主。

二、一井定向

(一)概述

通过一个立井井筒进行的几何定向,称为一井定向。其方法是在一个井筒内悬挂两根钢丝将地面控制点的平面坐标和坐标方位角传递到井下的测量工作。

一井定向设备系统如图 3-2 所示,钢丝的一端固定在井口上方,另一端系有定向专用的垂球,自由悬挂于定向水平。通过地面坐标系统测量和计算求出两根垂球线的平面坐标及其连线的坐标方位角。在定向水平通过测量把垂线与井下永久导线点联系起来,这项工作称为连接。这样便能将地面控制点的平面坐标和方向传递到井下,从而达到定向的目的。

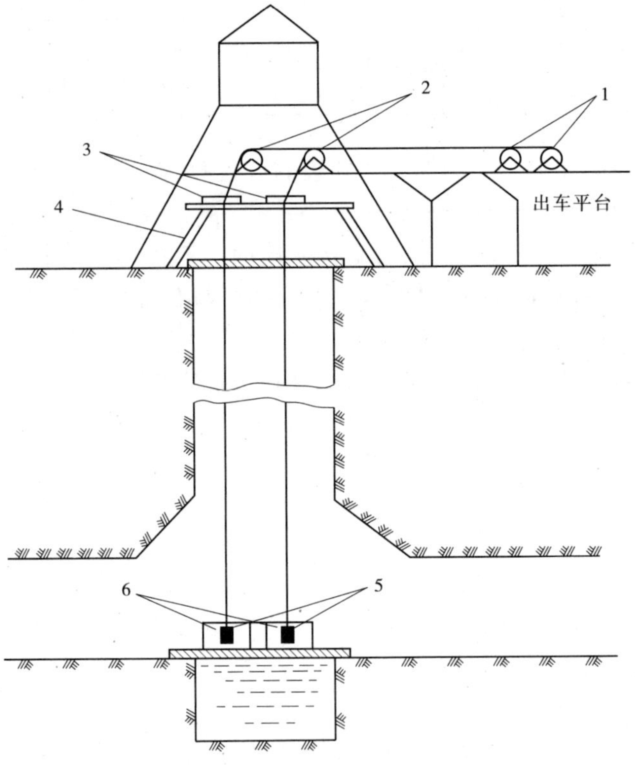

1—手摇绞车;2—导向滑轮;3—定点板;4—固定架;5—垂球;6—水桶。

图 3-2　一井定向设备系统

由此可见,一井定向可分为两个部分:一是由地面向井下定向水平投点(简称投点);二是在地面和井下定向水平与垂球线进行连接测量(简称连接)。

(二)投点

所谓投点,就是在立井井筒中悬挂钢丝垂球线至定向水平。投点的方法,一般采用垂线单重投点法。所谓单重投点,就是在投点过程中垂球的质量不变。单重投点又可以分为两类：单重稳定投点和单重摆动投点。前一种方法是将垂球放在水桶内，使其静止；在定向水平上测角量边时均与静止的垂球线进行连接。后一种方法则恰恰相反，是让垂球自由摆动，用专门的设备观测垂球线的摆动，从而求出它的静止位置并加以固定；在定向水平上连接时，应按固定的垂球线进行。稳定投点法，只有当垂球摆动振幅不超过 0.4 mm 时才能应用。否则，必须采用摆动投点法。

1. 投点误差

投点误差是指由于立井井筒内滴水和风流的影响，使钢丝的井上、井下位置不在同一条铅垂线上而产生的误差。

两根钢丝偏离的方向相反时(影响最大的情况)。若投点误差仅为 1 mm，两钢丝相距 3 m 的情况下，引起的方位角误差就可以达到 2′18″。因此，要尽可能采取以下措施减小投点误差：

(1)为了减少风流的影响，定向时最好暂时关闭风机。

(2)采用直径小、抗拉强度高的钢丝。

(3)适当增加垂球的质量并将其浸入液体中。

(4)采取防水措施减小滴水的影响。

(5)尽量增大两根钢丝之间的距离。

2. 钢丝自由悬挂的检查

从前面的叙述我们知道，一井定向是以两根自由悬挂的钢丝所形成的竖直面来传递坐标和方位角的。若钢丝不处于自由悬挂状态，必然造成定向结果的错误。为了检查钢丝是否自由悬挂，通常采用以下方法：

(1)信号圈法：在地面用铁丝做成直径 2~3 cm 的小圈套在钢丝上，每隔一定时间下放一个，放 3~5 个后看它们是否依次到达定向水平来检查钢丝是否自由悬挂。投放信号圈时不应使钢丝摆动，信号圈的质量也不应太大。此外，投放前应将钢丝上的油垢擦去以免黏住信号圈。

(2)比距法：是采用比较井上、井下两根钢丝之间的距离进行检查的。若量得的井上、井下两根钢丝之间的距离互差不大于 2 mm，便认为钢丝是自由悬挂的。

(三)连接

连接测量分为地面连接测量和井下连接测量两部分。

地面连接测量是测定两根钢丝的坐标及其连线的方位角。

井下连接测量是在定向水平根据两根钢丝的坐标及其连线的方位角，确定井下导线起算点的坐标与起始边的方位角。

连接测量的方法很多，这里仅以连接三角形法为例予以介绍。连接三角形法的平面示意图如图 3-3 所示。

1. 连接三角形法应满足的条件

图 3-3 中三角形 ABC 和 ABC' 称为连接三角形。为了提高定向精度，在选择井上、井下连接点 C、C' 时，应使连接三角形 $\triangle ABC$ 和 $\triangle ABC'$ 满足以下条件：

(1)点 C 与 D 及点 C' 与 D' 要彼此通视，且 CD 与 $C'D'$ 的边长要大于 20 m。

(2)连接三角形的锐角 γ 和 γ' 要小于 2°。

(3)边长比值 a/c 与 a'/c' 的值要尽量小一些，一般应小于 1.5。

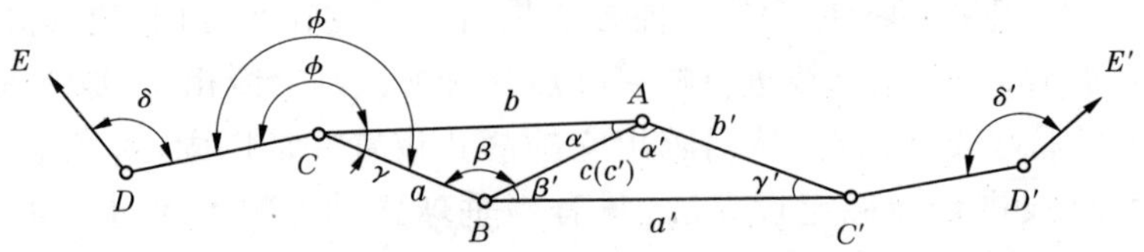

图 3-3　连接三角形法的平面示意图

2. 连接三角形法的外业工作

(1)地面连接测量是在 C 点安置全站仪测量出 ϕ、φ 和 γ 三个角度,并丈量 a、b、c 三条边长。

(2)井下连接测量是在 C'点安置全站仪测出 ϕ'、φ'和 γ'三个角度,并丈量 a'、b'、c'三条边长。

3. 连接三角形法的内业计算

解算出$\triangle ABC$ 中 α 和 β、$\triangle ABC'$中 α'和 β',均可按正弦定理求出。即

$$\left.\begin{aligned} \sin\alpha = \frac{a}{c}\sin\gamma, \sin\beta = \frac{b}{c}\sin\gamma \\ \sin\alpha' = \frac{a'}{c'}\sin\gamma', \sin\beta' = \frac{b'}{c'}\sin\gamma' \end{aligned}\right\} \tag{3-2}$$

1)导线计算

根据上述计算得到的角度和丈量的边长,将井上、井下看成一条由 $E—D—C—A—B—C'—D'—E'$组成的导线,按一般导线计算方法求出井下起算点 D'的坐标(X'_D, Y'_D)和起始边的方位角 $\alpha_{D'E'}$。

为了校核,一般情况下定向工作应独立进行两次,两次分别求得的井下起始边的方位角互差不得超过 2′。若外界条件较差,在满足采矿工程的前提要求下,互差可放宽到 3′。

2)测量和计算正确性检核

首先,是角度闭合差检核。由解算连接三角形得到了 α 和 β 角值后,三个内角 $\alpha+\beta+\gamma$ 之和应等于 180°。对于延伸三角形解算后的内角和一般都能闭合。但往往由于测量误差使三角形的内角和不等于 180°,而有微小的差值,此时可将角度闭合差平均分配给内角 α 和 β。

其次,是两根垂球线之间距离的检核。两根垂线之间的距离 c 可按余弦公式计算,即

$$c^2 = a^2 + b^2 - 2ab\cos\gamma$$

两根垂线之间的距离 c 的计算值和直接丈量值之差,在地面不应超过±2 mm,即 $d=C_{丈}-C_{计}\leqslant 2$ mm。在井下连接三角形中 $d\leqslant 4$ mm。产生的残差值分配为改正数时遵循以下分配原则:

$$v_a = -\frac{d}{3}, v_b = +\frac{d}{3}, v_c = -\frac{d}{3} \tag{3-3}$$

(四)实训任务

1. 分析矿井现有的基本资料

认真分析矿井井口周边基本控制点分布情况、井口布置方式、矿井周边的坐标控制点、矿井井筒状况等矿井基本状况。

2. 拟定矿井一井定向测量的方案

矿井联系测量中,平面坐标的导入,需要按一定精度要求完成定向工作。在只有一个立井井筒的矿井中,我们只能用一井定向的方法,完成矿井的定向工作。根据矿井的不同布置方式及近井点的布置状况,需要制订合适的一井定向方案。

3. 根据制订的具体测量方案进行实际测量

根据分组讨论制订的具体测量方案,领取相关仪器,以小组为单位进行实际的测量工作。在各个测量工作中,要依据相应的规范要求进行操作。最后,要完成相应的数据记录及处理工作。

4. 总结一井定向测量的实训经验并思考相关问题

认真反思一井定向测量工作的目的、意义及具体测量工作,探讨一井定向测量工作的方案,找出不足并完善。在实际测量工作中,要掌握仪器的具体操作使用步骤,并按规范要求完成测量。在处理数据时,要根据具体精度要求,进行平差计算,检核数据是否正确。最后完成实习报告,总结整个测量工作的心得体会。

5. 提高一井定向测量精度的几点建议

立井一井定向工作的一般程序是进行投点并作静止观测,得到井下对应点,从而与事先布设的近井点和井下导线点构成连接三角形,通过测角、量边获得外业观测数据,然后通过数学公式处理这些数据得到井下导线点的平面坐标和起算坐标方位角。在一井定向过程中,需要处理好连接三角形各点位之间的位置关系。另外,实施投点和静止观测需要按照专业规范要求进行,以力求不损精度,达到成果合格。

单元二 两井定向

【导入】

山西某矿业集团煤矿 3 号轨道巷、4 号轨道巷受开采动压的影响,顶板破碎下沉。煤矿进行了相应的维修工作,3 号轨道巷已维修完毕,4 号轨道巷即将完成维修工程。原来布设在 3、4 号轨道巷顶板上的导线点大部分已被破坏。为了完成煤矿测量中的中线测定、腰线测定、贯通测量和测绘矿图等基本任务,需要重新敷设井下基本控制测量系统,重新进行井下定向工作,此次定向采用两井定向完成。

【正文】

一、两井定向

(一)概述

当矿井有两个立井,并且定向水平有巷道相通能进行测量时,就要采用两井定向。所谓两井定向,就是在两个立井井筒中各悬挂一根钢丝垂球线,然后在地面和井下把两根垂球线连接起来(见图 3-4),从而把地面控制点的平面坐标及连线的方位角传递到井下。

两井定向是把两根钢丝垂球线分别悬挂在两个立井井筒内,两个立井井筒之间的最短距离约为 30 m,这比一井定向来说两垂球线之间的距离就大大增加了,因而大大减少了投向误差。假设投点误差 $\lambda = 1$ mm,其投向误差 $\theta = \pm\frac{2e}{c}\rho = \pm\frac{2 \times 206\ 265''}{30\ 000} \approx 13.8''$,对比前面

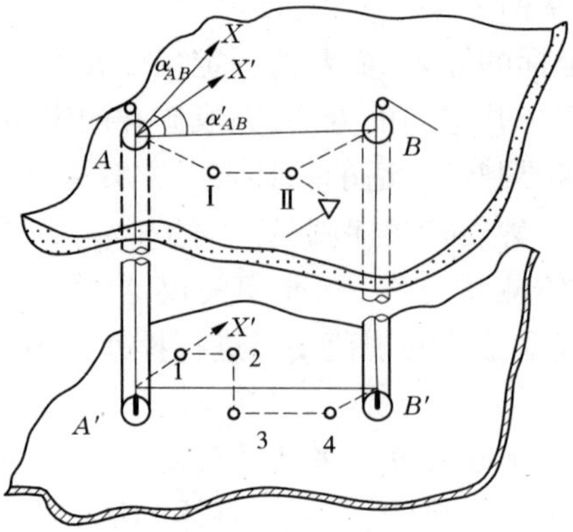

图3-4　两井方向

一井定向所举的例子可以看出,由两井定向所产生的投向角度误差缩小了1/10。这是因为在两井定向中两垂球线之间的距离比一井定向时增大了10倍。对于两井定向来说,投点误差不是主要问题,这也是两井定向最大的优点。此外,两井定向外业测量简单,占用井筒时间短。因此,凡是能进行两井定向的矿井,均应采用两井定向。

两井定向的全部工作和一井定向类似,包括定向水平投点和在地面及定向水平与垂球线连接及其内业计算。

(二)两井定向的外业工作

1. 投点

有关投点的设备和方法均与一井定向相同,但是比一井定向更加容易。因为每个井筒内只需悬挂一根钢丝垂球线,它比一井定向占用井筒的时间短。一般采用单重稳定投点法即可。

2. 连接

1)地面连接

地面连接的任务在于测定垂球线的坐标,解算出两根垂球线连线的方位角。

敷设导线时,应使导线的长度最短,并尽可能沿两垂球线连线的方向延伸。因为此时量边误差对连线的方向不产生影响。一般可按照前面叙述过的设立近井点的要求进行测量。但在进行定向之前,应根据一次定向测量中误差不超过±20″要求,用误差预计方法确定经上、下连接导线的施测方案。

2)井下连接

在井下的定向水平上,一般可按照井下7″级全站仪导线的精度要求将两根垂球线连接起来。在巷道形状较好的情况下,也和地面连接导线一样尽较好沿两垂球方向敷设,并使其长度最短。在选定了井上、井下连接方案后,应进行精度预计。只有井下全站仪导线起始边的方位角中误差 $M_{\alpha0}$ 不超过±20″的方案才能被采用。

(三)两井定向的内业计算

按地面连接测量的成果,算出两根垂球线的平面坐标,再利用坐标反算计算出两垂球连线的方位角和水平距离。井下连接导线由于没有方向,故首先假定一个方向和原点,即选一个假定坐标系统。按这个假定坐标系统计算出两个垂球线的坐标,再用假定坐标反算出两垂球连线的假定方位角和长度。根据两垂球连线的两个方位角之差,就可以算出井下连接导线的任意一边在地面坐标系统中的方位角,即完成了方向的传递任务,然后按地面坐标系统的方位角和其中一个垂球线的坐标,重新计算井下连接导线各点的坐标,这样就完成了两井定向。具体计算步骤如下:

(1)根据地面连接测量的结果,计算两垂球连线的方位角及长度。按一般计算方法,算出两垂球线的坐标值 X_A、Y_A、X_B、Y_B;再根据算出的坐标值,计算 AB 的方位角 α_{AB} 及长度D_{AB} 为

$$\tan\alpha_{AB}=\frac{Y_B-Y_A}{X_B-X_A}=\frac{\Delta Y_{AB}}{\Delta X_{AB}} \tag{3-4}$$

$$D_{AB}=\frac{Y_B-Y_A}{\sin\alpha_{AB}}=\frac{X_B-X_A}{\cos\alpha_{AB}}=\sqrt{(\Delta X_{AB})^2+(\Delta Y_{AB})^2} \tag{3-5}$$

(2)确定井下假定坐标系统,计算在定向水平上两垂球连线的假定方位角及水平距离。一般为了方便起见,假定 A 点为坐标原点,A—1 边为 X'轴方向,即 $X'_A=0$, $Y'_A=0$, $\alpha'_{A-1}=000°00'00''$。按上述假定坐标系统,经井下连接导线计算出垂球线 B 的假定坐标为 X'_B和Y'_B,然后计算 AB 的假定方位角 α'_{AB} 及长度 D'_{AB}为

$$\tan\alpha'_{AB}=\frac{Y'_B-Y'_A}{X'_B-X'_A}=\frac{\Delta Y'_{AB}}{\Delta X'_{AB}} \tag{3-6}$$

$$D'_{AB}=\frac{Y'_B-Y'_A}{\sin\alpha'_{AB}}=\frac{X'_B-X'_A}{\cos\alpha'_{AB}}=\sqrt{(\Delta X'_{AB})^2+(\Delta Y'_{AB})^2} \tag{3-7}$$

(3)测量和计算正确性的第一个检验。由式(3-5)和式(3-7)算出两垂球线间的长度经改正后,理论上应完全相等。但由于测角量边时存在误差的影响,实际上两者并不相等。

(4)由地面坐标系统计算井下连接导线各边的方位角及各点坐标。仍然根据 α'_{A-1} 值,以垂球线 A 的地面坐标为准,重新计算井下连接导线各边的方位角及各点的坐标,最后算得垂球 B 的坐标。

(5)测量和计算正确性的第二个检验。这个检验是利用量垂球线的井上、井下坐标来检查的。

也就是说,最后将井下连接导线按地面坐标系统,由 A 算出 B 点的坐标后,它应该与按地面连接所算得的 B 点坐标相同。如果其相对闭合差不超过井下所采用的连接导线精度,则认为井下连接导线的测量和计算是正确的。平差时一般采用简易平差的方法。将该闭合差按与边长按正比例分配,对井下连接导线各点坐标加以改正。

(四)实训任务

1. 分析矿井现有的基本资料

认真分析矿井井口周边基本控制点分布情况、井口布置方式、矿井周边的坐标控制点、矿井井筒状况等矿井基本状况。

2. 拟定矿井两井定向测量的方案

矿井联系测量中,平面坐标的导入,需要按一定精度要求完成定向工作,如果一个矿井有两个立井井筒,我们可以用两井定向的方法,完成矿井的定向工作。根据矿井的不同布置方式及近井点的布置状况,需要制订合适的两井定向方案。

3. 根据制订的具体测量方案进行实际测量

根据分组讨论制订的具体测量方案,领取相关仪器,以小组为单位进行实际的测量工

作。在各个测量工作中,要依据相应的规范要求进行操作。最后,要完成相应的数据记录及处理工作。总结两井定向测量的实训经验并思考相关问题。认真反思两井定向测量工作的目的意义及具体测量工作,探讨两井定向测量工作的方案,找出其中的不足并完善。在实际测量工作中,要掌握仪器的具体操作使用步骤,并按规范要求完成测量。在处理数据时,要根据具体精度要求,进行平差计算,检核数据是否正确。最后完成实习报告,总结整个测量工作的心得体会。

单元三　陀螺全站仪定向

【导入】

陀螺全站仪可以在纬度75°以下的任意地点自主确定过该点的地球子午线方向(又称真北方向),以及任意一边的陀螺方位角和坐标方位角,是一种用途广泛的重要测量仪器。一次定向标准偏差优于5 s的高精度自动陀螺经纬仪是高精度大地测量、精密工程测量、国防等领域急需的仪器,其研制与生产难度高,国际上只有美、俄、德等国家有能力生产,并且价格高昂,极大地制约着我国在国防测绘和一些关乎国民经济发展的基础设施领域的建设。2008年,由长安大学和中国航天科技集团公司第16研究所合作完成的"GAT磁悬浮陀螺全站仪系统研制与应用"项目通过了科技成果鉴定,标志着我国研制成功具有独立知识产权的高精度磁悬浮自动陀螺全站仪,对打破国际上的技术封锁,发展我国高精度自动陀螺经纬仪及其相关技术具有重要意义。该项成果在一定程度和范围内推动了我国测绘科技的发展,具有自主创新性和先进性,填补了国内空白,总体技术达到国际先进水平,打破国外技术封锁,对陀螺定向技术的应用、研究与发展意义重大,有很好的经济和社会效益。

东庞矿北井位于河北省某井田西北部,其南部以F12断层及西庞矿为界,西部与西庞矿、金石矿、东宏矿、兴武矿等地方煤矿为邻,北部以F12断层为界,东部以9号煤层-300 m地板等高线为界。走向长度为5.9 km,倾向长度为2.2 km,面积为4.5 km^2。北井基建由中煤河北煤炭建设第四工程处施工,在东庞矿北风场地内,新建一对立井,其中立井用于煤炭提升兼作回风井,副立井用于辅助提升兼作进风井。东庞矿井与北井间大型贯通测量工程分为两个子部分:北井联系定向测量、矿井下控制测量。由于中煤河北煤炭建设第四工程处在向矿方移交时没能提供完整可靠的联系测量资料,故委托河北省煤田地质局物测地质队重新进行北井的联系定向测量工作。

【正文】

几何定向存在着占用井筒、影响生产,且使用设备多、组织工作复杂,需耗费大量人力、物力和时间,并随着井筒深度增加,定向精度相应降低等缺点。为了尽量避免上述问题,矿山测量者研究采用物理方法进行矿井定向。随着科学技术的发展,特别是力学、机械制造和电子技术的进步,陀螺仪定向具备了必要的基础。目前我国和世界上很多国家都已成功研制将陀螺仪和经纬仪(或全站仪)结合在一起完成定向工作的陀螺经纬仪(或全站仪)。

一、陀螺定向概述

陀螺定向是运用陀螺全站仪直接测定井下未知边的方位角。它克服了运用几何走向方法进行联系测量时占用井筒时间长、工作组织复杂等缺点,目前已广泛应用于矿井联系测量和控制井下导线方向误差的积累。

所谓陀螺仪,是指以高速旋转的刚体制成的仪器。陀螺全站仪是将陀螺仪与全站仪组合而成的一种定向仪器。陀螺全站仪的定向精度高,根据实际定向结果,陀螺全站仪一次定向中误差小于2′,完全能够满足各种采矿工程的需要;而高精度的陀螺全站仪一次定向标准偏差优于5″,完全满足了高精度大地测量、精密工程测量、国防等领域所需。目前,陀螺全站仪已广泛应用于矿井联系测量和井下大型贯通测量的定向。

二、陀螺全站仪的基本原理

陀螺全站仪是根据自由陀螺仪(在不受外力作用时,具有三个自由度的陀螺仪)的原理而制成的。自由陀螺仪具有以下两个基本特性:

(1)定轴性:陀螺轴在不受外力作用时,它的方向始终指向初始恒定方向。

(2)进动性:陀螺轴在受到外力作用时,将产生非常重要的效应——进动。

目前,常用的陀螺仪是采用两个完全自由度和一个不完全自由度的钟摆式陀螺仪。它是根据上述陀螺仪的定轴性和进动性两个基本特性,并考虑到陀螺仪对地球自转的相对运动,使陀螺轴在测站子午线附近做简谐摆动的原理而制成的。

三、矿用陀螺全站仪的基本结构

陀螺全站仪是陀螺仪和全站仪组合而成的定向仪器。根据其连接形式不同主要可分为上架式陀螺全站仪和下架式陀螺全站仪两大类。上架式陀螺全站仪即陀螺仪安放在全站仪之上,下架式陀螺全站仪即陀螺仪安放在全站仪之下。

现在常用的矿用陀螺全站仪大都是上架式陀螺全站仪。这里将以我国苏州一光仪器有限公司生产的GTA1800R全自动陀螺全站仪为例,讲解陀螺定向的原理及应用。

GTA1800R系列全自动陀螺全站仪是将陀螺仪安放在全站仪之上而构成的,其基本结构如图3-5所示,连接方式如图3-6所示。

四、陀螺全站仪定向的方法

运用陀螺全站仪进行矿井定向的常用方法主要有逆转点法和中天法。它们之间的主要差别是在测定陀螺北方向时,逆转点法的仪器照准部处于跟踪状态,而中天法的仪器照准部是固定不动的。这里以逆转点法为例来说明测定井下陀螺仪定向的作业过程。

(一)在地面已知边上测定仪器常数 Δ

由于仪器加工等多方面的原因,实际中陀螺轴的平衡位置往往与测站真子午线的方向不重合,它们之间的夹角我们称为陀螺全站仪的仪器常数,并用 Δ 表示。如图3-7所示,要在地面已知边上测定 Δ,关键是要测定已知边的陀螺方位角 $T_{AB陀}$,如图3-7(a)所示。

(二)测定 $T_{AB陀}$ 的方法

(1)在 A 点安置陀螺全站仪,严格整平对中,并以正倒镜两个镜位观测 AB 的方向值——测前方向值 M_1。

(2)将全站仪的视准轴大致对准北方向(对于逆转点法要求偏离陀螺子午线方向不大于60′)。

(3)测量悬挂带零位值——测前零位,同时用秒表测定陀螺摆动周期。

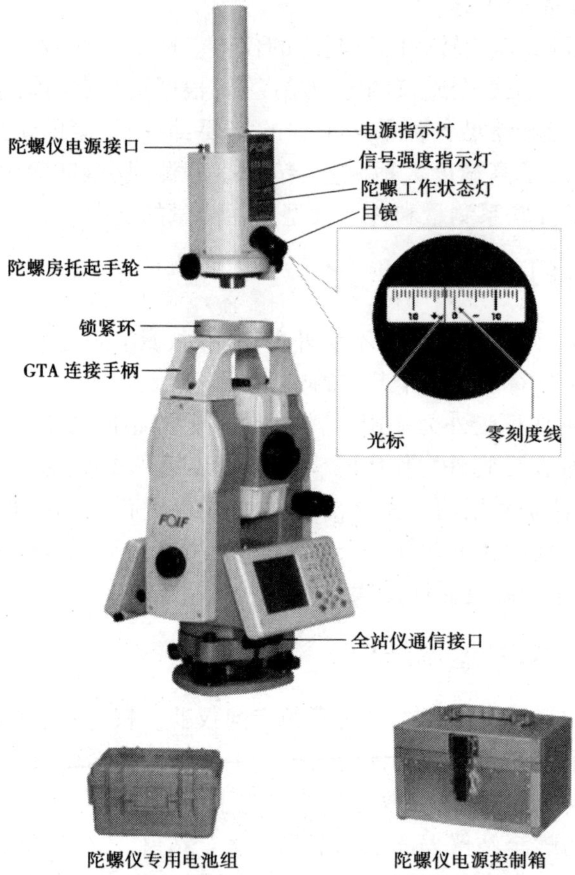

图 3-5　GTA1800R 全自动陀螺全站仪基本结构

测定零位的方法是:下放陀螺灵敏部,从读数目镜中观测灵敏部的摆动,在分划板上连续读 3 个逆转点(陀螺轴围绕子午线摆动时偏离子午线的两侧最远位置)的读数 a_1、a_2、a_3,估读至 0.1 格,并按下式计算零位:

$$L = \frac{1}{2}\left(\frac{a_1 + a_2}{2} + a_3\right) \tag{3-8}$$

①用逆转点法精确测定陀螺北方向值 N_T。

启动陀螺马达,缓慢下放灵敏部,使摆幅在 1°~3°。调节水平微动螺旋使光标像与分划板零刻度线随时保持重合,到达逆转点后,记下经纬仪水平度盘读数。连续记录 5 个逆转点的读数 u_1、u_2、u_3、u_4、u_5,并按下式计算 N_T:

$$N_1 = \frac{1}{2}\left(\frac{u_1 + u_2}{2} + u_2\right)$$

$$N_2 = \frac{1}{2}\left(\frac{u_2 + u_4}{2} + u_3\right)$$

$$N_3 = \frac{1}{2}\left(\frac{u_3 + u_5}{2} + u_4\right)$$

$$N_T = \frac{1}{3}(N_1 + N_2 + N_3) \tag{3-9}$$

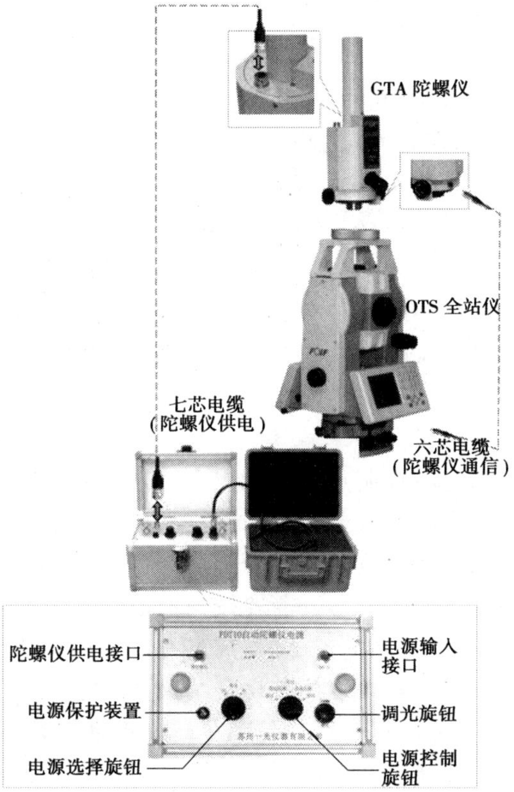

图 3-6　GTA1800R 全自动陀螺全站仪连接方式

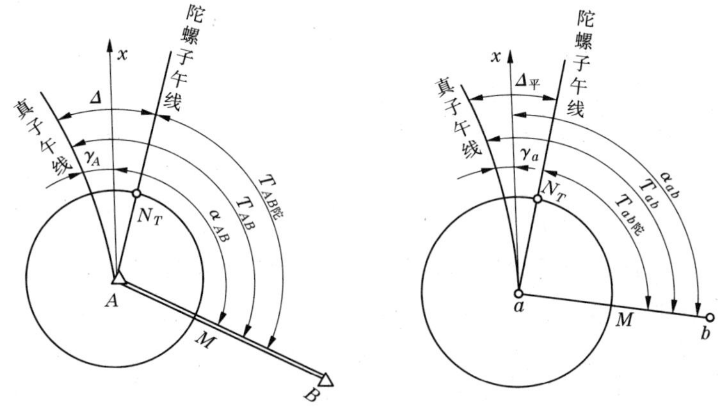

(a)　　　　(b)

图 3-7　定向关系示意

②进行测后零位观测,方法同测前零位观测。

③以两个镜位测定 AB 边的方向值——测后方向值 M_2。

④计算 $T_{AB陀}$:

$$T_{AB陀} = \left(\frac{M_1 + M_2}{2} - N_T\right) \tag{3-10}$$

于是可得：

$$\Delta_{前} = T_{AB} - T_{AB陀} = \alpha_{AB} + \gamma_A - T_{AB陀} \tag{3-11}$$

其中，在井下定向边上采用两测回测定陀螺方位角 $T_{AB陀}$。

返回地面后，及时再在已知边 AB 上测定仪器常数 $\Delta_{后}$。

计算井下未知边的坐标方位角 α_{AB}。按下式计算：

$$\begin{cases} \alpha_{AB} = T_{AB陀} + \Delta_{平} - \gamma_A \\ \Delta_{平} = \dfrac{\Delta_{前} + \Delta_{后}}{2} \end{cases} \tag{3-12}$$

式中　γ_A——A 点的子午线收敛角。

(三)实训任务

1. 分析矿井现有的基本资料

认真分析矿井井口周边基本控制点分布情况、井口布置方式、矿井周边的坐标控制点、矿井井筒状况等矿井基本状况。

2. 拟定矿井陀螺仪定向测量的方案

在矿井联系测量中，平面坐标的导入，需要按一定精度要求完成定向工作。在只有一个立井井筒的矿井中，只能用一井定向的方法，完成矿井的定向工作，若有两个立井井筒则可用两井定向的方法，一般情况下，都可以用陀螺全站仪完成定向工作。根据不同矿井的布置状况及近井点的布置状况，需要制订合适的陀螺全站仪定向方案。

3. 根据制订的具体测量方案进行实际测量

根据分组讨论制订的具体测量方案，领取相关仪器，以小组为单位进行实际的测量工作。在各个测量工作中，要依据相应的规范要求进行操作。最后，要完成相应的数据记录及处理工作。

经过一个立井利用陀螺全站仪定向时的联系测量由四部分组成：

(1)经立井由地面向定向水平投点。

投点采用钢丝投点法，一般采用单重稳定投点，如垂球线摆幅较大，也可采用单重摆动投点。所需设备与安装方法和通常的一井几何定向相同。

(2)井上、井下与垂球线的联系测量。

地面连接：由已知起始边敷设一级导线或二级导线至连接点。在连接点架设仪器与垂球线连接，测定角度和距离。

井下连接：由陀螺定向边敷设基本控制导线至井下导线点，在最近导线点架设仪器与垂球线的稳定位置联测。井上、井下连接导线与垂球线的连接都应独立进行两次。

(3)井下基本控制导线起始边的陀螺全站仪定向。

在井下选定的起始边上进行陀螺全站仪定向，求出该边的坐标方位角。陀螺定向可采用逆转点法或中天法。定向可在投点连接前先进行，也可在连接后进行。

(4)内业计算。

①根据地面连接测量的成果，按复测支导线计算垂球的坐标，当相对闭合差符合上述要求时，取两次计算的平均值作为垂球线的最合适坐标 X_A、Y_A。

②计算井下连接导线各边的坐标方位角。

按下式求算复测支导线各边的坐标方位角：

$$\alpha_i = \alpha_o + \sum_{i=1}^{n} \beta_i \pm i \times 180° \tag{3-13}$$

式中 α_o ——陀螺定向边的坐标方位角；

β_i ——井下相应连接导线边的水平角。

当角闭合差符合要求时，取两次坐标方位角的平均值作为井下连接导线各边方位角的最合适值。

③计算井下导线起始点的坐标。

根据各边平差后的方位角，按下式计算基本控制导线起始点的坐标：

$$\left.\begin{aligned} x_E &= x_A + \sum_{i=1}^{n} l_i \cos\alpha_i \\ y_E &= y_A + \sum_{i=1}^{n} l_i \sin\alpha_i \\ x_{E'} &= x_E + l_T \cos\alpha_0 \\ y_{E'} &= y_E + l_T \sin\alpha_0 \end{aligned}\right\} \tag{3-14}$$

式中 l_i、α_i ——井下连接导线各边的水平距离和坐标方位角。

当导线的相对闭合差符合前述规定时，取导线起始点两次计算的平均值作为该点的最合适坐标。

4. 总结陀螺全站仪定向测量的实训经验并思考相关问题

认真反思陀螺全站仪定向测量工作的目的、意义及具体测量工作，探讨陀螺全站仪定向测量工作的方案，找出其中的不足并完善。在实际测量工作中，要掌握仪器的具体操作使用步骤，并按相关规范标准要求完成测量。在处理数据时，要根据具体精度要求，进行平差计算，检核数据是否正确。最后完成实习报告，总结整个测量工作的心得体会。

单元四　高程联系测量

【导入】

河南省某煤业有限责任公司矿区位于某县西北 30 km，矿区范围为东经 114°05′20″~114°07′06″，北纬 36°10′12″~36°14′49″。由于井下巷道原有测量控制点变形破坏严重，为了满足煤矿矿井扩建和新建主、副井安全生产的需要和对前期测量成果进行检校，需要进行高程联系测量。

【正文】

一、概述

高程联系测量就是导入高程，其任务是把地面坐标系统中的高程，经过平硐、斜井或立井传递到井下高程测量的起始点上，使井上、井下采用统一高程系统，也称为导入标高。

矿井的开拓方式有平硐、斜井和立井三种，导入高程的方法随开拓方法的不同而分为：

(1)通过平硐导入高程。采用井下几何水准测量或三角高程测量来完成，将地面水准点的高程传递到井下，其测量方法和精度要求与井上水准基本控制测量相同。

(2)通过斜井导入高程。用一般三角高程测量来完成,其测量方法和精度要求与井上基本控制三角高程测量相同。

(3)通过立井导入高程。其工作内容实际上是丈量井筒的深度,采用立井开拓的矿井则需采用专门的方法来传递高程,常用的立井导入标高的方法有钢尺法、钢丝法和光电测距仪法。

二、钢丝法导入高程

钢尺法和钢丝法导入标高的原理基本相似,只是钢尺法采用的是经过比长的钢尺,只需直接加上其测量值的各项改正数即可得到长度;而钢丝法则需要在地面通过专门的设备或仪器测量其长度。这里仅以钢丝法和光电测距仪法为例来说明导入标高的过程。

采用钢丝法导入标高时,首先应在立井井筒中悬挂一根钢丝,在井下一端悬以重锤,使其处于自由悬挂状态(见图 3-8);然后,在井上、井下同时用水准仪测得 A、B 处水准尺上的读数 a 和 b,并用水准仪瞄准钢丝,在钢丝上做标记;变换水准仪高度后再测一次,若两次测得的井上、井下高程基点与钢丝上相应标志间的高差互差不超过 4 mm,则可取其平均值作为最终结果。最后,可通过在地面建立的比长台用钢尺往返分段测量出钢丝上两标记间的长度,且往返测量的长度互差不得超过 $L/8\ 000$(L 为钢丝上两标志间的长度)。

这样,井下水准基点 B 的高程 H_B 可通过下式求得:

$$H_B = H_A - L + (a - b) \tag{3-15}$$

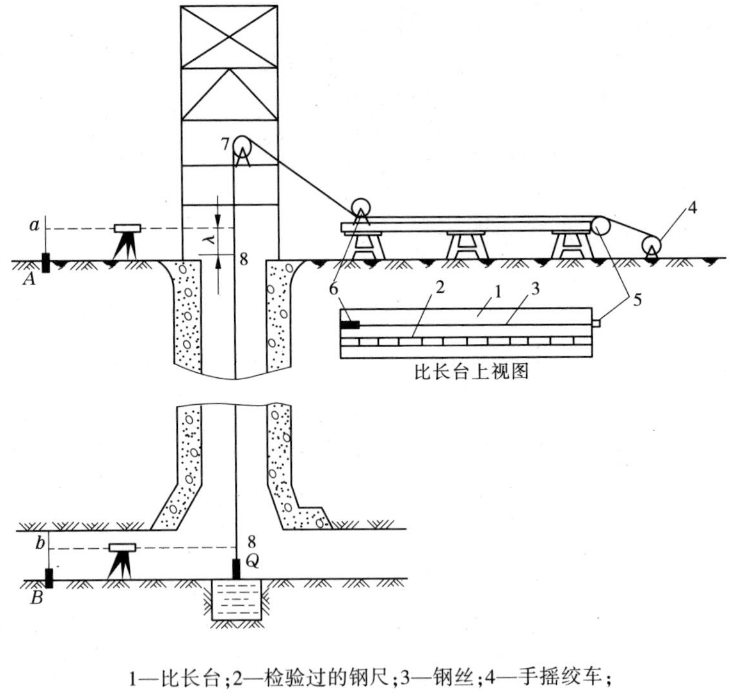

1—比长台;2—检验过的钢尺;3—钢丝;4—手摇绞车;
5、6—小滑轮;7—导向滑轮;8—标线夹;a—地面水准尺读数;b—井下水准尺读数。

图 3-8　钢丝法导入高程

三、光电测距仪导入高程

运用光电测距仪导入标高，不仅精度高，而且缩短了井筒占用时间，是一种值得推广的导入标高方法。

如图 3-9 所示，光电测距仪导入标高的基本方法是：在井口附近的地面上安置光电测距仪，在井口和井底的中部分别安置反射镜；井上的反射镜与水平面成 45°夹角，井下的反射镜 F 处于水平状态，通过光电测距仪分别测量出仪器中心至井上、井下反射镜的距离 L、S，从而计算出井上与井下反射镜中心间的铅垂距离 H：

$$H = S - L + \Delta L \tag{3-16}$$

式中　ΔL——光电测距仪的总改正数。

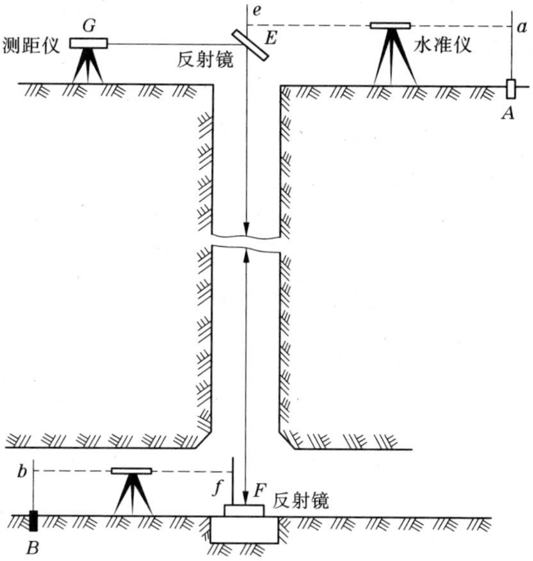

图 3-9　光电测距仪导入高程

然后，分别在井上、井下安置水准仪。测量出井上反射镜中心与地面水准基点间的高差 h_{AE} 和井下反射中心与井下水准基点间的高差 h_{FB}，则可按下式计算出井下水准基点 B 的高程 H_B：

$$\left.\begin{aligned} H_B &= H_A + h_{AE} - H + h_{FB} \\ h_{AE} &= a - e \\ h_{FB} &= f - b \end{aligned}\right\} \tag{3-17}$$

式中　a、b、e、f——井上、井下水准基点和井上、井下反射镜处水准尺的读数。

使用光电测距仪导入标高也要独立测量两次，其互差也不应超过 $H/8\ 000$（H 表示井筒深度）。

四、实训任务

（1）分析矿井现有的基本资料。

认真分析矿井井口周边基本控制点分布情况、井口布置方式、矿井周边的坐标控制点、矿井井筒状况等矿井基本状况。

(2)拟定矿井导入高程测量的方案。

矿井联系测量中,选出测量方案,做出技术设计方案。

(3)根据制订的具体测量方案进行实际测量。

根据分组讨论制订的具体测量方案,领取相关仪器,以小组为单位进行实际的测量工作。预先安装某些投点设备和将所需设备等送至测量井口和井下。确定井上、井下的负责人,统一负责指挥和联络工作。制订好工作内容及顺序,同时保证好安全措施。在各个测量工作中,要依据相应的规范要求进行操作。最后,要完成相应的数据记录及处理工作。

(4)总结导入高程测量的实训经验并思考相关问题。

认真反思高程导入测量工作的目的、意义及具体测量工作,探讨导入高程测量工作的方案,找出其中的不足并完善。在实际测量工作中,要掌握仪器的具体操作使用步骤,并按规范要求完成测量。在处理数据时,要根据具体精度要求,进行平差计算,检核数据是否正确。最后完成实习报告,总结整个测量工作的心得体会。

思考题

1. 联系测量的目的和任务各是什么?包括哪些内容?
2. 两井定向与一井定向相比有哪些优点?
3. 几何定向和陀螺定向相比,定向工作过程有何不同?
4. 高程联系测量的方法有哪些?如何理解竖井导入标高的实质是丈量井深?
5. 简述钢丝导入标高的原理。

项目四　井下平面控制测量

项目概述

井下平面控制测量是井下测量的首要环节，主要任务是建立井下平面控制网，作为测绘和标定井下巷道、硐室、回采工作面等平面位置的基础与依据，并为后续的贯通测量工作提供依据。本项目内容主要介绍井下平面控制测量的基本特点、作业方法与要求及内业计算方法，井下平面控制测量的误差来源、误差影响规律及提高控制测量精度的措施。

学习目标

知识目标：

①能够正确陈述井下平面控制测量的特点、等级要求及遵循的原则；

②能够基本正确陈述井下控制导线布设形式、控制点的设置要求与原则；

③能够正确陈述井下导线测量的外业工作内容和内业计算步骤，并明确其限差要求；

④能基本正确陈述井下导线测量的误差来源、误差的影响规律，以及提高井下导线测量精度的途径。

技能目标：

①能够熟练操作矿用全站仪；

②能够熟练进行井下导线测量各项操作和导线内业计算；

③能够完成井下导线内业计算及巷道平面图绘制；

④能够进行井下导线测量的基本误差分析。

【导入】

中华人民共和国大地原点，又称大地基准点，它确立了我国独立的大地坐标系的起算点和基准点，是我国测绘事业独立自主的象征，在经济建设和科学技术研究方面发挥着举足轻重的作用。1978 年 12 月，中华人民共和国大地原点建成并投入使用，具体位置在北纬 34°32′27.00″、东经 108°55′25.00″，海拔 417.20 m。以此为原点，我国建立了全国统一的独立的坐标系，这就是著名的“1980 国家大地坐标系”。从此，我国国防建设、经济建设、重大基础建设都有了一个科学、统一并符合本国国情的测量系统。

淮北矿业(集团)有限责任公司某煤焦化基地位于淮北桦溪县韩村镇境内，属淮北临涣矿区。基地距离淮北市中心 40 km 左右，东靠临涣选煤厂，南依矿区铁路。北面 300 m 处有乡村公路通过。矿井于 1985 年 12 月 28 日投产，是临涣矿区投产的第一对矿井。矿井蕴藏的煤炭主要为焦肥煤,95%的原煤入洗,销往上海宝钢,出口日本。由于矿井走向很长,井下巷道距井底车场距离很远,原布设的井下平面基本控制导线点位误差积累很大,可靠性下降,难以保证必要的精度。为了确保几个采区的正常、安全生产,提高矿井巷道工程质量及矿井处理灾害能力,受该煤矿委托,对该矿井下平面控制进行改造,采用陀螺全站仪进行精密定向,并施测井下7″控制导线,提高井下平面控制系统的精度,保证平面控制成果的统一性和可靠性。

任务内容:

依据淮北临涣矿区资料及相关规范标准要求等,制订该矿井的井下平面控制测量方案,并依据方案完成矿井的井下平面控制测量工作。

根据任务内容,分析目前实际案例条件,我们需要明确以下核心问题:

1. 井下平面控制测量有何特点?
2. 井下平面控制测量等级及精度要求是什么?
3. 井下平面控制点如何布设?控制导线的具体形式是什么?
4. 井下平面控制测量的外业观测、内业工作如何实施?
5. 如何能保证井下平面控制测量成果的精度?

【正文】

单元一　井下平面控制导线的布设

一、概述

(一)井下平面控制测量的目的

井下平面控制测量的主要目的是在井下建立统一的平面坐标系统,为井下生产提供可靠的数据。

井下平面控制测量与地面控制测量一样,应采用正确的程序和方法,以满足井下施工及测图的要求。

(二)井下平面控制测量的特点

从控制测量课程学习已知,地面控制测量的方法很多,如三角形测量、GNSS测量、导线测量等。井下平面控制测量是在井下巷道中进行的,而井下巷道和地面比起来,其情况要特殊很多。如视野受限、方向观测受限(只能沿巷道延伸方向观测),就不能采用三角形测量来布设平面控制网;另外,井下巷道中接收空间信息受限,也就不能进行GNSS测量,故井下平面控制测量也就只能采用全站仪导线测量,这是唯一的方法。

要进行井下平面控制测量,必须要有已知数据,要知道井下巷道起算点的坐标和起始边的坐标方位角,这些已知数据是通过地面与井下之间的联系测量而得到的,即通过矿井定向求得井下起算点的坐标和起始边的方位角,从此开始,便可进行井下的平面测量。

(三)井下平面控制测量的等级

井下平面控制测量的方法就是全站仪导线测量。一般而言,井下平面控制测量导线分为两个等级,即基本控制导线和采区控制导线。

基本控制导线分为±7″级和±15″级,是井下的首级控制导线。一般布设在主要巷道中,如斜井、平硐、水平(阶段)运输巷道、石门、矿井总回风巷、主要的采区上下山等。可根据矿井的大小和测量所需要的精度要求选择其中的一个作为井下的首级平面控制。一般当井田的一翼长度大于 5 km 时,宜选择±7″导线作为矿井的首级平面控制,否则,可选用±15″导线作为井下的首级控制。

采区控制导线分为±15″级和±30″级,是作为井下加密控制导线布设的。采区控制导线是从井下的基本控制导线点开始的,沿采区上、下山、中间巷道和片区运输巷道和次要巷道进行布设。在具体工作中,可根据矿井的大小和巷道要求的精度高低选取其中一种作为采区控制。井下基本控制导线和采区控制导线的主要技术指标见表 4-1。

表 4-1 井下基本控制导线和采区控制导线的主要技术指标

井田一翼长度/cm	测角中误差/(°)	一般边长/m	导线全长相对闭合差	
			闭(附)合导线	复测支导线
≥5	±7″	60~200	1/8 000	1/6 000
<5	±15″	40~140	1/6 000	1/4 000
≥1	±15″	30~90	1/4 000	1/3 000
<1	±30″	—	1/3 000	1/2 000

(四)井下平面控制测量导线的形状

井下平面控制测量导线的形状,与地面一样,有附合导线、闭合导线、支导线及导线网等。

但是由于井下导线是布设在巷道中的,所以受到巷道掘进和开拓方式的限制。一般来说,基本导线在主要巷道时多布设成支导线形状,但当已掘进巷道增多时,则可形成闭合导线、附合导线及导线网,如图 4-1 所示。另外,井下闭合导线有时是在空间交叉后形成的,即交叉闭合导线,如图 4-2 所示。采区平面控制测量导线一般附合在基本控制导线上或自成闭合,若为支导线,则不论基本控制和采区控制,都必须往返测量,以便得到检查。

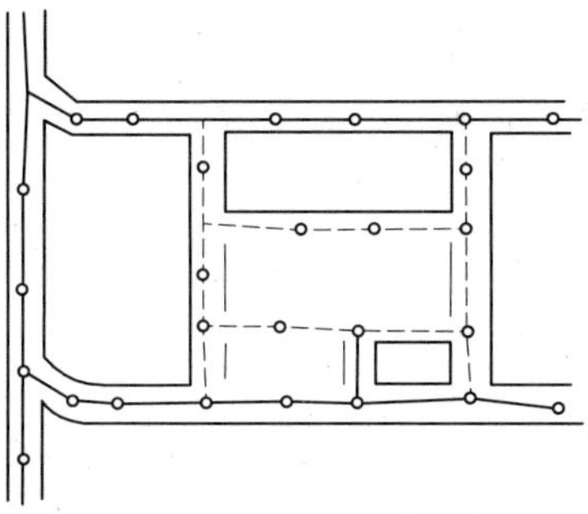

图 4-1 井下导线网

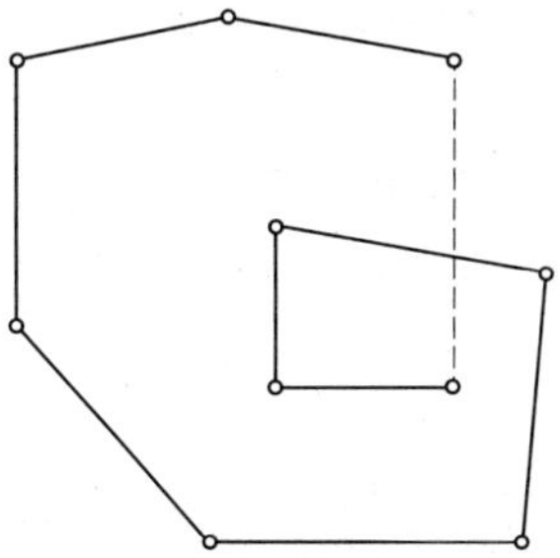

图 4-2 交叉闭合导线

利用陀螺仪,可在井下支导线的某些边上加测陀螺定向边,这样在起始边和定向边之间或定向边和定向边之间便形成了方向附合导线;有时,出于某种特殊要求,例如两井定向时,与两垂球线连接的井下导线及在两固定点间恢复已破坏了的导线点时,可以布设坐标附合导线,亦即地面测量中的无定向导线,如图 4-3 所示。

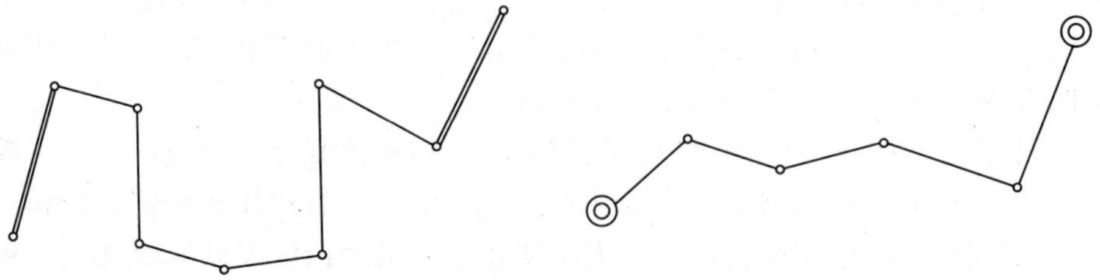

(a)方向附合导线　　(b)坐标附合导线

图 4-3　井下附合导线

(五)井下平面控制测量导线点的分类

1. 分类

井下导线点按其使用时间的长短分为永久点和临时点两类。

永久点使用时间较长,应设置在便于使用和便于保存的稳定的碹顶上或巷道顶、底板的岩石内;临时点保存时间较短,一般设在顶板上或牢固的棚梁上。

2. 布设

我国绝大多数矿井都将导线点设置在巷道的顶板或棚梁上,这是因为在顶板上不仅使用方便,容易寻找,不易被井下行人或运输车辆破坏,而且用垂球对中时,仪器在点下对中比在点上对中要精确一些。只有在顶板岩石松软、破碎、容易移动或某些特殊的情况下,才将其设置在巷道的底板上。

永久导线点应设置在矿井的主要巷道内,一般每隔 300~500 m 设置一组,每组不得少于三个点,有条件时,可在主要巷道内全部埋设永久导线点。

永久点以坚固耐用和使用方便为原则。用水泥浇灌的永久点应在施测前一天设好,以便使混凝土凝固。

至于临时点可设在棚梁上,也可用水泥或水玻璃粘在顶板上。

3. 编号

各矿井可根据具体条件和习惯,将测点进行统一编号。导线点的编号应力求简单易记,并能根据编号推知测点所在巷道的位置。用罗马字母、英文字母以及阿拉伯数字的适当组合可达到上述要求。应该注意的是,在任何情况下,均不得将同一测点给以不同的编号或不同的测点给以相同的编号。

有条件时,可在设点处用专用反光的牌子或油漆将测点的编号标在巷道两侧的帮壁上,以便于寻找。

二、任务实施

(一)井下平面控制测量导线布设流程

1. 分析该矿井现有测量基本资料

认真分析该矿井井口周边基本控制点分布情况、井口布置方式、矿井周边的坐标控制点、矿井井筒状况等矿井基本状况。

2. 井下平面控制测量的方案

在煤矿井测量中,平面控制测量是井下定向和测图的基础。与地面测量一样,仍然遵循高级控制低级、每项测量有检查、测量精度应满足工程要求三项原则。根据矿井的不同开拓方式及井下状况,需要制订合适的井下平面控制方案。

3. 根据制订的具体测量方案进行实际测量

根据分组讨论制订的具体测量方案,领取相关仪器,以小组为单位进行实际的测量工作。在各个测量工作中,要依据相应的规范要求进行操作。最后,要完成相应的数据记录及处理工作。

4. 总结井下平面控制测量的实践经验并思考相关问题

认真反思井下平面控制测量工作的目的、意义及具体测量工作,探讨井下平面控制测量工作的方案,找出其中的不足并完善。在实际测量工作中,要掌握仪器的具体操作使用步骤,并按规范要求完成测量。在处理数据时,要根据具体精度要求,进行平差计算,检核数据的正确与否。最后完成实习报告,总结整个测量工作的心得体会。

(二)提高井下平面控制测量精度的几点建议

1. 严格要求

严格按设计的控制测量等级相关技术要求进行施测,严格按操作程序进行。施测中尽量采用三联架法,要注意各基座与棱镜及仪器有无隙动、气泡有无偏离、对中偏差是否较大等。如有上述情况,则要对仪器进行检修校正,找出问题所在。

2. 导线布设

井下平面控制导线要尽可能布设成似等边直伸型导线,在测量环境允许范围内尽可能地布设成长边。

单元二 井下平面控制测量的外业

井下导线测量和地面导线测量的工作内容基本一样,角度测量所使用的仪器也是全站仪,但观测的环境和条件不同,也就导致全站仪的构造、安置、观测方法等方面的差异。

一、井下角度测量的特点

由于井下导线点大多位于巷道顶板上,全站仪的安置点是点下对中,这就要求全站仪一定要具有镜上中心或向上激光照准,同时,由于井下通风的原因,使悬挂垂球线不易稳定,为了提高对中精度和易于对中操作,最好在镜中心之上安装光学对中器。

由于有的次要巷道低矮狭窄,测量精度要求又不高,若用脚架安置仪器,将使观测操作非常困难,甚至人都不能移动。在这种情况下,最好能将全站仪悬挂在固定巷道支护梁柱的吊架上,这样操作起来就相对方便、轻松一些。

井下阴暗潮湿、水汽重、矿尘多、空气质量不太好,这就要求仪器有较好的密闭性,同时应具有较好的防爆性能。

由于井下光线暗、噪声大,在测量中一般用“灯语”进行联系,故在测量前大家都要相互沟通和熟悉联系信号。在测量过程中,仪器和目标都需要用矿灯照明才能完成观测、照准和读数,司前、后视的人不能用矿灯直射仪器物镜。为了使望远镜中所看到的目标处的光线不致太刺眼,目标成像又清晰,可在矿灯上蒙一层透明纸或从侧后方照射垂球线。随着科学技术的发展,有些全站仪有自带的照明光源,发光垂球也有销售,这就较好地解决了井下测量中的照明问题。

在井下测量工作中安全问题是随时随地都不能忽视的,在安置仪器前,测量人员首先要对周围的巷道两帮和顶板进行检查,如有松动的岩石,应立即敲掉,以免在测量中危及人员和仪器设备的安全;由于井下工作人员多,人来车往,场地狭窄,没有照明,当仪器安置完毕后一定要有专人照看;观测过程中,在保证观测正确性的同时,一定要加快操作速度,尽快完成测量工作。

二、导线点的选择和设置

选择导线点时,应综合考虑以下要求:

(1) 导线点应尽量设在稳固的碹顶、棚梁或顶板的岩石中,选择能避开电缆和淋水且不影响运输之处,以便保存和观测。

(2) 相邻导线点应通视良好,间距尽量大而均匀。基本控制导线边长不小于 30 m,钢尺量边时以 90 m 左右为宜,采区控制导线的边长应不小于 15 m。

(3) 凡巷道分岔、拐弯、变坡点和已停止掘进的工作面等处均应设点,从选定该处点以前的 2~3 个测点开始,应注意调整边长,避免出现较长边与较短边相邻的情况。

(4) 选点时应综合考虑各种情况,使测点的分布更为合理。永久点应于施测前 1~2 d 设置完毕,临时点和次要巷道的点也可边选边测。

三、仪器的检验与维护

矿山井下用全站仪多为 2″级仪器,其检验、校正方法和地面所用全站仪大致相同,下面将 2″级全站仪的主要检校内容及方法叙述如下。

(一) 照准部水准管的检校

1. 目的

目的是照准部水准管轴垂直于仪器竖轴。

2. 检验

初步整平全站仪,转动照准部使管水准器平行于一对脚螺旋,转动这一对脚螺旋至管水准器气泡居中。将照准部旋转 180°,如气泡居中,说明水准管轴垂直于竖轴,否则应进行校正。

3. 校正

用校正针拨动管水准器一端的校正螺丝,调回气泡偏离量的一半,两手相对地旋转平行于管水准器的一对脚螺旋,使气泡居中。这项检验和校正需反复进行几次,直到气泡偏离量小于半格。

在此基础上可校正圆水准器,方法是:拨动圆水准器的校正螺丝,使圆水准器的气泡居中。

(二) 望远镜十字丝的检验与校正

1. 目的

仪器整平后,十字丝竖丝铅垂、横丝水平。

2. 检验

安置全站仪并严格整平,用望远镜十字丝的竖丝瞄准自由悬挂 10 m 左右的一根垂球线,如果十字丝竖丝和垂球线严格重合,则不需校正;否则,需要校正。

3. 校正

卸下目镜的十字丝环外罩,松开 4 个十字丝环固定螺丝,转动十字丝环,使十字丝竖丝与垂球重合或平行为止,最后旋紧十字丝环固定螺丝。校正后再用上述方法检验一次,直到十字丝竖丝和垂球线无明显倾斜。

(三)视准轴的检验与校正

1. 目的

使仪器视准轴垂直于横轴。

2. 检验

在与全站仪高度大致相同的 40 m 左右处任意选择一目标点,用仪器盘左位置瞄准该目标点,读取水平度盘读数为 L;再置仪器盘右位置瞄准目标点,读取水平度盘读数为 R。如果$[L-(R\pm180°)]>20''$,则认为视准轴不垂直于横轴,需要进行校正。

3. 校正

计算盘左、盘右瞄准同一目标的水平度盘的盘右平均数 $\overline{R}$(因检验时最后瞄准目标为盘右位置):

$$\overline{R}=\frac{1}{2}[R+(L\pm180°)] \tag{4-1}$$

旋转照准部微动螺旋,使盘右的水平度读数为 $\overline{R}$,十字丝交点偏离目标。取下十字丝换外罩,用校针旋转左、右一对十字丝校正螺丝,使十字丝交点与目标重合。

也可微动找准部,使水平读盘数为盘左平均数 $\overline{L}=\frac{1}{2}[L+(R\pm180°)]$,然后用校正针旋转左、右一对十字丝校正螺丝,使十字丝交点与目标点重合。这也同样可达到校正视准轴的目的。

(四)横轴的检验和校正

1. 目的

使全站仪横轴垂直于竖轴。

2. 检验

在距高墙 15 m 左右安置全站仪整平后,以盘左瞄准墙上视线倾角大于 30°的高目标,固定照准部,然后大致放平望远镜,在墙面上定出一点 A。以盘右瞄准墙上的同一高目标,放平望远镜,在墙面上定出一点 B,如果 A 点和 B 点不重合,说明全站仪横轴不垂直于竖轴,需进行校正。竖轴铅垂而横轴不水平,与水平线的角 i 称为横轴误差。

3. 校正

取 AB 的中心 M,以盘右(或左)位置瞄准 M 点,向上转动望远镜瞄准高目标处,此时十字丝交点必然偏离高目标,可拨动支架上的偏心轴承,使横轴的右端升高或降低,使十字丝中心对准高目标。这时,横轴已水平,且与竖轴垂直。

(五)竖盘指标差的检验和校正

1. 目的

消除竖盘指标差 x。

2. 检验

仪器整平后，盘左、盘右分别用横丝瞄准高处同一目标，当竖盘水准气泡居中时读取竖盘读数，并计算得盘左、盘右的竖直角分别为 $\delta_{左}$ 与 $\delta_{右}$，如果 $\delta_{左}=\delta_{右}$，说明指标差为零；如果 $\delta_{左}\neq\delta_{右}$，即有指标差存在。

按式(4-2)计算出指标差，如果 x 值超过±15″，则需要校正。

$$x=\frac{L+R-360°}{2} \tag{4-2}$$

3. 校正

以 2″级全站仪为例，说明校正方法。设盘左读数 $L=110°22'12''$，盘右读数 $R=249°44'00''$，分别计算出盘左和盘右时的竖直角：

$$\delta_{左}=L-90°=+20°22'12'' \tag{4-3}$$

$$\delta_{右}=270°-R=+20°16'00'' \tag{4-4}$$

由于 $\delta_{左}\neq\delta_{右}$，说明竖盘存在指标差，且 $\delta_{左}$ 与 $\delta_{右}$ 的较差大于±30″，需要进行校正。

首先求出正确的竖直角 δ 及竖盘标差 x；

$$\delta=\frac{1}{2}(\delta_{左}+\delta_{右})=20°19'06'' \tag{4-5}$$

$$x=\frac{1}{2}\times 0°06'12''=\pm 3'06'' \tag{4-6}$$

根据正确的竖直角 δ，可以计算出盘左(或盘右)竖盘应有的正确读数：

$$L'=\delta+90°=110°19'06'' \tag{4-7}$$

$$R'=270°-\delta=249°40'54'' \tag{4-8}$$

校正时，盘右(或盘左)位置瞄准原目标，转动竖盘水准管微动螺旋，使竖盘读数为 R'(或 L')；此时，竖盘水准管气泡不再居中，拨动竖盘水准管校正螺丝，使气泡居中。此项检验和校正需反复进行，直到 $\delta_{左}$ 和 $\delta_{右}$ 的差数小于±30″。

(六)镜上中心位置的检验与校正

1. 目的

使全站仪镜上中心位置正确。

2. 检验

在自由悬挂的垂球线下安置全站仪，使望远镜视线处于水平位置，精确整平对中。然后慢慢转动照准部并注意观察悬挂的垂球尖是否偏离镜上中心，如果始终不偏离，则说明镜上中心位置正确；如果发生偏离，则应校正。

3. 校正

如图 4-4 所示，由于镜上中心 A 不在仪器竖轴中心 O 上，因此照准部旋转 1 周时，镜上中心的轨迹将是一个圆。设照准部旋转 180°后，垂球尖对在 B 点上，则 AB 连线的中点 O 便是正确的镜上中心。以 O 为镜上中心重新对中、整平仪器，再重复上述检查，直至垂球尖没有明显的偏离。最后在望远镜上刻出正确的镜上中心 O，并将原镜上中心 A 涂掉。如果是可调整的镜上中心标志，则可松开固定螺丝，移动镜上中心标志至 O 点位置，并用垂球尖再次检验，若位置正确，则拧紧镜上中心固定螺丝。

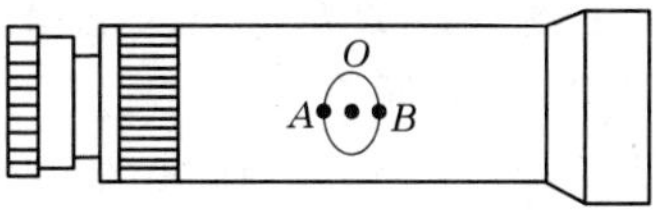

图 4-4　镜上中心位置的校正

四、水平角观测

井下测量组一般由 5 人组成，测角时，观测、记录、前后视照明各一人。作业前，应根据导线的等级，依据具体规范要求选择相应的仪器并进行必要的检校。工作中要分工明确，互相配合，注意人身和仪器的安全。

(一)全站仪的安置

井下全站仪导线测量之前，同样要进行全站仪的安置，其工作内容同样是对中和整平，如果导线点位于巷道的底板上，其安置工作的具体操作和地面的操作没什么区别。但是，井下导线点大多位于巷道的顶板上，要对全站仪进行点下安置，下面将其安置方法简单进行介绍。

(1)在导线点上方巷道顶板悬挂垂球线，打开三脚架安于垂球下，在保持三脚架头大致水平的情况下，架头中心位于垂球线下方，踩紧脚架。缩短垂球线或将其挂在一旁。

(2)取出仪器安置于三脚架上，调整脚螺旋整平仪器，再将望远镜视线调至水平位置(用竖直角判断)。放下垂球线，移动仪器使垂球尖对准仪器上中心。

(3)再整平仪器，再次对中。由于仪器的对中和整平是相互影响的，因此两者需要反复进行。

在仪器对准的过程中一定要注意勿使垂球掉落打坏仪器，如果仪器镜上安装有光学对准器，也可采用光学对准器进行对中。如果在井下要使用仅有点上对准器的全站仪，可先用垂球将顶板上的导线板位置投到巷道底板上，做上标志，再在其上安装仪器，用光学对准器对中。在仪器的安装中用光学对中器对中，既可提高速度，又可提高精度。

(二)水平角测量

当仪器安装好后，还要在前、后视点上分别挂下垂球线，作为观测的标志。井下的风流会使悬挂的垂球线产生摆动，观测时可尽量瞄准垂球线的上部，以减少垂球线摆动对测角的影响。

瞄准时，观测者要用自己的灯光照亮望远镜上的瞄准器，在进行对光和调整焦距后才能在视线中找到垂球线。在观测的过程中观测者要及时地用“灯语”与前、后视人员进行必要的联系，大家均要集中注意力，达到最好的配合效果。

井下水平角的观测方法有测回法和复测法两种。一般采用测回法，其观测步骤如下：

(1)如图 4-5 所示，仪器置于 O 点，盘左位置瞄准左目标 A，读取水平度盘读数 $a_{左}$，记入记录手簿。

(2)松开照准部制动螺旋，顺时针方向旋转照准部，瞄准右目标 B，读取水平度盘读数 $b_{左}$，记入记录手簿。上半测回角值为

$$\beta_{左} = b_{左} - a_{左} \tag{4-9}$$

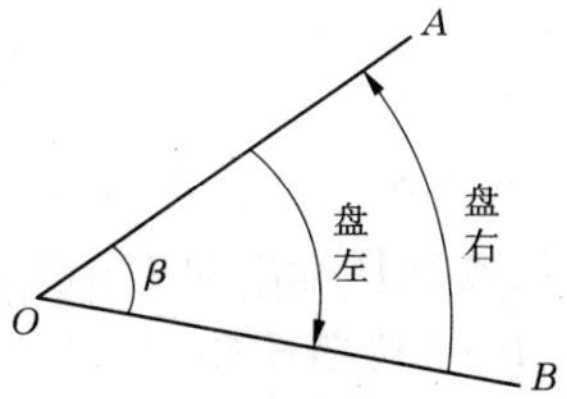

图 4-5　测回法水平角测量

(3)倒转望远镜将仪器置于盘右位置，瞄准右目标 B，读

取水平盘的读数 $b_{右}$，记入记录手簿。

(4)松开照准部螺旋，反时针方向旋转照准部，瞄准右目标 A，读取水平度盘数 $a_{右}$，记入记录手簿。则下半测回角值为

$$\beta_{右}=b_{右}-a_{右} \tag{4-10}$$

至此，一个测回的观测完毕。所观测角度的最终角度值为上、下半测回的平均值。

(三)水平角测量的限差要求

井下全站仪导线水平角观测所用的仪器和作业要求应符合表4-2中的规定。

表4-2　水平角观测的技术指标

导线类型	使用仪器等级	观测方法	按导线边长分(水平边长)					
			15 m以下		15~30 m		30 m以上	
			对中次数	测回数	对中次数	测回数	对中次数	测回数
7″导线	2″级	测回法	3	3	2	2	1	2
15″导线	6″级	测回法	2	2	1	1	1	2
30″导线	6″级	测回法	1	1	1	1	1	1

注：①如不用本表所列仪器，可根据仪器级别和所测角精度要求适当增加或减少测回数。

②多次对中时，每对中一次测一个测回，若用固定在基座上的光学对中器进行点上对中，每次对中应将基座旋转360°/n。

井下全站仪导线的角度，一般用2″级全站仪，用测回法测角。每一测站上测角时，均应当场检查是否符合限差规定，如果超限，应立即重测。在倾角小于30°的巷道中，各项限差见表4-3。

表4-3　水平角观测精度

仪器级别	同一测回中半测回互差	检验角与最终角之差	两测回间互差	两次对中测回间互差
2″级	20″	—	12″	30″
6″级	40″	40″	30″	60″

在倾角小于15°或视线一边水平而另一边的倾斜角大于15°的主要巷道中，水平角宜用测回法，在观测过程中水准管气泡偏离不得超过一格，否则应整平后重测。

(四)竖直角观测

为了将倾斜边长换算为水平边长，以及在倾斜巷道中计算高程的需要，井下导线测量中，需要测量视线的倾角。

五、井下角度测量误差分析

井下用全站仪进行角度测量同样存在着误差，其主要误差来源于仪器误差、测角方法误差、仪器和目标的对中误差三个方面，下面将这三个方面予以简单叙述。

(一)仪器误差

仪器误差是所使用的仪器因构造不完善或使用中的磨损而引起的，主要体现在全站仪三轴关系方面的不满足，而三轴误差在《地形测量》中已有过较详细的分析，在此仅有三轴误差对观测影响的计算公式，结合井下观测条件予以简述之。

1. 视准轴误差的影响

从《地形测量》中已知,视准轴 C 对一个水平方向的影响为 $\Delta c=\dfrac{C}{\cos\delta}$,对水平角的影响则为

$$\Delta\beta_C = C\left(\frac{1}{\cos\delta_2} - \frac{1}{\cos\delta_1}\right) \tag{4-11}$$

式中 δ_1、δ_2——前、后视方向的倾角。

假设 C 值不变,从式(4-11)中可见,在前、后视点倾角大致相等的巷道中观测时,视准轴误差对水平角的影响很小,甚至无影响。其影响最大的观测地点应是前、后视点倾角变化最大处,该处应是井下平巷与斜巷相交处。另外,为了保持 C 值不变,则要做到尽量不调焦或少调焦,要做到这一点,就要尽量使井下导线边长彼此相近,特别要避免长边和短边的相邻。

2. 横轴误差的影响

横轴误差 i 对水平方向的影响为 $\Delta i=i\tan\delta$,对水平角的影响为

$$\Delta\beta_i = \Delta i_2 - \Delta i_1 = i(\tan\delta_2 - \tan\delta_1) \tag{4-12}$$

同样,式中 δ_1 和 δ_2 为前、后视方向的倾角。在水平巷道中,由于 $\delta_1\approx\delta_2$,故 $\Delta\beta_i$ 很小或者为零。但当在倾角很大的巷道测角时,前、后视方向的倾角从绝对值上说虽然相近,但是其符号相反,则 $\Delta\beta_i=\Delta i_2-\Delta i_1=i(\tan\delta_2-\tan\delta_1)$,可见其影响最大。因此,在倾角大于 30°的井巷中,各项限差可为表 4-3 中规定的 1.5 倍,这是其原因之一。

3. 竖轴倾斜误差的影响

竖轴误差对水平方向读数的影响为

$$\Delta i = \gamma\sin\theta\tan\delta \tag{4-13}$$

对水平角的影响则为

$$\Delta\beta_i = \gamma(\sin\theta_2\tan\delta_2 - \sin\theta_1\tan\delta_1) \tag{4-14}$$

从式(4-14)可见,当在水平巷道中测角时,$\delta_1\approx\delta_2\approx0$,则 $\Delta\beta_i\approx0$,说明在水平巷道中测角时,竖轴误差对水平角的影响很小。若在平巷与斜巷相交处测角时,$\Delta\beta_i$ 的大小可随倾斜巷道倾角的增大而增大。

竖轴倾斜误差对水平角的影响不能用倒镜观测取平均的方式消除,故在井下重要测量中不能忽视其影响,如在重要贯通测量工作中,当导线通过倾斜巷道时,应考虑全站仪竖轴的倾斜改正问题。对所观测的水平方向加竖轴倾斜误差改正值可按下式计算:

$$\Delta i = i\tan\delta = n\tau\tan\delta \tag{4-15}$$

式中 τ——水准管分化值,为已知;

δ——观测方向的倾角。

只要在观测中读出观测方向的倾角和水准管气泡偏离中央的格数,便可按上式算出 Δi。

(二)测角方法误差

测角方法误差包括瞄准误差和读数误差。

1. 瞄准误差

目标的瞄准受到人眼的分辨能力、望远镜的放大倍数、十字丝的结构、觇标的形状颜色及其照明度、距离的远近等因素的影响,使望远镜不能精确地瞄准目标,这就产生了瞄准误差。其大小可以人眼确定竖丝与垂球线平行或重合。

若井下导线测量所用全站仪十字丝的竖丝为双丝，瞄准时，将目标点所挂的垂球线夹在双丝中间，如图 4-6 所示。经实践证明，在瞄准时，当垂球线偏离双丝线正中央 1/6 宽度时，人眼才能辨别，即垂球偏离双丝正中央的极限误差为

$$\Delta v = \pm \frac{d}{6} \tag{4-16}$$

式中　d——双丝宽度所对应的角度值，可以用全站仪结合带毫米的直尺实际测定。

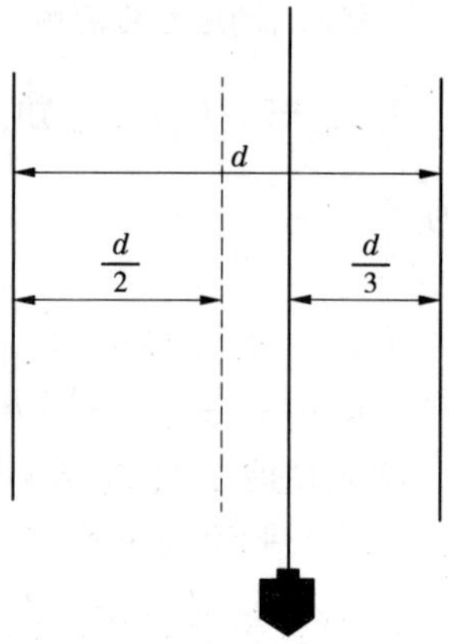

图 4-6　瞄准误差

若取极限误差的一半作为瞄准误差的中误差，即

$$m_v = \pm \frac{d}{12} \tag{4-17}$$

对于十字丝为单竖丝，则瞄准误差的中误差可用下式确定，即

$$m_v = \pm \frac{b}{2f} \rho'' \tag{4-18}$$

式中　b——竖丝的宽度；

f——望远镜的焦距。

2. 读数误差

读数误差是与光学经纬仪的读数装置有关的，对于常用的 DJ_6 级的光学经纬仪，有测微尺和平板玻璃测微器两种读数装置，现分别做以下简述。

1) 测微尺的读数误差

测微尺的读数误差来源是对测微尺上不足一格分划的角度值进行估读产生的。一般的估读方法是按测微尺上最小分划值的 1/10 来进行估读，故可以认为，估读的极限误差就是测微尺最小分划值的 1/10，取其一半作为读数中误差，即

$$m_0 = \pm \frac{1}{2} \times \frac{t}{10} = \pm 0.05t \tag{4-19}$$

式中　t——测微尺的最小分划值。

一般 DJ_6 级经纬仪的 $t = 1'$，其读数误差 $m_0 = \pm 3''$。

2) 平板玻璃测微器的读数误差

这种读数装置的误差来自于两个方面：其一，测微器整度分划线平分双丝指标线后，读到整数部分的误差 m_r；其二，在测微尺上读取小数部分的误差 m_t，即读数中误差为

$$m_0 = \pm \sqrt{m_r^2 + m_t^2} \tag{4-20}$$

对于式(4-20)中的确定方法和测微尺的读数误差是一样的，经过研究分析得出：

$$m_r = \pm \frac{2\ 500}{du} \tag{4-21}$$

式中　d——度盘直径；

u——读数显微镜的放大率。

3. 测角方法的误差

测回法是井下巷道中常用的水平角观测方法，测一个测回的角度值为

$$\beta = \frac{b_{左} - a_{左} + b_{右} - a_{右}}{2}$$

根据误差传播定律,该 β 角因每一个方向的误差 m 引起的误差为

$$m_i^2 = \frac{1}{4}(m^2 + m^2 + m^2 + m^2) = m^2 \tag{4-22}$$

而每一个误差 m 又是由瞄准误差和读数误差引起的,即

$$m^2 = m_v^2 + m_0^2 \tag{4-23}$$

将式(4-23)代入式(4-22)得,一个测回角度的测角方法误差为

$$m_i = \pm\sqrt{m_v^2 + m_0^2} \tag{4-24}$$

(三)仪器和目标的对中误差

1. 仪器对中误差

仪器在安置时,未能使仪器中心与测站点位中心处于同一条铅垂线上,由此所引起的测角误差为仪器对中误差。如图 4-7 所示,B 点为测站点。

仪器对中误差在《地形测量》已有讨论,在此仅列出其误差计算公式为

$$\Delta\beta = \lambda\rho''\left[\frac{\sin\theta}{D_1} + \frac{\sin(\beta' - \theta)}{D_2}\right] \tag{4-25}$$

式中 λ——仪器偏心距;

ρ''——206 265″;

θ——仪器偏心角;

β'——水平角观测值;

D_1、D_2——测站至后、前视点的水平距离。

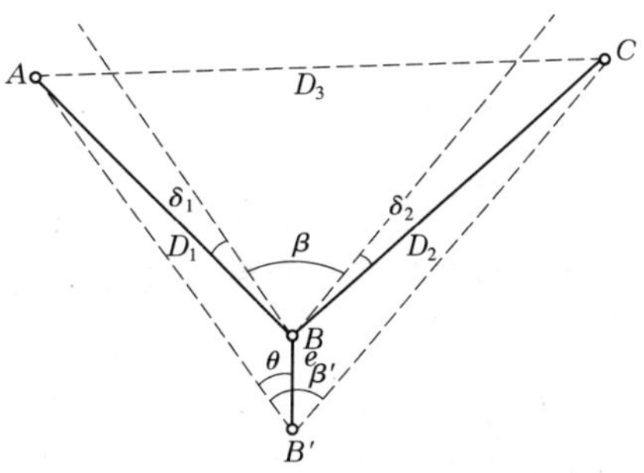

图 4-7 仪器对中误差

从式(4-25)中可知,仪器对中误差与仪器偏心距的大小成正比,与前、后视的边长成反比;仪器对中误差与所测角度的大小有关,一种极特殊的情况是:当仪器偏心角 θ 约为 90°,水平角 β'约为 108°时,仪器偏心角误差达到最大,对于井下直伸型导线而言,水平角在 108°左右是常见的。此时,若设仪器对中偏差 λ=0.5 mm,边长 D_1、D_2 均假设为 30 m,仪器对中误差为 $\Delta\beta\approx7''$。根据分析和推导,可得仪器对中误差的中误差计算公式为

$$m_{\beta 0} = \pm\frac{\lambda\rho''}{\sqrt{2}D_1D_2}\sqrt{D_1^2 + D_2^2 - 2D_1D_2\cos\beta} \tag{4-26}$$

2. 目标对中误差

目标中心与点位中心不在同一条铅垂线上所引起的测角误差称为目标对中误差。如图 4-8 所示,A 点为测站点,B 点为目标点。根据《地形测量》中的讨论,目标对中误差的计算式为

$$\Delta\beta_1 = \frac{e_1\sin\theta_1}{D}\rho'' \tag{4-27}$$

式中 e_1——目标偏心距;

θ_1——目标偏心角;

D——测站至目标点的水平距离。

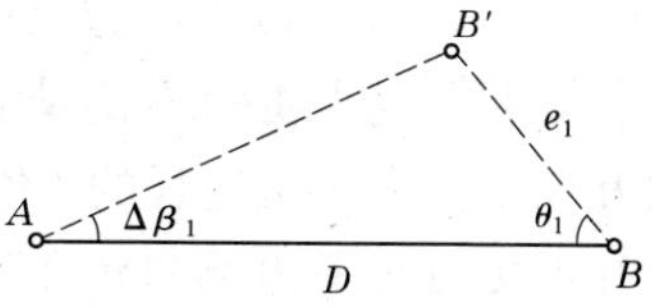

图 4-8 目标对中误差

由式(4-27)可见,目标对中误差与目标偏心距成正比,与水平距离 D 成正比,与目标的偏心方向有关,当 θ_1 从 0°向 90°变化时,目标对中误差逐渐增大,为 90°左右时达到最大。目标对中误差的中误差计算式为

$$m_{\beta 1} = \pm \frac{e_1 \rho''}{\sqrt{2} D} \tag{4-28}$$

目标对中误差对于一个水平角来说,因有前后两点,故其影响是两个方面的。

3. 测站总的对中误差

一个测站总的对中误差是由两个目标对中误差和测站仪器对中误差引起的,因每一点的对中误差均为独立的偶然误差,根据误差理论,总的对误差为

$$m_e^2 = m_{\beta 0}^2 + m_{\beta 1}^2 + m_{\beta 2}^2 \tag{4-29}$$

在井下测角时,所用目标及其对中的方法对于前后而言,一般是一样的,故取相同的前后视目标偏心距 e_1,然后将式(4-26)及式(4-28)代入式(4-29)中并开方,得总的对中误差为

$$m_e = \pm \frac{\rho''}{\sqrt{2} D_1 D_2} = \pm \sqrt{e_1^2(D_1^2 + D_2^2) + e^2[(D_1^2 + D_2^2 - D_1 D_2 \cos\beta)]} \tag{4-30}$$

一般而言,井下巷道中的水平角观测,边长较短,角度均在 180°左右。现设前后视边长均为 30 m,仪器偏心误差 $e=1$ mm,目标偏心距 $e_1=0.5$ mm,水平角 $\beta=170°$,将其代入式(4-30)中计算得总的对中误差 $m_e=\pm 3.5''$。

(四)井下测量水平角的总误差

从以上对各项误差的分析可以看出,由于仪器不完善所引起的测量误差,大多数情况下可以用适当的观测方法加以消除,或者将其影响减小到可以忽略不计的程度,故井下测量水平角的总误差便是测量误差和对中误差,即

$$m_\beta = \pm \sqrt{m_i^2 + m_e^2} = \pm \sqrt{m_i^2 + \frac{\rho''^2}{2D_1^2 D_2^2}[e_1^2(D_1^2 + D_2^2 - 2D_1 D_2 \cos\beta)]} \tag{4-31}$$

对中误差是主要的,但是随着边长的增大,对中误差的影响将减小。

六、边长测量

边长测量通常在测角之后进行,有钢尺量边和光电测距仪量边两种方法。

(一)钢尺量边

采用钢尺量边时,两人拉尺,两人读数,一人记录并测记温度。用钢尺丈量基本控制导线边长时,应遵循以下规定:

(1)对钢尺施以比长时的拉力,悬空丈量并测记温度。

(2)分段丈量时,最小尺段长度不得小于 10 m,定线偏差应小于 5 cm。

(3)每尺段应以不同起点读数 3 次,读至毫米,长度互差不应大于 3 mm。

(4)导线边长必须往返丈量,丈量结果加入比长、温度、垂曲、倾斜改正数变为水平边长后,互差不得大于该边长的 1/6 000。在边长小于 15 m 或大于 15°的倾斜巷道中丈量边长时,往返丈量水平边长的允许互差可适当放宽,但不得大于该边长 1/4 000。

(5)丈量采区控制导线边长时,可凭经验拉力,不测温度,采用往返丈量或错动钢尺位置 1 m 以上的方法丈量 2 次,其互差均不得大于该边长的 1/2 000。

(二)光电测距仪量边

光电测距仪量边方法已在矿井测量中广泛采用,若井下采用光电测距仪测量边长,应遵守以下作业要求:

(1)作业前,应对测距仪进行必要的检验和校正。

(2)气压的测定应读至 100 Pa,温度的测定应读至 1 ℃。

(3)每条边的测回数不得少于 2 个,采用单向观测或往返(或不同时间)观测时,其限差为:一测回读数较差不得大于 10 mm,单测回间较差不得大于 15 mm;往返(或不同时间)观测同一条边长时,换算水平距离(经气象和倾斜改正)后的互差,不得大于该边长的 1/6 000。

(4)作业人员必须经过专业训练,并按测距仪使用说明书的规定进行操作和维护仪器。

(5)仪器严禁淋水和拆卸,应建立电源使用卡片,定期充电。

(6)仪器在井下使用时,应严格遵守《煤炭安全规程》的有关规定。

(三)井下测边误差分析

井下导线测边的误差,因测量方法的不同而误差的来源是不一样的,下面分井下钢尺量边误差和光电测距误差两个方面简述。

1. 井下钢尺量边误差

1)钢尺量边误差的来源

井下用钢尺悬空丈量边长,其主要误差来源于以下方面:

(1)钢尺的尺长误差。

(2)测定钢尺温度的误差。

(3)确定钢尺拉力的误差。

(4)测定钢尺松垂距的误差。

(5)定线误差。

(6)测量视线倾角的误差。

(7)测点投到钢尺上的误差。

(8)读取钢尺读数的误差。

(9)井下巷道中风流的影响。

2)钢尺量边误差的种类及其传播

以上量边误差按其对边长的影响性质可以分为以下两类。

(1)偶然误差。

在钢尺量边时较典型的偶然误差有确定钢尺的温度、拉力的误差,测定视线倾角的误差,以及读数误差等。

以上偶然误差,并不是固定不变的,主要取决于测量的条件、方法以及对其的处理方式。例如,温度变化对量边的影响,当巷道中温度变化不大,但总是高于或低于标准温度,又不对边长加此项更正时,这种影响就是系统性的。

设有一段距离为 D 的导线边,用长度为 L 的钢尺丈量了 n 尺段,即 $D=l+l+\cdots+l$,若每尺段丈量的误差(偶然误差引起)为 $m_{l\mu}$,则根据误差传播定理可得导线边 L 的中误差为

$$m_{D偶} = \pm\sqrt{m_{l\mu}^2 + m_{l\mu}^2 + ... + m_{lu}^2} = m_{l\mu}\sqrt{n} \tag{4-32}$$

因 $n=\frac{D}{l}$,将其代入式(4-32)中,得:

$$m_{D偶}=m_{l偶}\sqrt{n}=m_{l偶}\sqrt{\frac{D}{l}}=\frac{m_{l偶}}{\sqrt{l}}\sqrt{D}$$

$$m_{D偶}=\frac{m_{l偶}}{\sqrt{l}}\sqrt{D}=a\sqrt{D} \tag{4-33}$$

从式(4-33)可见,当 $D=1$ m 时,a 就成为由偶然误差引起的单位长度量边中误差,通常将其称为偶然误差系数。同时从式(4-33)可知,由偶然误差引起的量边误差与边长的平方根成正比。

(2)系统误差。

系统误差即误差对边长的影响是系统性的,如尺长误差、测定钢尺松垂距的误差、定线误差等。设每尺段丈量的系统误差为 $m_{l\lambda}$,整条边长丈量的系统误差为 $m_{D系}$,则

$$m_{D系}=m_{l\lambda}+m_{l\lambda}+\cdots\cdots+m_{l\lambda}=nm_{l\lambda} \tag{4-34}$$

式(4-34)可表达为如下形式:

$$m_{D系}=nm_{l\lambda}=\frac{D}{l}m_{l\lambda}=\frac{m_{l\lambda}}{l}D \tag{4-35}$$

令 $b=\frac{m_{l\lambda}}{l}D$,则式(4-35)为

$$m_{D系}=\frac{m_{l\lambda}}{l}D=bD \tag{4-36}$$

可见,b 为单位长度的系统误差,通常称其为系统误差系数。系统误差对量边的影响与边的长度成正比。

由上可得,偶然误差和系统误差对量边的总误差估算公式为

$$M_L=\pm\sqrt{m_{D偶}^2+m_{D系}^2}=\pm\sqrt{a^2D^2+b^2D^2} \tag{4-37}$$

式(4-37)中,a、b 系数可以按实际资料求,既可用多个不同边的双观测值之差值求得,也可以用实验的方法求得,在此略去。表4-4是我国 a、b 系数的经验数据,在实际工作中可参照表中的相关内容类比使用。

表4-4 井下钢尺量边误差系数值

导线等级	巷道倾角 $\delta<15°$		巷道倾角 $\delta>15°$	
	a	b	a	b
基本控制	$(3\sim5)\times10^{-4}$	$(3\sim5)\times10^{-5}$	0.001 5	0.000 1
采区控制	0.000 8	0.000 1	0.002 1	0.002

3)各种钢尺量边误差对量边影响的允许值

为了使井下导线的量边误差不超过一定的范围,保证导线的必要精度,便需要对各种误差规定一个限值,即允许值。设用 m_{li} 表示量边中9种误差来源于相应的误差,同时考虑到定线和风流对量边的影响有相同的符号,则所量边长的中误差可表达为

$$M_D^2 = m_{D_1}^2 + m_{D2}^2 + m_{D3}^2 + m_{D3}^2 + m_{D4}^2 + m_{D(5+9)}^2 + m_{D6}^2 + m_{D7}^2 + m_{D8}^2 \tag{4-38}$$

其中

$$m_{D(5+9)}^2 = m_{D5}^2 + m_{D5}^2 + 2m_{D5}m_{D5}$$

设各种误差来源于量边误差的影响相等，即

$$m_{D1} = m_{D2} = \cdots = m_{D9} = m_D$$

将其代入式(4-38)，则

$$M_D^2 = 11m_D^2 \tag{4-39}$$

$$M_{D允} = \sqrt{11}\, m_{D允} \tag{4-40}$$

根据式(4-37)，同时取 $a=0.000\,5$，$b=0.000\,05$，导线平均边长为 50 m，允许误差取中误差的 2 倍，根据规范中的相关内容，得 $M_{D允}:D\approx1:6\,000$，因此各误差来源引起的量边误差的允许值为

$$M_{L允} = \frac{M_{D允}}{\sqrt{11}} = \frac{D}{6\,000\sqrt{11}} \approx \frac{D}{20\,000} \tag{4-41}$$

由此得：

$$\frac{m_{D允}}{D} = \frac{1}{20\,000} \tag{4-42}$$

即各种误差来源引起的量边误差的允许值不得超过 1/20 000。

2. 光电测距量边误差

对于短程的光电测距仪，一般都采用相位测距，计算所测距离的基本公式为

$$D = \frac{c_0}{2nf}\left(N + \frac{\Delta\varphi}{2\pi}\right) + K \tag{4-43}$$

式中 c_0——真空中光速；

n——大气的折射率；

f——调制频率，即单位时间内正弦波变化的次数；

N——整周期数；

$\Delta\varphi$——不足整周期的相位尾数；

K——测距仪的剩余加常数。

将式(4-43)进行全微分后运用误差传播定律，同时考虑到 K 值较小，故式中各要素与距离 D 之间的中误差关系式可写成：

$$M_D^2 = D^2\left\{\left(\frac{m_{c_0}^2}{c_0}\right)^2 + \left(\frac{m_n^2}{n}\right)^2 + \left(\frac{m_f^2}{f}\right)^2\right\} + \left(\frac{\lambda}{4\pi}\right)^2 m_\varphi^2 + m_K^2 \tag{4-44}$$

其中，$\lambda = \dfrac{c_0}{nf}$。

由式(4-44)可知，测距中误差 M_D 由两部分组成：第一部分为式中等号右端前 3 项，其误差大小与被测距离平方成正比；第二部分是式中等号右端最后两项，它们是与距离没有关系的误差。因此，用光电测距仪测距的误差通常用固定误差 A 和比例误差 B(与距离成比例的随机性系统误差)来表示，即

$$M_D = \pm(A + BD) \tag{4-45}$$

在实际测距过程中其实还存在测距仪对中误差 m_τ、反光镜对中误差 m_c 和周期性误差 m_E,而这些误差不能在所测距离的基本公式中反映出来。但是,它们确实会对边长产生影响,对于边长误差的分析而言,同样不能忽略。

1)固定误差

在式(4-45)中 A 即为固定误差,它是由仪器的加常数 m_K、测相误差 m_φ 两部分组成。

仪器的加常数误差是仪器在出厂前对仪器的加常数进行测定时产生的加常数误差。对于测距仪来说,加常数测定误差属于系统误差,应在仪器的使用过程中对其进行定期检测,若超过允许范围,应重新预置加常数或者对所测距离进行改正。

测相误差主要包括数字测相系统、照准误差和幅相误差。

数字测相系统的误差与检相电路的时间分辨能力、计数填充脉冲频率及一次测相的平均检相次数有关。此外,大气抖动和噪声影响也是重要原因。前者用差频测相提高分辨率,后者用多次检相的平均值来消除。但是为了保证测量成果的可靠性,不论在任何情况下都应进行多次测量。

测距仪的照准误差是发光管的空间相位不均匀性的误差。由于发光管的延迟时间不一,调制光的起始相位就不同,因而在发射的调制光束的同一截面上,各部分的相位不同。测距时,由于反射镜接收到不同部位的调制光,从而产生了距离误差。另外,由于在不同的距离上反射镜接收的光的部位不一致所产生的测距误差,也属于照准误差。为此,测距时应尽量瞄准反射镜,使光强信号最大时方可测距。

由于接收光信号的强弱不同而引起的测距误差,称为幅相误差。外光路信号过强或过弱而与内光路信号相差悬殊,将引起较大的幅相误差。一般仪器均设置有光强自动调节系统,将信号强度自动保持在规定范围内,故相幅误差很小。

2)比例误差

(1)真空中光速值的测定误差 m_{c0}。

国际大地测量与地球物理学联合会于1975年建立的真空光速值 $c_0 = 299\ 792\ 458 \pm 1.2$ m/s,由此可得 $\frac{m_{c0}}{c_0} = \frac{\pm 1.2}{299\ 792\ 458} \approx \pm 0.4 \times 10^{-8}$,即每千米约为±0.004 mm,可见是非常小的,因井下巷道中的边一般不长,故此项可以忽略不计。

(2)大气折射率的误差 m_n。

大气折射率的误差将使光波在大气中的传播速度发生变化,从而引起测距误差。m_n 主要是由三个因素构成的:气象参数(气压 p、温度 t 和水蒸气压 e)的测定误差;在测线的一端或两端测定的气象参数,不能完全代表整个测线上的平均气象参数而带来的误差;大气折射率计算公式本身的误差等。对井下环境而言,由于 p、t 和 e 等气象参数较稳定,所测参数的代表性应该较强,气象误差影响也较小,主要应注意气象参数的测定误差,折射率计算公式本身的误差也很小,可以忽略不计。

(3)频率误差 m_f。

光电测距仪的频率误差主要是指精测频率误差,因井下导线的边长一般较短,此项误差可不必考虑,但测距仪的频率值应定期检测和校正。

七、井下导线测量外业

井下导线测量的外业工作内容与地面导线测量基本相同，但因井下导线测量需与巷道掘进相结合，故其内容除选点、埋点、测角与量边，以及碎部点测量外，还要进行导线的延长及检查测量。

（一）选点和埋点

选择井下导线点位置时，应根据以下6个方面来进行：

（1）相邻导线点之间应通视良好，便于安置仪器，并尽可能使点间距大些。

（2）为了避免井下测量工作与运输的相互干扰，应尽可能将导线点设在远离轨道的一侧。

（3）导线点应当设在巷道稳定、安全、避开淋水、便于保存和易于寻找的地方。

（4）两条巷道交叉连接处应选埋导线点。

（5）选点工作一般由3人来进行，在保证与后视点通视，并顾及前视点的通视和有利的情况下，将中间测点固定下来，依次类推，选定巷道中的所有导线点。

（6）永久点选埋好后，至少须经过1 d时间，待混凝土将点位固牢后方能进行观测。临时或次要巷道中导线点可边选边测。

（二）“三联架”法和“四联架”法导线测量

采用全站仪或测距仪进行测角和量边，由于仪器头和棱镜觇标可以共用相同的三脚架和基座，在相邻两站的观测过程中，每个三脚架和基座都只需进行一次整平对中。在一站测量完毕，仪器迁往下一站的过程中，只需移动仪器头和棱镜觇标，不必移动三脚架和基座。这样，就使导线测量的工作组织简单、操作便捷、进展迅速，不但使工作效率大大提高，同时能减少对中误差对测角和量边的影响。在井下导线测量中，视人员、设备和待测点位的多少以及巷道的具体情况，导线测量可以采用“三联架”法和“四联架”法来完成。

1.“三联架”法

如图4-9所示，一般从已知点*A*和*B*开始施测。首先在导线点*B*安置仪器，后视点*A*和前视点1安置棱镜觇标对中整平，在完成*B*点的角度和边长观测工作后，依如下方法搬动仪器头、三脚架和棱镜觇标：首先，保持*B*点、1点的三脚架和基座不动，将*B*点的仪器头移到1点，直接插入原已安置好的三脚架基座中；将*A*点的棱镜觇标取下直接插入*B*点的三脚架基座中；搬动*A*点的三脚架和基座至2点安置，并将1点的棱镜觇标插入并整平对中后即可开始第2站的观测。这样，每观测一站，只需在新的前视点上将三脚架和基座整平对中一次，其余点上仪器、棱镜觇标均不需安置三脚架和基座，从而提高了工作效率。

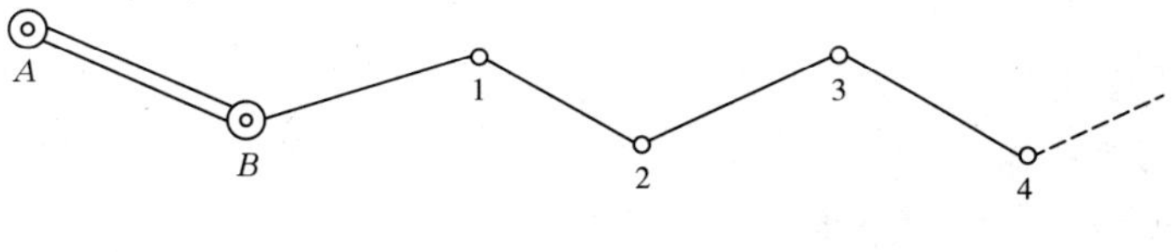

图4-9　“三(四)联架”法导线测量

2."四联架"法

用"四联架"法进行导线测量的操作,需要4个三脚架和基座,其操作方法和"三联架"法差不多。同样用图4-9来说明其操作流程。首先在B点安置仪器,在A、1点上安置棱镜觇标,在2点上安置三脚架和基座;当B点上的角度和边长测量工作完成后,持B点、1点、2点的三脚架和基座不动,将B点的仪器头移到1点,直接插入原已安装好的三脚架和基座中;将A点的棱镜觇标取下直接插入B点的三脚架和基座中;将1点的棱镜觇标插入2点的三脚架和基座中,即可开始1点的观测。在1点观测的过程中,多余人员可将A点三脚架和基座搬至3点安置。这样,观测工作不会因安置仪器和棱镜而耽误时间。当然有了第4个三脚架和基座,所需人员也相应增加。另外,只有当井下巷道中需要测的导线点数较多时才这样做,否则意义不大。

(三)碎部测量

碎部测量的目的是测出井下巷道的细部轮廓形状,作为填绘矿图的依据。该项工作是和井下导线测量一起进行的,当在一个导线点上完成测角、量边工作后,就立即进行碎部测量。

测量的内容是:丈量仪器中心到巷道顶板、底板和两帮的距离。此外,还要用支距法测量一般巷道、硐室或工作面的轮廓。如图4-10所示,在丈量完导线边长之后,将钢尺拉紧,然后用皮尺或小钢尺丈量巷道两帮各特征点到钢尺(导线边)的垂直距离(横距)b和垂足到仪器中心的距离(纵距)a。当用全站仪或测距仪进行导线测量时,可用极坐标法进行碎部测量,即用手持棱镜到碎部点上,再测其水平角和水平距离即可。较大硐室的碎部测量宜采用极坐标法,如图4-11所示。将导线点引测至硐室适当位置,在该点上用全站仪测出导线边至各特征点方向线间的水平角,丈量出仪器中心至各特征点的水平距离,同时绘制草图,以便出井后方便、正确地绘制矿图。

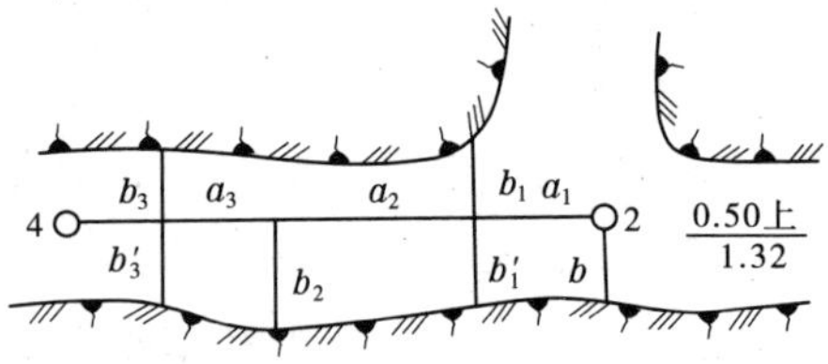

图4-10　支距法碎部测量图

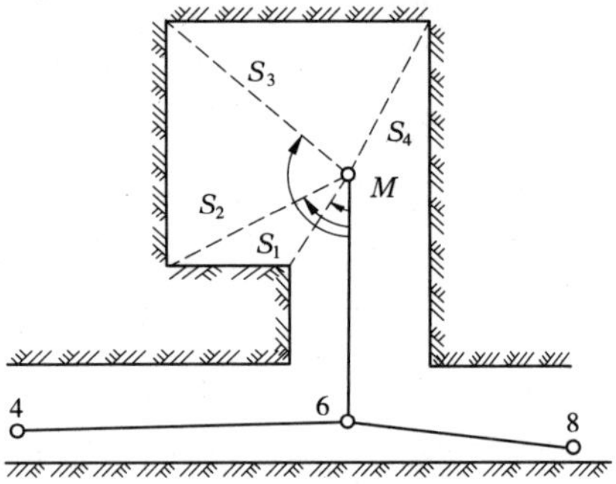

图4-11　极坐标法测量硐室

(四)导线测量记录

1.井下测量记录手簿

井下全站仪导线测量的记录手簿格式较多,表4-5为其中一种,表4-6为边长测量记录手簿。各矿井可根据本矿井的观测习惯、记录内容等自行复制,其记录格式要求能全面、清楚地反映记录内容。

表 4-5 井下全站仪(经纬仪)导线测量记录手簿

测量地点:-215 m 水平石门大巷　　仪器号:J6No76004754　　测量者:　　前司光者:

测量日期:××年××月××日　　钢尺号:No3　　记录者:　　后司光者:

仪器点	照准点	水平度盘读数													$\frac{\cos\delta}{\sin\delta}$	倾斜距离 L/m	水平距离 l (Lsinδ)/m	Lsinδ/m	觇标高 v/m		仪器高 i/m	高差 Δz/m	备注
		正镜读数			倒镜读数			$\frac{正+倒}{2}$			正镜读数 倒镜读数	倾度 δ							上	下			
		(° ′ ″)			(° ′ ″)			(° ′ ″)			(° ′ ″)	(° ′ ″)											
1	8	0	46	00	180	45	54	0	45	57	89 46 54 270 13 18	0	13	12	0.999 992 0.003 840	24.633	24.633		-1.010		-0.880		
	2	31	05	36	211	04	54	31	05	15	89 45 30 270 14 34	0	14	32	0.999 991 0.004 228	59.049	59.048		-1.500				
水平角		30	19	36	30	19	00	30	19	18					往返		59.044						
2	1	0	01	30	180	00	30	0	01	00	90 28 54 261 31 00	-0	28	57	0.999 964 0.008 421	59.041	59.039		-1.920		-1.420		
	3	179	54	06	359	53	24	179	53	45	90 31 30 269 29 00	-0		15	0.999 959 0.009 090	20.830	20.829		-1.230				
水平角		179	52	36	179	52	54	179	52	45					往返		20.830						

表 4-6　井下导线边长测量记录手簿

测量地点:-315 m　　水平大巷记录:　　钢尺号:003　　前尺:　　后尺:

观测日期:5 月 16 日

导线点	测线	往测				返测			
		读数/m		边长(后-前)/m	温度 t/℃	读数/m		边长(后-前)/m	温度 t/℃
		后端	前端			后端	前端		
B	B—1	24. 525 24. 628 24. 650	0. 305 0. 405 0. 430	24. 220 24. 223 24. 220	15	24. 401 24. 501 24. 445	0. 017 0 0. 270 0. 215	24. 351 24. 231 24. 230	15
	平均			24. 221				24. 231	
1	1—2	17. 844 17. 890 17. 901	0. 065 0. 100 0. 120	17. 779 17. 780 17. 781	13	17. 749 17. 884 17. 993	0. 030 5 0. 100 0. 147	17. 784 17. 784 17. 786	
	平均			170 780				17. 785	

2. 井下导线测量电子记录手簿

所谓电子记录手簿,就是在全站仪等电子测量仪器上装有的电子记录设备,它可以随着观测的进行,自动将观测数据记录下来,并进行简单计算后,自动判断并提示其观测是否超限;还可以通过仪器与计算机的连接和通信,将电子手簿所记录下来的数据输入计算机中形成数据文件,为用计算机进行内业计算及绘制矿图提供依据。目前,所生产的全站仪都配有电子手簿(电子数据采集器),许多测绘单位和测量仪器厂家也都自行研究和开发了多种功能齐全、价格较低廉、适合我国国情的电子记录手簿。

(五)导线的延长与检查

井下导线都是随巷道的掘进分段测设,即随着巷道的延伸而向前延测的。井下基本控制导线一般每 300~500 m 延长一次,而采区控制导线则每 30~100 m 延长一次。为了保证新测导线所用已知数据的正确性,在每次延长导线前,先要对上次所测导线的一个水平角,最后一条边长按原观测精度测量。本次观测与上次观测的水平角之差 Δd 不应超过允许值,即

$$\Delta d_{允} \leqslant 2\sqrt{2}\, m_\beta \tag{4-46}$$

式中　m_β——相应等级导线的测角中误差。

井下各等级导线两次观测水平角之差 Δd 的允许值不能超过表 4-7 中的对应值。

表 4-7　井下各等级导线两次观测水平角之差允许值规定

导线等级	7″导线	15″导线	30″导线
Δd 的允许值	20″	40″	80″

基本控制导线的边长小于 15 m 时,两次观测水平角的允许值可适当放宽,但不得超过表 4-7 中限差的 1.5 倍。

最后一条边长新丈量结果与原丈量结果之差不得超过相应等级导线边长往、返丈量之

差的允许值,既基本控制导线应不超过 1/6 000,采区控制导线应不超过 1/2 000。

当检查不符合上述要求时,则应退后一个水平角及其边长继续检查,直到满足上述要求后方可检查合格的导线点和边为起始依据,继续向前延测导线。

当巷道掘进工作面接近采矿安全边界(水、火、瓦斯、老采矿区、井田边界及重要采矿技术边界)时,除应延长全站仪导线至掘进工作面外,还必须以书面形式报告矿井技术负责人,并书面通知安全检查和施工区等有关部门。

(六)长短边导线测量

在井下导线测量中,为了提高工作效率,特别是急需进行某些重要贯通工程时,便将井下控制支导线布设成长短边导线,采用一次测量的方法进行施测。

如图 4-12 所示,这种方法是:在一个长边导线 AB 间再设几个点,如 1、2、…在这些点上测量角度和边长,即短边测量。对于长边导线,只在点 A 上安置全站仪测导线的角度,不进行边长丈量。

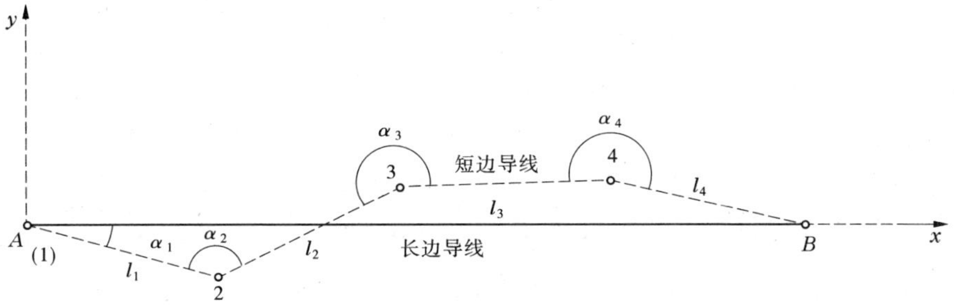

图 4-12 长短边导线

由图 4-12 中可以看出长边 AB 的长度 D 为

$$
\begin{aligned}
D &= l_1\cos(\alpha_1-\alpha_{AB})+l_2\cos(\alpha_2-\alpha_{AB})+l_3\cos(\alpha_3-\alpha_{AB})+l_4\cos(\alpha_4-\alpha_{AB})\\
&=\sum l_i(\alpha_i-\alpha_{AB}) \qquad (4\text{-}47)
\end{aligned}
$$

式中 α_{AB}——长边导线 AB 的方位角;

α_i——短边导线各边的方位角。

这种导线因不需要进行往、返测量,故可减少一半以上的量边工作量,测角也能得到检核。但是,丈量短边导线的边长时,必须仔细进行,并测量前、后视边长,以便检核。否则,如有错误,将使长短边导线产生同样的错误而无法发现。测量中按长边导线的测量精度丈量短边导线,便可保证长边导线的量边精度。

【技能训练】

井下全站仪导线测量实训

一、实训技能目标

掌握井下全站仪支导线的水平角测量、导线边测量的方法、步骤及“三联架”法的操作过程。

二、实训使用仪器、工具

每组借全站仪1台,反射镜2副,小钢卷尺2个,垂球3个,安全帽每人1顶,矿灯每人1个,井下导线测量记录表格若干张,学生自备记录笔1支。

三、本次实训步骤

(1)每组往、返观测一条导线,每条导线点数为4个,根据井下已埋设好的点位坐标。

(2)第1站:在井内第2个已知导线点安置全站仪,后视点也为一已知导线点,前视点为井内导线点第1个未知点;在后视点和前视点上安置棱镜觇标。水平角测两个测回,距离测量,后视、前视均要进行。

(3)当第1站观测完毕,用"三联架"法进行以下各站的观测直至3站。

(4)返测一次,同样观测两个测回。

四、实训的基本要求

(1)每个人必须进行至少一站的操作,一站的记录计算,司前视、后视点各一次。

(2)仪器对中误差不大于2 mm;整平时,水准管气泡中心偏离整置中心不超过1格。

(3)每一测站采用一次对中两个测回,上、下半测回角度较差≤40″,测回间角度互差≤30″,测距照准棱镜1次,读数一数4次,读数较差≤10 mm,单程测回间较差≤15 mm;往、返测回一边长水平距离互差不得大于边长的1/6 000。

五、实训提交的成果

(1)完成表中计算的外业记录表格,每组提交1份记录资料。

(2)每人提交1份实训报告。

单元三　井下平面控制测量的内业

井下全站仪导线测量的内业计算是在外业工作全部完成之后,将外业的观测数据进行检查、整理和计算的工作。内业计算的目的是求出导线各边的坐标方位角和各导线点的平面坐标,并据此填绘矿图。全站仪导线的内业计算包括以下工作内容。

一、检查、整理外业观测记录

虽然在井下测量的过程中,已经对水平角和观测边长的要求进行了检核,但是,为了防止疏漏,保证测量成果的质量,在内业计算开始之前,还要重新仔细检查外业观测记录。检查的内容为:手簿中所有计算是否正确;角度测回间互差是否超限;往返丈量边长之差是否达到精度要求;是否有记错、漏测、漏记的内容。经过认真的检查确认外业观测成果无误后,方可进行下一步计算。

二、计算平均边长和边长改正

首先将各导线边长从井下导线边长记录表中转抄到边长计算表中,转抄后,要对其认真核对，防止抄错。井下基本控制导线用钢尺丈量的边长应加入比长、温度、垂曲等改正后计算为水平边长，如有必要还应加入归化到投影水准面的改正和投影到高斯-克吕格平面的改正。将往、返测边长分别加入上述改正后，如果互差不超过边长的1/6 000，则可取其平均值作为最后的边长，用于计算导线边的坐标增量。采区控制导线只需把井下所量的边长化算为水平边长，而不必加入其他改正，如果往、返测平距的互差不超过边长的1/2 000，则可取其平均值作为该边的最终边长，用于导线边坐标增量的计算。

三、角度闭合差的计算及其分配

（一）角度闭合差 f_β 的计算

1. 闭合导线

从地形测量中已知，闭合导线角度闭合差 f_β 的计算式为

$$f_\beta = \sum_1^n \beta_{内} - (n-2) \times 180° \tag{4-48}$$

$$f_\beta = \sum_1^n \beta_{外} - (n+2) \times 180° \tag{4-49}$$

式中 $\sum_1^n \beta_{内}$、$\sum_1^n \beta_{外}$——闭合导线的内角总和、外角总和；

n——闭合导线转折角的个数。

井下导线测量中，若在不同水平的多条巷道中布设闭合导线，其导线就可能在空间上形成交叉，故称为空间交叉闭合导线，如图4-13所示。在测该导线时，从1点开始，分别在2点、3点、…、21点沿着导线前进方向测其左角，当经过交叉点时，便由内角（闭合多边形Ⅰ中）变成了外角（闭合多边形Ⅱ中）。图中各点上所画弧线的角度均为观测角，导线边交叉点上的角（如2点与3点之间的 α、β）为不在一个平面上的空间两直线间的虚拟角，未观测。

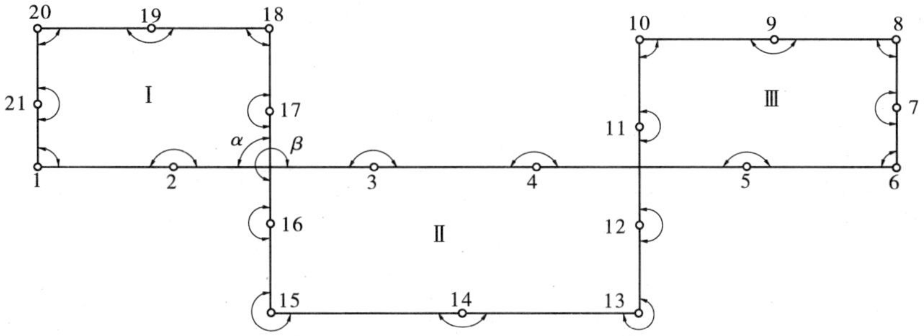

图4-13 空间交叉闭合导线

一般，设交叉闭合导线共有观测内角的闭合图形（Ⅰ和Ⅲ）p 个，观测外角的闭合图形（Ⅱ）k 个，则交叉点的个数为 $(p+k-1)$ 个，因此交叉导线的图形角度总和 $\sum\beta$（包括实际观测的角度和交叉点上的虚拟角度）应为内角图形和外角图形角度的总和，即

$$\begin{aligned}\sum\beta &= 180° \times \{(n_1-2)+(n_2-2)+\cdots+(n_p-2)\} + \\ &\quad 180° \times \{(n'_1+2)+(n'_2+2)+\cdots+(n'_k+2)\} \\ &= 180° \times \{(n_1+n_2+\cdots+n_p)+(n'_1+n'_2+\cdots+n'_k)-2(p-k)\}\end{aligned} \tag{4-50}$$

式中 $n_1, n_2, \cdots, n_p$——每一个内角多边形中的角度；

$n'_1, n'_2, \cdots, n'_k$——每一个外角多边形中的角度。

这些图形的角度中包含交叉点上的虚拟角度,但每个交叉点上的两个虚拟角度对相邻图形来说总有 $\alpha+\beta=360°$,要求实测角度总和的理论值,就应当从式(4-50)的 $\sum\beta$ 中减去这些虚拟角度,即应减去 $360°\times(p+k-1)$,要实测角度总和的理论值应为

$$\sum\beta_{理} = \sum\beta - 360° \times (p + k - 1) \tag{4-51}$$

由图 4-13 中可知,已测量的角度总数 n 应为

$$n = (n_1 + n_2 + \cdots + n_p) + (n'_1 + n'_2 + \cdots + n'_k) - 2(p + k - 1) \tag{4-52}$$

故实测角度总和的理论值应为

$$\sum\beta_{理} = 180° \times [n - 2(p - k)] \tag{4-53}$$

为此,空间交叉闭合导线的角度闭合差计算式为

$$f_\beta = \sum\beta_{测} - \sum\beta_{理} = \sum\beta_{测} - [n - 2(p - k)] \times 180° \tag{4-54}$$

在式(4-54)中,当 $p=1$、$k=0$ 时,图形为一个闭合多边形,则有

$$f_\beta = \sum\beta_{测} - \sum\beta_{理} = \sum\beta_{测} - (n - 2) \times 180° \tag{4-55}$$

当 $p=2$、$k=1$ 时,图形就是如图 4-13 所示的导线,则根据式(4-54)算得:

$$f_\beta = \sum\beta_{测} - \sum\beta_{理} = \sum\beta_{测} - (n - 2) \times 180° \tag{4-56}$$

可见,空间交叉闭合导线的闭合差计算式和一般闭合导线的闭合差计算式完全一样。最后还需要注意的是,应用式(4-56)时,导线的观测角应是前进路线上的全部左角或者全部右角。

2. 附合导线

设附合导线起始边和最终附合边的坚强方位角(井下导线附合到已知坐标方位角或陀螺方位角)为 α_0 和 α_n,路线上所测角度的总个数为 n,则附合导线的角度闭合差 f_β 为

$$\left.\begin{aligned} f_\beta &= \sum\beta_{左} - n \times 180°(\alpha_n - \alpha_0) \\ f_\beta &= \sum\beta_{右} - n \times 180°(\alpha_0 - \alpha_n) \end{aligned}\right\} \tag{4-57}$$

3. 复测支导线

井下复测支导线的角度闭合差 f_β 是按最末第 1 次和第 2 次所测得的方位角 α_{n1} 和 α_{n2} 按下式计算的,即

$$f_\beta = \alpha_{n1} - \alpha_{n2} \tag{4-58}$$

井下各级导线的角度闭合差 f_β 均不得超过表 4-8 的规定。

表 4-8　井下各级导线角度闭合差限差规定

导线类别	最大闭合差		
	闭合导线	复测支导线	附合导线
7″导线	$\pm14''\sqrt{n}$	$\pm14''\sqrt{n_1+n_2}$	$\pm2\sqrt{m_{\alpha1}^2+m_{\alpha2}^2+nm_\beta^2}$
15″导线	$\pm30''\sqrt{n}$	$\pm30''\sqrt{n_1+n_2}$	
30″导线	$\pm60''\sqrt{n}$	$\pm60''\sqrt{n_1+n_2}$	

注:n 为闭(附)合导线的总站数;n_1、n_2 分别为复测支导线第 1 次和第 2 次测量的总站数;$m_{\alpha1}$、$m_{\alpha2}$ 分别为附合导线起始边和附合边的坐标方位角中误差;m_β 为导线测角中误差。

(二)角度闭合差的分配

若角度闭合差f_β不符合表4-8中的规定,则需检查测角情况,找出原因,或者进行返工重测。当f_β未超限时,则要对角度闭合差进行分配,即将观测的水平角进行改正,消除其不符值。分配闭合差的方法是:将f_β反号平均分配给每一个观测角,即给每一个观测角一个改正数,为

$$v_{\beta_i}=-\frac{f_\beta}{n}\quad(i=1,2,\cdots,n)\tag{4-59}$$

改正后的水平角值为

$$\beta_i=\beta_i+v_{\beta_i}\quad(i=1,2,\cdots,n)\tag{4-60}$$

四、坐标方位角的推算

当其对观测角度进行了改正后,便要用起始边方位角和改正后的角度推算一条导线边的坐标方位角,其推算公式为

$$\alpha_i=\alpha_{i-1}+\beta_{i左}+180°\tag{4-61}$$

$$\alpha_i=\alpha_{i-1}-\beta_{i右}+180°\tag{4-62}$$

式中 α_i、α_{i-1}——第i条边、第$i-1$条边的坐标方位角;

$\beta_{i左}$——第i点处经改正后的水平角值(左角);

$\beta_{i右}$——第i点处经改正后的水平角值(右角)。

在闭合导线中,从第1条边开始,经各导线边坐标方位角的计算后,再推算出该边的坐标方位角应与第1次相等;在附合导线中,推算出的最后一条边的坐标方位角应与原最终坚强边的坐标方位角相等;复测支导线经两次算的最后同一条边的坐标方位角应相等。否则,应查找计算错误,并予以改正。

五、坐标增量闭合差的计算及调整

(一)各边坐标增量的计算

导线边坐标增量的计算式为

$$\left.\begin{aligned}\Delta x_i&=D_i\cos a_i\\\Delta y_i&=D_i\sin a_i\end{aligned}\right\}\tag{4-63}$$

式中 D_i——第i边的水平距离。

(二)坐标增量闭合差f_x、f_y的计算

1. 闭合导线f_x、f_y的计算

对于闭合导线而言,闭合路线各边同名坐标增量的总和的理论值应该等于零,即

$$\left.\begin{aligned}\sum\Delta x_{理}&=0\\\sum\Delta y_{理}&=0\end{aligned}\right\}\tag{4-64}$$

但是,因为观察误差的存在,实际计算出的同名坐标增量的总和不一定为零,即存在着坐标增量闭合差为

$$\left.\begin{aligned}f_x&=\sum\Delta x_{计}\\f_y&=\sum\Delta y_{计}\end{aligned}\right\}\tag{4-65}$$

式中 f_x、f_y——纵、横坐标增量闭合差。

2. 附合导线f_x、f_y的计算

$$\left.\begin{aligned} f_x &= \sum \Delta x_{计} - (x_n - x_1) \\ f_y &= \sum \Delta y_{计} - (y_n - y_1) \end{aligned}\right\} \tag{4-66}$$

式中　x_1、y_1——附合导线起始点的坐标；

x_n、y_n——附合导线最终坚强点的坐标。

3. 复测支导线f_x、f_y的计算

$$\left.\begin{aligned} f_x &= \sum \Delta x_{往} - \sum \Delta x_{返} \\ f_y &= \sum \Delta y_{往} - \sum \Delta y_{返} \end{aligned}\right\} \tag{4-67}$$

式中　$\sum \Delta x_{往}$、$\sum \Delta y_{往}$——往测计算所得支导线各边坐标增量之和；

$\sum \Delta x_{返}$、$\sum \Delta y_{返}$——返测计算所得支导线各边坐标增量之和。

(三)导线全长相对闭合差的计算

导线的边长精度是用全长相对闭合差来衡量的，即

$$\frac{f}{\sum D} = \frac{\sqrt{f_x^2 + f_y^2}}{\sum D} \tag{4-68}$$

式中　f——导线的全长闭合差；

$\sum D$——导线的总长度，复测支导线为两次测量的边长总和。

根据所测量导线的精度要求，其全长相对闭合差应符合表4-1中的相应规定。若不符合规定，则应查找原因，或者重新观测。若符合规定，则应对坐标增量闭合差进行调整。

(四)坐标增量闭合差的调整

坐标增量的调整方法，一般是将闭合差反号按边长成比例分配给每条边的坐标增量计算值，即给每一个坐标增量一个改正数为

$$\left.\begin{aligned} v_{\Delta xi} &= -\frac{f_x}{\sum D} D_i \\ v_{\Delta yi} &= -\frac{f_y}{\sum D} D_i \end{aligned}\right\} \tag{4-69}$$

改正的坐标增量为

$$\left.\begin{aligned} \Delta \hat{x}_i &= \Delta x_i + v_{\Delta xi} \\ \Delta \hat{y}_i &= \Delta y_i + v_{yi} \end{aligned}\right\} \tag{4-70}$$

六、坐标计算

经过对坐标增量的改正，即可计算各导线的坐标，其坐标计算按下式进行：

$$\left.\begin{aligned} x_i &= x_{i-1} + \Delta \hat{x}_{i-1,i} \\ y_i &= y_{i-1} + \Delta \hat{y}_{i-1,i} \end{aligned}\right\} \tag{4-71}$$

闭合导线由起始点起算，经各导线点后再计算到起始点，其坐标应和原坐标相等；附合导线由起始点开始计算各导线的坐标，应计算到最后的坚强点，且其坐标应与原坐标相等；复测支导线和方向附合导线，两次算得最末点的坐标应相等。

单元四 井下导线测量的误差及精度分析

井下支导线由于起始点坐标和起始边方向的误差影响，以及测角和量边误差的累积，必然会使导线点的位置产生误差。因此，研究和分析误差的来源及其影响，掌握误差的影响规律，以便在井下测量工作中采取相应的措施，提高导线的测量精度是十分重要和必需的。

一、由测角、量边误差所引起的支导线终点的位置误差

如图 4-14 所示为任意形状的支导线，其终点 K 的坐标为

$$\left.\begin{aligned} x_K &= x_1 + D_1\cos\alpha_1 + D_2\cos\alpha_2 + \cdots + \mathrm{D}_n\cos\alpha_n \\ y_K &= y_1 + D_1\sin\alpha_2 + D_2\sin\alpha_2 + \cdots + D_n\sin\alpha_n \end{aligned}\right\} \tag{4-72}$$

式中 $D_1,D_2,\cdots,D_n$——导线各边的水平距离；

$\alpha_1,\alpha_2,\cdots,\alpha_n$——导线各边的坐标方位角。

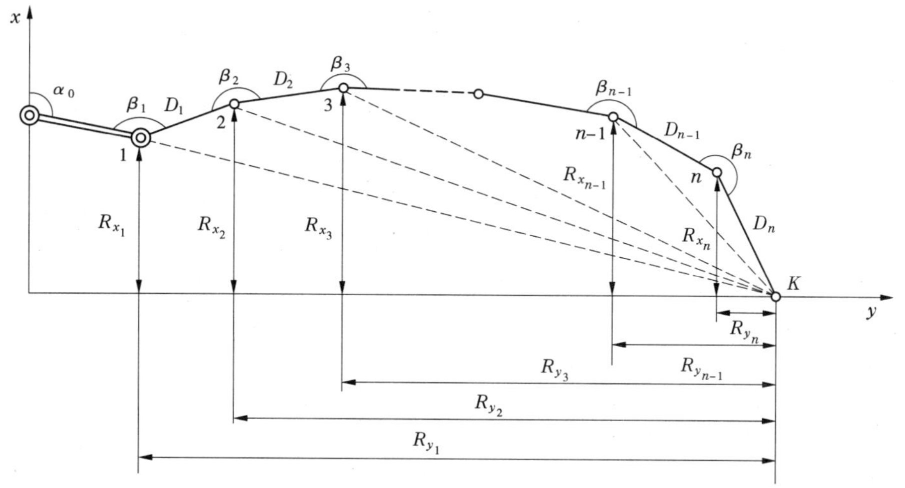

图 4-14 导线内业计算

根据推算方位角的公式可知，导线任意边 τ 的方位角是所测水平角的函数，即

$$a_\tau = \alpha_0 + \sum_1^\tau \beta_\tau \pm \tau \times 180° \tag{4-73}$$

式中 α_0——导线起始边的坐标方位角；

$\beta_1,\beta_2,\cdots,\beta_n$——所测导线前进路线上的左角。

对于支导线来说，终点 K 的坐标是所有角度和边长的函数，根据偶然误差传播定律，可得终点 K 的坐标误差为

$$\left.\begin{aligned} M_{x_K}^2 &= \left(\frac{\partial x_K}{\partial\beta_1}\right)^2\frac{m_{\beta_1}^2}{\rho^2} + \left(\frac{\partial x_K}{\partial\beta_2}\right)^2\frac{m_{\beta_2}^2}{\rho^2} + \cdots + \left(\frac{\partial x_K}{\partial\beta_n}\right)^2\frac{m_{\beta_n}^2}{\rho^2} + \left(\frac{\partial x_K}{\partial D_1}\right)^2 m_{D_1}^2 + \left(\frac{\partial x_K}{\partial D_2}\right)^2 m_{D_2}^2 + \cdots + \left(\frac{\partial x_K}{\partial D_n}\right)^2 m_{D_n}^2 \\ M_{y_K}^2 &= \left(\frac{\partial y_K}{\partial\beta_1}\right)^2\frac{m_{\beta_1}^2}{\rho^2} + \left(\frac{\partial y_K}{\partial\beta_2}\right)^2\frac{m_{\beta_2}^2}{\rho^2} + \cdots + \left(\frac{\partial y_K}{\partial\beta_n}\right)^2\frac{m_{\beta_n}^2}{\rho^2} + \left(\frac{\partial y_K}{\partial D_1}\right)^2 m_{D_1}^2 + \left(\frac{\partial y_K}{\partial D_2}\right)^2 m_{D_2}^2 + \cdots + \left(\frac{\partial y_K}{\partial D_n}\right)^2 m_{D_n}^2 \end{aligned}\right\} \tag{4-74}$$

式中　$m_{\beta_1}, m_{\beta_2}, \cdots, m_{\beta_n}$——导线各角的量角中误差；

$m_{D_1}, m_{D_2}, \cdots, m_{D_n}$——导线各边的量边中误差。

为了说明问题的方便，将上两式简写为

$$\left.\begin{aligned}M_{x_K}^2 &= \frac{1}{\rho^2}\sum_{i=1}^{n}\left(\frac{\partial x_K}{\partial \beta_i}\right)^2 m_{\beta_i}^2 + \sum_{i=1}^{n}\left(\frac{\partial x_K}{\partial D_i}\right)^2 m_{D_i}^2 \\ M_{y_K}^2 &= \frac{1}{\rho^2}\sum_{i=1}^{n}\left(\frac{\partial y_K}{\partial \beta_i}\right)^2 m_{\beta_i}^2 + \sum_{i=1}^{n}\left(\frac{\partial y_K}{\partial D_i}\right)^2 m_{D_i}^2\end{aligned}\right\} \tag{4-75}$$

可以看出，式(4-75)右边第 1 项为测角误差 m_β 所引起的支导线终点的坐标误差，第 2 项则为量边误差 m_D 所引起的支导线终点的坐标误差，故令

$$\left.\begin{aligned}M_{x_\beta}^2 &= \frac{1}{\rho^2}\sum_{i=1}^{n}\left(\frac{\partial x_K}{\partial \beta_i}\right)^2 m_{\beta_i}^2 \\ M_{x_D}^2 &= \sum_{i=1}^{n}\left(\frac{\partial x_K}{\partial D_i}\right)^2 m_{D_i}^2\end{aligned}\right\} \tag{4-76}$$

及

$$\left.\begin{aligned}M_{y_\beta}^2 &= \frac{1}{\rho^2}\sum_{i=1}^{n}\left(\frac{\partial x_K}{\partial \beta_i}\right)^2 m_{\beta_i}^2 \\ M_{y_D}^2 &= \sum_{i=1}^{n}\left(\frac{\partial x_K}{\partial D_i}\right)^2 m_{D_i}^2\end{aligned}\right\} \tag{4-77}$$

则式(4-75)可简化成

$$\left.\begin{aligned}M_{x_K}^2 &= M_{x_\beta}^2 + M_{x_D}^2 \\ M_{y_K}^2 &= M_{y_\beta}^2 + M_{yD}^2\end{aligned}\right\} \tag{4-78}$$

下面分别对测角误差和量边误差所引起的支导线终点的位置误差予以讨论。

(一) 由测角误差所引起的支导线终点位误差

以上各式中，在由测角误差引起的导线终点坐标误差估算公式中，$\rho = 206\ 265''$，m_β 可用前面涉及的分析方法求出，仅偏导数项待求，为此，对式(4-72)的第 1 式取偏导数。

$$\left.\begin{aligned}\frac{\partial x_K}{\partial \beta_1} &= -\left(D_1\sin\alpha_1\frac{\partial \alpha_1}{\partial \beta_1} + D_2\sin\alpha_2\frac{\partial \alpha_2}{\partial \beta_1} + \cdots + D_n\sin\alpha_n\frac{\partial \alpha_n}{\partial \beta_1}\right) \\ \frac{\partial x_K}{\partial \beta_2} &= -\left(D_1\sin\alpha_1\frac{\partial \alpha_1}{\partial \beta_2} + D_2\sin\alpha_2\frac{\partial \alpha_2}{\partial \beta_2} + \cdots + D_n\sin\alpha_n\frac{\partial \alpha_n}{\partial \beta_2}\right) \\ &\vdots \\ \frac{\partial x_K}{\partial \beta_n} &= -\left(D_1\sin\alpha_1\frac{\partial \alpha_1}{\partial \beta_n} + D_2\sin\alpha_2\frac{\partial \alpha_2}{\partial \beta_n} + \cdots + D_n\sin\alpha_n\frac{\partial \alpha_n}{\partial \beta_n}\right)\end{aligned}\right\} \tag{4-79}$$

由式(4-73)可知：

$$\begin{aligned}\alpha_1 &= \alpha_0 + \beta_1 \pm 180^\circ \\ \alpha_2 &= \alpha_0 + \beta_1 + \beta_2 \pm 2\times 180^\circ \\ &\vdots \\ \alpha_n &= \alpha_0 + \beta_1 + \beta_2 + \cdots + \beta_n \pm n\times 180^\circ\end{aligned}$$

据此可求得：

$$\frac{\partial\alpha_1}{\partial\beta_1}=\frac{\partial\alpha_2}{\partial\beta_1}=\cdots=\frac{\partial\alpha_n}{\partial\beta_1}=1$$

$$\frac{\partial\alpha_1}{\partial\beta_2}=0,\frac{\partial\alpha_2}{\partial\beta_2}=\frac{\partial\alpha_3}{\partial\beta_2}=\cdots=\frac{\partial\alpha_n}{\partial\beta_2}=1$$

$$\frac{\partial\alpha_1}{\partial\beta_3}=\frac{\partial\alpha_2}{\partial\beta_3}=0,\frac{\partial\alpha_3}{\partial\beta_3}=\frac{\partial x_4}{\partial\beta_3}=\cdots=\frac{\partial\alpha_n}{\partial\beta_3}=1$$

$$\vdots$$

$$\frac{\partial\alpha_1}{\partial\beta_n}=\frac{\partial\alpha_2}{\partial\beta_n}=\cdots=\frac{\partial x_{n-1}}{\partial\beta_n}=0,\frac{\partial\alpha_n}{\partial\beta_n}=1$$

将上式偏导数值代入式(4-79)中，得：

$$\frac{\partial x_K}{\partial\beta_1}=-(D_1\sin\alpha_1+D_2\sin\alpha_2+\cdots+D_n\sin\alpha_n)$$

$$\frac{\partial x_K}{\partial\beta_2}=-(D_2\sin\alpha_2+D_3\sin\alpha_3+\cdots+D_n\sin\alpha_n)$$

$$\vdots$$

$$\frac{\partial x_K}{\partial\beta_n}=-D_n\sin\alpha_n$$

上式可用横坐标增量 Δy 和横坐标 y 表达为

$$\left.\begin{aligned}\frac{\partial x_K}{\partial\beta_1}&=-(\Delta y_1+\Delta y_2+\cdots+\Delta y_n)=-(y_K-y_1)\\\frac{\partial x_K}{\partial\beta_2}&=-(\Delta y_2+\Delta y_3+\cdots+\Delta y_n)=-(y_K-y_2)\\&\vdots\\\frac{\partial x_K}{\partial\beta_n}&=-\Delta y_n=-(y_K-y_n)\end{aligned}\right\}\tag{4-80}$$

由式(4-80)可知，支导线终点 K 的 x 坐标对所测角度的偏导数值等于导线终点 K 与所测角度顶点的横坐标差，也就是终点 K 与所测角度顶点的连线 R 在 y 坐标轴上的投影长 R_y，即

$$\left.\begin{aligned}\frac{\partial x_K}{\partial\beta_1}&=-R_1\sin\gamma_1=-R_{y1}\\\frac{\partial x_K}{\partial\beta_2}&=-R_2\sin\gamma_2=-R_{y2}\\&\vdots\\\frac{\partial x_K}{\partial\beta_n}&=-R_n\sin\gamma_n=R_{yn}\end{aligned}\right\}\tag{4-81}$$

式中　$R_1,R_2,\cdots,R_n$——导线各点与终点 K 连线的长度；

　　　$\gamma_1,\gamma_2,\cdots,\gamma_n$——导线各点与终点 K 连线的坐标方位角。

将式(4-81)代入式(4-76)中的第1式,得:

$$M_{x\beta}^2 = \frac{1}{\rho^2}\sum_{i=1}^{n} R_{yi}^2 m_{\beta i}^2 \tag{4-82}$$

式中 R_{yi}——导线终点 K 与各导线的连线在 y 坐标轴上的投影长。

同理,可得

$$M_{y\beta}^2 = \frac{1}{\rho^2}\sum_{i=1}^{n} R_{xi}^2 m_{\beta i}^2 \tag{4-83}$$

式中 R_{xi}——导线终点 K 与各导线的连线在 x 坐标轴上的投影长。

(二)由量边误差所引起的支导线终点的点位误差

对式(4-72)中各导线边长 D_i 求偏导数,得:

$$\frac{\partial x_K}{\partial D_1} = \cos\alpha_1, \frac{\partial x_K}{\partial D_2} = \cos\alpha_2, \cdots, \frac{\partial x_K}{\partial D_n} = \cos\alpha_n$$

$$\frac{\partial y_K}{\partial D_1} = \sin\alpha_1, \frac{\partial y_K}{\partial D_2} = \sin\alpha_2, \cdots, \frac{\partial y_K}{\partial D_n} = \sin\alpha_n$$

则式(4-76)、式(4-77)中的第2式分别为

$$M_{xD}^2 = \sum_{i=1}^{n}\cos^2\alpha_i m_{Di}^2, M_{yD}^2 = \sum_{i=1}^{n}\sin^2\alpha_i m_{Di}^2 \tag{4-84}$$

对于光电测距仪的量边误差,可以用 $M_D = \pm(A+BD)$ 来估算;对于钢尺量距而言,由于常有系统误差存在,因此需要进一步分析量边偶然误差与系统误差对于终点 K 的位置影响。

1. 量边偶然误差的影响

由式(4-37)可知,量边的总误差为

$$m_{D_i}^2 = a^2 D_i + b^2 D_i^2$$

当无明显系统误差时,即 $b=0$,则

$$m_{D_i}^2 = a^2 D_i$$

式(4-84)则为

$$M_{xD}^2 = a^2\sum_{i=1}^{n} D_i\cos^2\alpha_i, M_{yD}^2 = a^2\sum_{i=1}^{n} D_i\sin^2\alpha_i \tag{4-85}$$

2. 量边系统误差的影响

当边长存在明显的系统误差时,由于它对边长的影响是单方面的,其大小与边长成比例,即将所有的边均按相同的比例增长或缩短。如图4-15所示,图中 $A—B—C—D—E$ 为一正确导线,假设在该导线中没有测角和量边偶然误差的影响,只存在量边系统误差的影响,由于量边误差发生后是使边长观测值 D_i 增长或缩短,而增长或缩短的量等于 ΔD_i。如图4-15所示,因系统误差的影响,将每一条边量长了,从而使导线变成 $A—B'—C'—D'—E'$。容易看出,它与正确的导线形状相似,因而导线点的位置都从原来的正确位置,沿着该点与起始点 A 的连线方向移动了一段距离,其大小为相应连线的长度乘以系统误差影响系数 b,即

$$BB' = b \times AB; CC' = b \times AC; DD' = b \times AD; EE' = b \times AE$$

由此可见,由量边系统误差所引起的指导线终点的位置误差为

$$EE' = b \times AE = b \times L \tag{4-86}$$

式中 L——导线起点与终点的连线(闭合线)的长度。

由图 4-15 中可以看出，对终点 E 所产生的位置误差，x 轴方向为 $b\times L_x$，y 轴方向为 $b\times L_y$，其中 L_x、L_y 分别为闭合线在 x 轴和 y 轴上的投影长度。

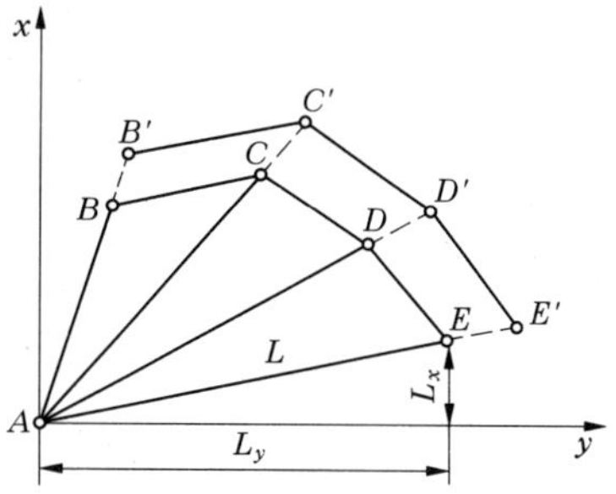

图 4-15

3. 由测量角误差所引起的支导线终点的位置误差

对于光电测距导线，将式(4-82)~式(4-84)代入式(4-78)中，得：

$$\left.\begin{aligned}M_{x_K}^2 &= \frac{1}{\rho^2}\sum_{i=1}^{n}R_{y_i}^2 m_{\beta_i}^2 + \sum_{i=1}^{n}\cos^2\alpha_i m_{D_i}^2\\ M_{y_K}^2 &= \frac{1}{\rho^2}\sum_{i=1}^{n}R_{x_i}^2 m_{\beta_i}^2 + \sum_{i=1}^{n}\sin^2\alpha_i m_{D_i}^2\end{aligned}\right\}\tag{4-87}$$

K 点的位误差为

$$M_K^2 = \frac{1}{\rho^2}\sum_{i=1}^{n}R_i^2 m_{\beta_i}^2 + \sum_{i=1}^{n}m_{D_i}^2\tag{4-88}$$

对于钢尺量距导线，考虑量边系统误差的影响后，得：

$$\left.\begin{aligned}M_{x_K}^2 &= \frac{1}{\rho^2}\sum_{i=1}^{n}R_{y_i}^2 m_{\beta_i}^2 + a^2\sum_{i=1}^{n}D_i\cos^2\alpha_i + b^2L_x^2\\ M_{y_K}^2 &= \frac{1}{\rho^2}\sum_{i=1}^{n}R_{x_i}^2 m_{\beta_i}^2 + a^2\sum_{i=1}^{n}D_i\sin^2\alpha_i + b^2L_y^2\end{aligned}\right\}\tag{4-89}$$

K 点的点位误差为

$$M_K^2 = \frac{1}{\rho^2}\sum_{i=1}^{n}R_{x_i}^2 m_{\beta_i}^2 + a^2\sum_{i=1}^{n}D_i + b^2L^2\tag{4-90}$$

当测角精度相等时，即 $m_{\beta 1}=m_{\beta 2}\cdots=m_{\beta n}=m_\beta$ 时，式(4-89)、式(4-90)变为

$$\left.\begin{aligned}M_{x_K}^2 &= \frac{m_\beta^2}{\rho^2}\sum_{i=1}^{n}R_{yi}^2 + a^2\sum_{i=1}^{n}D_i\cos^2\alpha_i + b^2L^2\\ M_{y_K}^2 &= \frac{m_\beta^2}{\rho^2}\sum_{i=1}^{n}R_{xi}^2 + a^2\sum_{i=1}^{n}D_i\sin^2\alpha_i + b^2L^2\\ M_K^2 &= \frac{m_\beta^2}{\rho^2}\sum_{i=1}^{n}R_i^2 + a^2\sum_{i=1}^{n}D_i + b^2L^2\end{aligned}\right\}\tag{4-91}$$

从式(4-91)可以看出，测角误差的影响对导线的精度起着决定性作用，为了提高导线精度，控制导线点位置误差，首先应注意测角精度，同时在可能的情况下增大边长，减小测站数，有条件且必要时，要尽量将导线布设成闭合图形，因为闭合图形的 $\sum_{i=1}^{n}R_i^2$ 要比直伸型的小，从而使式(4-91)中的第 3 式等号右端每一项变小，即减小了点位误差。

（三）起算边坐标方位角误差和起算点点位误差所引起的支导线终点的点位误差

设支导线起算边的坐标方位角 α_0 的中误差为 $m_{\alpha 0}$，根据式(4-72)由 $m_{\alpha 0}$ 引起的支导线终点的坐标误差可表达为

$$m_{x_{0K}} = \frac{\partial x_K}{\partial\alpha_0}\frac{m_{\alpha 0}}{\rho}$$

$$m_{y_{0K}} = \frac{\partial y_K}{\partial \alpha_0} \frac{m_{\alpha 0}}{\rho}$$

将式(4-72)中第 1 式对 α_0 求偏导数,得:

$$\frac{\partial x_K}{\partial \alpha_0} = \frac{\partial x_1}{\partial \alpha_0} - \left(D_1 \sin\alpha_1 \frac{\partial \alpha_1}{\partial \alpha_0} + D_2 \sin\alpha_2 \frac{\partial \alpha_2}{\partial \alpha_0} + \cdots + D_n \sin\alpha_n \frac{\partial \alpha_n}{\partial \alpha_0}\right)$$

由式(4-73)可得:

$$\frac{\partial \alpha_1}{\partial \alpha_0} = \frac{\partial \alpha_2}{\partial \alpha_0} = \cdots = \frac{\partial \alpha_n}{\partial \alpha_0} = 1$$

而

$$\frac{\partial x_1}{\partial \alpha_0} = 0$$

由此可得:

$$\frac{\partial x_K}{\partial \alpha_0} = -(D_1 \sin\alpha_1 + D_2 \sin\alpha_2 + \cdots + D_n \sin\alpha_n) = -(y_K - y_1) = -R_{y1}$$

同理,便得到由起始边方位角引起支导线终点坐标误差为

$$\left.\begin{aligned} M_{x0K} &= \frac{m_{\alpha 0}}{\rho} R_{y1} \\ M_{y0K} &= \frac{m_{\alpha 0}}{\rho} R_{x1} \end{aligned}\right\} \quad (4\text{-}92)$$

根据坐标误差可得点位误差为

$$M_{0K} = \frac{m_{\alpha 0}}{\rho} R_1$$

可见,起始边坐标方位角 α_0 的误差对终点的位置的影响与导线的长度和形状有关。

若顾及起始点 1 的坐标误差 M_{x1} 和 M_{y1},则起始边方位角误差和起算点坐标误差对终点位置的共同影响为

$$\left.\begin{aligned} M_{x0K}^2 &= M_{x1}^2 + \left(\frac{m_{\alpha 0}}{\rho} R_{y1}\right)^2 \\ M_{y0K}^2 &= M_{y1}^2 + \left(\frac{m_{\alpha 0}}{\rho} R_{x1}\right)^2 \\ M_{0K}^2 &= M_1^2 + \left(\frac{m_{\alpha 0}}{\rho} R_1\right)^2 \end{aligned}\right\} \quad (4\text{-}93)$$

显然,导线起算点 1 的坐标误差对各点的影响均相同。

1. 支导线终点 K 在 x 轴及 y 轴方向上的误差

在顾及以上所有误差的影响时,支导线终点 K 在 x 轴及 y 轴方向上的误差为

$$\left.\begin{aligned} M_{x_K}^2 &= M_{x1}^2 + \frac{m_{\alpha 0}^2}{\rho^2} L_y^2 + \frac{m_\beta^2}{\rho^2} \sum_{i=1}^{n} R_{yi}^2 + \alpha^2 \sum_{i=1}^{n} D_i \cos^2\alpha_i + b^2 L_x^2 \\ M_{y_K}^2 &= M_{y1}^2 + \frac{m_{\alpha 0}^2}{\rho^2} L_x^2 + \frac{m_\beta^2}{\rho^2} \sum_{i=1}^{n} R_{xi}^2 + \alpha^2 \sum_{i=1}^{n} D_i \sin^2\alpha_i + b^2 L_y^2 \end{aligned}\right\} \quad (4\text{-}94)$$

2. 支导线终点的点位误差

$$M_K^2 = M_{x_K}^2 + M_{y_K}^2 = M_1^2 + \frac{m_{\alpha 0}^2}{\rho^2}L^2 + \frac{m_\beta^2}{\rho^2}\sum_{i=1}^{n}R_i^2 + \alpha^2\sum_{i=1}^{n}D_i + b^2L^2 \tag{4-95}$$

式中　L——导线终点 K 与起始点的连线长度；

R——导线终点与第 i 点的连线长度。

根据式(4-95)总结如下：

(1)起始点点位误差对导线终点点位误差的影响，与导线的长度和形状无关，且保持常量。

(2)起始边方位角误差对导线终点点位误差的影响，与导线的形状有关，当起始边方位角误差一定时，对直伸型导线影响最大，曲折型导线次之，闭合型导线不受影响。

(3)测角误差对导线终点点位误差的影响随测角误差的增大和测站数目的增多而增大。当几条导线的测角精度相同，测站数和总长度相近时，其影响取决于导线的形状，对直伸型导线的影响最大，曲折型次之，闭合型最小。

(4)量边偶然误差的影响与导线总长度有关，与导线形状无关。

(5)量边系统误差的影响与量边系统误差影响系数及导线的形状有关，当系统误差系数一定时，对直伸型导线的影响最大，曲折型次之，闭合型则不受影响。

3. 在一指定的方向上支导线终点的点位误差

在具体的矿井测量工作中，不一定知道支导线终点沿 x 轴或 y 轴方向上的误差，往往需要知道的是沿某一方向上的误差大小。例如，在巷道贯通测量工程中，就需要估算巷道贯通相遇点在垂直于巷道中线方向(重要方向)上的误差。在解决此类问题时，只需设一个假定坐标系 $x'Oy'$，使 x' 及 y' 与某特定方向重合，然后求支导线各点在此假定坐标轴 x' 与 y' 方向上的误差即可。在不考虑起始点点位误差的情况下，其估算公式如下：

当用光电测距仪量距时

$$\left.\begin{aligned} M_{x'_K}^2 &= \frac{m_{\alpha 0}^2}{\rho^2}L_{y'}^2 + \frac{m_\beta^2}{\rho^2}\sum_{i=1}^{n}R_{y'i}^2 + \sum_{i=1}^{n}\cos^2\alpha'_i m_{Di}^2 \\ M_{y'_K}^2 &= \frac{m_{\alpha 0}^2}{\rho^2}L_{x'}^2 + \frac{m_\beta^2}{\rho^2}\sum_{i=1}^{n}R_{x'i}^2 + \sum_{i=1}^{n}\cos^2\alpha'_i m_{Di}^2 \end{aligned}\right\} \tag{4-96}$$

式中　$R_{x'_i}(R_{y'_i})$——各导线点与终点 K 连线在 $x'(y')$ 轴上的投影长度；

$L_{x'}(L_{y'})$——闭合线 L 在 $x'(y')$ 轴上的投影长度；

α'_i——各导线边在假定坐标系 $x'Oy'$ 中的方位角。

当钢尺量距时

$$\left.\begin{aligned} M_{x'_K}^2 &= \frac{m_{\alpha 0}^2}{\rho^2}L_{y'}^2 + \frac{m_\beta^2}{\rho^2}\sum_{i=1}^{n}R_{y'i}^2 + \alpha^2\sum_{i=1}^{n}D_i\cos^2\alpha'_i + b^2L_{x'}^2 \\ M_{y'_K}^2 &= \frac{m_{\alpha 0}^2}{\rho^2}L_{x'}^2 + \frac{m_\beta^2}{\rho^2}\sum_{i=1}^{n}R_{x'i}^2 + \alpha^2\sum_{i=1}^{n}D_i\cos^2\alpha'_i + b^2L_{y'}^2 \end{aligned}\right\} \tag{4-97}$$

式(4-97)中各量的含义与式(4-96)中相同。

4. 等边直伸型支导线终点的点位误差

井下导线是沿着巷道铺设的，对于井下的主要大巷来说一般都是直线型的，故导线各点处的水平角 β_i 都在 180°左右，并且其边长 D_i 也都大致相等，因此这种导线似于等边直伸型导线。在求这种导线的终点位置误差时，不必按原始坐标系统进行估算，可直接计算沿导线直伸方向和垂直于直伸方向的误差,这也就简化了点位误差的估算工作。

如图4-16所示,设 t 为导线终点 K 沿直伸方向 x' 的误差,一般为纵向误差;u 为垂直于导线直伸方向 y 的误差,称为横向误差,则

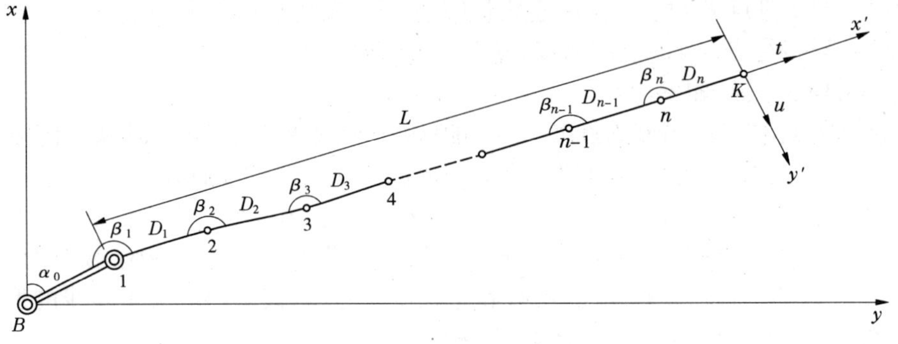

图4-16 等边支伸型支导线

$$t = M_{x'K}$$

$$u = M_{y'K}$$

$$\left.\begin{aligned} t^2 &= M_{x'\beta}^2 + M_{x'_D}^2 = \frac{m_\beta^2}{\rho^2}\sum_{i=1}^{n} R_{y'_i}^2 + a^2\sum_{i=1}^{n} D_i\cos^2\alpha'_i + b^2L_{x'}^2 \\ u^2 &= M_{y'\beta}^2 + M_{y'D}^2 = \frac{m_\beta^2}{\rho^2}\sum_{i=1}^{n} R_{x'_i}^2 + a^2\sum_{i=1}^{n} D_i\sin^2\alpha'_i + b^2L_{y'}^2 \end{aligned}\right\} \tag{4-98}$$

由于采用了上述假定坐标系统 $x'Oy'$,则 $\alpha'_i \approx 0, \cos\alpha'_i \approx 0, \sin\alpha'_i \approx 0, R_{y'_i} \approx 0, L_{x'} \approx L, L_{y'} \approx 0$,故:

$$t^2 = M_{x'_\beta}^2 = a^2\sum_{i=1}^{n} D_i + b^2L^2$$

$$u^2 = M_{y'\beta}^2 = \frac{m_\beta^2}{\rho^2}\sum_{i=1}^{n} R_{x'_i}^2$$

由图4-16可看出

$$R_{x'_1} \approx nD, R_{x'_2} \approx (n-1)D, \cdots, R_{x'_{(n-1)}} \approx 2D, R_{x'_n} \approx D$$

故

$$\begin{aligned} \sum_{i=1}^{n} R_{x_i'}^2 &= n^2D^2 + (n-1)^2D^2 + \cdots + 2^2D^2 + D^2 \\ &= D^2[n^2 + (n-1)^2 + \cdots + 2^2 + 1^2] \\ &= D^2\frac{n(n+1)(2n+1)}{6} = D^2n^2\frac{n+1.5}{3} \end{aligned}$$

同时,闭合线 $L \approx nD$,则

$$\left.\begin{aligned} t &= \pm\sqrt{a^2[D] + b^2L^2} = \pm\sqrt{a^2L + b^2L^2} \\ u &= \frac{m_\beta}{\rho}L\sqrt{\frac{n+1.5}{3}} \end{aligned}\right\} \tag{4-99}$$

当边很多,即 n 很大时,则

$$u = \frac{m_\beta}{\rho} L \sqrt{\frac{n}{3}} \tag{4-100}$$

由此可知，当导线成直伸型时，测角误差只引起终点的横向误差，而量边误差只引起终点的纵向误差。因此，要减小点的横向误差，就必须提高测角精度和加大边长，以减少测点的个数；而要减小终点的纵向误差，只需提高量边精度。

5. 支导线任意点的点位误差

以上内容中分析了支导线终点 K 的点位误差，当需要估算支导线任意点 C 的点位误差时，只要将该点当作支导线终点，再用以上的相应公式估算其点位误差即可。

6. 支导线任意边的坐标方位角误差

根据坐标方位角的推算公式，支导线任意边 i 的坐标方位角可以表达为

$$\alpha_i = \alpha_0 + \sum_{i=1}^{i} \beta \pm i \times 180^\circ$$

因此，该方位角的误差为

$$M_{\alpha_i}^2 = m_{\alpha_0}^2 + \sum_{i=1}^{i} m_{\beta_i}^2$$

当测角精度相同时，有

$$M_{\alpha_i}^2 = m_{\alpha_0}^2 + i \times m_\beta^2 \tag{4-101}$$

若不考虑起始边的坐标方位角误差，则 α_i 相对于 α_0 的中误差为

$$M_{\alpha_i} = m_\beta \sqrt{i} \tag{4-102}$$

7. 估算支导线点位误差及坐标方位角误差的实例

在平巷中由于已知方向 B—1 和点 1 开始测设了一段井下 15″级全站仪导线，如图 4-17 所示。导线各边长用钢尺丈量，其长度及角度值见表 4-9。试求第 7 点在与 6—7 边垂直和平行两个方向上的误差。

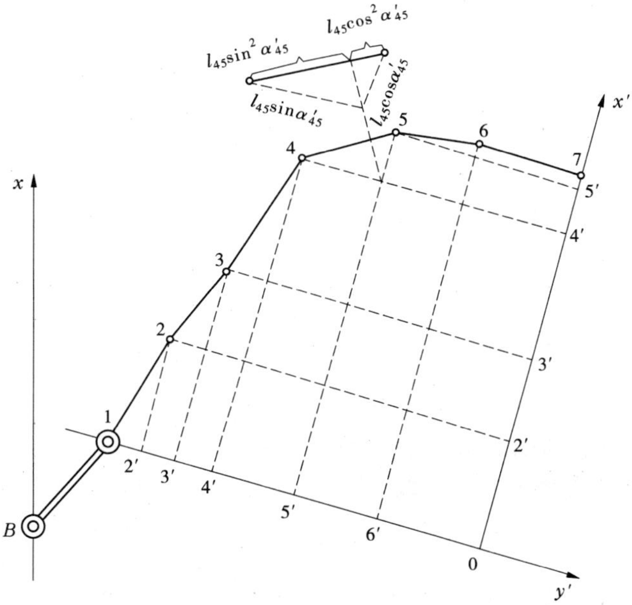

图 4-17　支导线(终点位置误差估算)

解算步骤如下:

(1)在原坐标系统中按比例尺 1∶1 000 或 1∶2 000 绘制导线图,然后在图上绘出给定方向(假定坐标轴)x'与 y',并作各点与 7 点连线在 x'和 y'上的投影(见图 4-17)。

(2)估算由测角误差所引起的 7 点在 x'轴和 y'轴上的误差 $M_{x'_\beta}$ 和 $M_{y'_\beta}$。首先在图上按比例尺量取下列数据并计入表 4-10 中。

表 4-9 导线各边长度及水平角(左角)值

角号	角值			边号	边长/m
	(°)	(′)	(″)		
1	171	20	35	1—2	44.632
2	186	58	42	2—3	32.314
3	172	02	05	2—4	52.691
4	225	30	10	4—5	36.300
5	201	01	02	5—6	35.182
6	187	04	12	6—7	42.684

表 4-10 角度误差影响估算表

<table>
<tr><th>点号</th><th>$R_{x'}$</th><th>$R_{y'}$</th><th>m_β</th><th colspan="2">$\frac{m_\beta}{\rho}$</th><th>$\left(\frac{m_\beta}{\rho}\right)^2$</th></tr>
<tr><td>1</td><td>143.5</td><td>151.0</td><td rowspan="2">±15″</td><td rowspan="2" colspan="2">7.3×10⁻³</td><td rowspan="2">53×10⁻⁵</td></tr>
<tr><td>2</td><td>101.0</td><td>137.5</td></tr>
<tr><td>3</td><td>71.3</td><td>124.4</td><td rowspan="4" colspan="2">$\left(\frac{m_\beta}{\rho}\right)^2[R_{x'}^2]$</td><td rowspan="4" colspan="2">$\left(\frac{m_\beta}{\rho}\right)^2[R_{y'}^2]$</td></tr>
<tr><td>4</td><td>20.8</td><td>109.0</td></tr>
<tr><td>5</td><td>4.1</td><td>76.3</td></tr>
<tr><td>6</td><td>0</td><td>42.7</td></tr>
<tr><td>$[R^2]$</td><td>36 320</td><td>76 700</td><td colspan="2">407×10^{-6}</td><td colspan="2">192×10^{-6}</td></tr>
</table>

然后进行计算,最后得:

$$M_{x'_\beta} = \pm\sqrt{407\times10^{-6}} = \pm0.020\,2(\text{m}) = \pm20.2(\text{mm})$$

$$M_{y'_\beta} = \pm\sqrt{192\times10^{-6}} = \pm0.013\,9(\text{m}) = \pm13.9(\text{mm})$$

(3)估算由量边误差所引起的 7 点在 x'与 y'轴上的误差 $M_{x'D}$ 和 $M_{y'D}$。其中,$D\sin\alpha'$和 $D\cos\alpha'$之值可由图解法在图上直接量取,计入表 4-11 中,计算结果为

$$M_{x'D} = \sqrt{(32+51)\times10^{-6}} = \pm9.1(\text{mm})$$

$$M_{y'D} = \sqrt{(30+57)\times10^{-6}} = \pm9.3(\text{mm})$$

表 4-11　量边误差的影响估算表

<table>
<tr><th>边号</th><th>$D\sin^2\alpha$/m</th><th>$D\cos^2\alpha$/m</th><th>a</th><th>a^2</th><th>$\sum D\cos^2\alpha$</th><th colspan="2">$a^2\sum D\sin^2\alpha'$</th></tr>
<tr><td>1—2</td><td>40.5</td><td>4.1</td><td rowspan="3">5×10^{-4}</td><td rowspan="3">25×10^{-8}</td><td rowspan="3">32×10^{-6}</td><td rowspan="3" colspan="2">30×10^{-6}</td></tr>
<tr><td>2—3</td><td>27.3</td><td>5.3</td></tr>
<tr><td>4—4</td><td>48.1</td><td>4.5</td></tr>
<tr><td>4—5</td><td>9.4</td><td>26.9</td><td rowspan="3">b</td><td rowspan="3">$L_{x'}$(m)</td><td rowspan="3">$L_{y'}$(m)</td><td rowspan="3">$bL_{y'}$</td><td rowspan="3">$(bL_{y'})^2$</td></tr>
<tr><td>5—6</td><td>9.5</td><td>34.6</td></tr>
<tr><td>6—7</td><td>0</td><td>42.7</td></tr>
<tr><td>Σ</td><td>125.8</td><td>118.1</td><td>5×10^{-5}</td><td>143.5</td><td>151.0</td><td>51×10^{-6}</td><td>57×10^{-6}</td></tr>
</table>

(4)估算 7 点在垂直和平行于 6—7 边两个方向的误差。根据上面所计算的测角误差和量边误差所引起的两个方向上的估算值分别计算其综合影响为

$$M_{x'_7} = \pm\sqrt{M_{x'\beta}^{\ 2} + M_{x'D}^{\ 2}} = \pm\sqrt{407 + 83} = \pm 22.1(\text{mm})$$

$$M_{y'_7} = \pm\sqrt{M_{y'\beta}^{\ 2} + M_{y'D}^{\ 2}} = \pm\sqrt{192 + 87} = \pm 16.7(\text{mm})$$

第 7 点的位置误差为

$$M_7 = \pm\sqrt{M_{x'_7}^{\ 2} + M_{y'_7}^{\ 2}} = \sqrt{490 + 279} = \pm 27.7(\text{mm})$$

由第 7 点在两个方向上的误差计算数据可见,测角误差是影响支导线点位置误差的主要因素。

(5)估算 6—7 边的坐标方位角误差为

$$M_{\alpha_{6-7}} = \pm m_\beta\sqrt{n} = \pm 15''\sqrt{6} = \pm 36.7''$$

二、方向附合导线的误差

单一导线的两端均有高等级已知方位角边控制时,称为方向附合导线,如图 4-18 所示。方向附合导线的特点是只有一端有已知坐标点,另一端的两点 n 和 K 坐标未知,故只对角度进行平差。

(一)方向附合导线终点的点位误差

方向附合导线经角度平差后,导线点的坐标是水平角平差值和实测边长的函数。按条件平差求平差值函数的中误差,在不考虑起算数据误差的影响时,方向附合导线终点 K 的点位误差估算公式为

$$\left.\begin{aligned} M_{x_K}^2 &= \frac{m_\beta^2}{\rho^2}\left\{[y^2] - \frac{[y]^{\ 2}}{n+1}\right\} + [m_D^2\cos^2\alpha] \\ M_{y_K}^2 &= \frac{m_\beta^2}{\rho^2}\left\{[x^2] - \frac{[x]^{\ 2}}{n+1}\right\} + [m_D^2\sin^2\alpha] \\ M_K^2 &= \frac{m_\beta^2}{\rho^2}\left[[x^2] + [y^2] - \frac{[x]^{\ 2} + [y]^{\ 2}}{n+1}\right] + [m_D^2] \end{aligned}\right\} \tag{4-103}$$

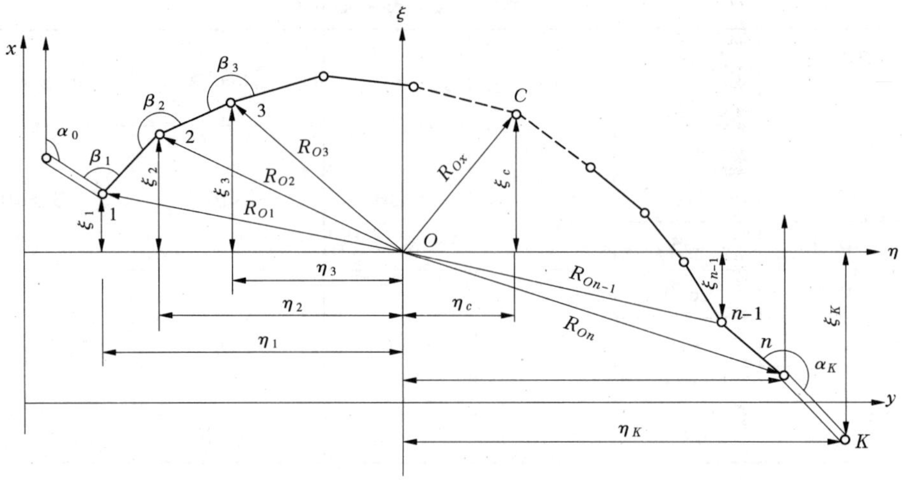

图 4-18　方向附合导线

其中,$x=x_K-x_i$,$y=y_K-y_i$。

为了简化计算,将坐标原点移到导线各点的平均坐标点(重心)上可得导线终点的误差在重心坐标系统中的计算公式为

$$\left.\begin{aligned} M_{x_K}^2 &= \frac{m_\beta^2}{\rho^2}[\eta_i^2] + [m_D^2\cos^2\alpha] \\ M_{y_K}^2 &= \frac{m_\beta^2}{\rho^2}[\xi_i^2] + [m_D^2\sin^2\alpha] \end{aligned}\right\} \tag{4-104}$$

$$M_K^2 = \frac{m_\beta^2}{\rho^2}[R_{Oi}^2] + [m_D^2] \tag{4-105}$$

其中,$\eta_i=y_i-y_0$,$\xi=x_i-x_0$,$R_{Oi}^2=\eta_i^2+\xi_i^2$,而 $x_0=\frac{[x_i]}{n+1}$,$y_0=\frac{[y_i]}{n+1}$。

用钢尺量边,当 a、b 误差系数已知时,式(4-104)、式(4-105)可表达为

$$\left.\begin{aligned} M_{x_K}^2 &= \frac{m_\beta^2}{\rho^2}[\eta_i^2] + a^2[D_i\cos^2\alpha] + b^2L_x^2 \\ M_{y_K}^2 &= \frac{m_\beta^2}{\rho^2} = [\xi_i^2] + a^2[D_i\sin^2\alpha] + b^2L_y^2 \\ M_K^2 &= \frac{m_\beta^2}{\rho^2}[R_{Oi}^2] + a^2[D_i] + b^2L^2 \end{aligned}\right\} \tag{4-106}$$

分析式(4-106)可知:量边误差的影响与支导线相同;而测角误差的影响比在支导线中的影响要小,因为$[R_{Oi}^2]$比$[R_i^2]$小。因此,方向符合导线与支导线相比较,其终点的点位精度有了提高。在布设井下基本控制导线时,一般每隔 1.5~2.0 km 应加测陀螺定向边。7″、15″级基本控制导线陀螺全站仪定向精度不得低于±10″、±15″。在已建立井下控制网的矿井,应当用加测陀螺定向边的方位改建井下平面控制网,其意义也就在于此。

(二)方位附合导线中任意点 C 的点位误差

方向符合导线中任意点 C 的点位误差可按下式估算:

$$\left.\begin{aligned}M_{xC}^2 &= \frac{m_\beta^2}{\rho^2}\left\{\sum_{i=1}^{C-1} R_{yCi}{}^2 - \frac{\left(\sum_{i=1}^{C-1} R_{yCi}\right)^2}{n+1}\right\} + \sum_{i=1}^{C-1}(m_{Di}^2\cos^2\alpha_i)\\ M_{yC}^2 &= \frac{m_\beta^2}{\rho^2}\left\{\sum_{i=1}^{C-1} R_{xCi}^2 - \frac{\left(\sum_{i=1}^{C-1} R_{xCi}\right)^2}{n+1}\right\} + \sum_{i=1}^{C-1}(m_{Di}^2\sin^2\alpha_i)\\ M_C^2 &= M_{xC}^2 + M_{yC}^2\end{aligned}\right\} \tag{4-107}$$

式中 R_{xCi}、R_{yCi}——任意点 C 与 C 点之间的各点的连线在 x 与 y 轴的投影长度；

$n+1$——方向附合导线的角度总个数。

用钢尺量边，当 a、b 误差系数已知时，方向附合导线中任意点 C 的点位误差可按下式估算：

$$M_{xC}^2 = \frac{m_\beta{}^2}{\rho^2}\left\{\sum_{i=1}^{C-1} R_{xCi}^2 - \frac{\left(\sum_{i=1}^{C-1} R_{yCi}\right)^2}{n+1}\right\} + a^2\sum_{i=1}^{C-1}(D_i\cos^2\alpha_i) + b^2L_{xC}^2 \tag{4-108}$$

$$M_{yC}^2 = \left\{\frac{m_\beta^2}{\rho^2}\sum_{i=1}^{C-1} R_{yCi}^2 - \frac{\left(\sum_{i=1}^{C-1} R_{yCi}\right)^2}{n+1}\right\} + a^2\sum_{i=1}^{C-1}(D_i\sin^2\alpha_i) + b^2L_{yC}^2 \tag{4-109}$$

式中 L_{xC}、L_{yC}——C 点与导线起点连线在 x 与 y 轴上的投影长度。

(三)加测陀螺定向边的导线终点误差

井下全站仪在采用陀螺全站仪定向时，并在支导线中每隔一定距离加测陀螺定向边，共加测了 N 段方向附合导线，各段导线的重心分别为 $O_{\text{I}}, O_{\text{II}}, \cdots, O_N$，如图 4-19 所示。当角度按方向符合导线平差后，同时顾及陀螺定向边本身的误差影响时，导线终点 K 的点位误差估算公式为

$$\left.\begin{aligned}M_{x_K}^2 &= \frac{m_\beta^2}{\rho^2}\{[\eta^2]_{\text{I}} + [\eta^2]_{\text{II}} + \cdots + [\eta^2]_N\} + \frac{m_{\alpha0}^2}{\rho^2}(y_A - y_{O\text{I}})^2 +\\ &\quad \frac{m_{\alpha1}^2}{\rho^2}(y_{O\text{I}} - y_{O\text{II}})^2 + \cdots + \frac{m_{\alpha N}^2}{\rho^2}(y_K - y_{OK})^2 + \sum m_{D_i}^2\cos^2\alpha\\ M_{y_K}^2 &= \frac{m_\beta^2}{\rho^2}\{[\xi^2]_{\text{I}} + [\xi^2]_{\text{II}} + \cdots + [\xi^2]_N\} + \frac{m_{\alpha0}^2}{\rho^2}(x_A - x_{O\text{I}})^2 +\\ &\quad \frac{m_{\alpha1}^2}{\rho^2}(x_{O\text{I}} - x_{O\text{II}})^2 + \cdots + \frac{m_{\alpha N}^2}{\rho^2}(x_K - x_{OK})^2 + \sum m_{D_i}^2\sin^2\alpha\end{aligned}\right\} \tag{4-110}$$

式中 η、ξ——各导线点至本段导线重心 O 的距离在 y 轴和 x 轴的投影长。

(四)等边直伸方向附合导线终点 K 的点位误差

终点 K 沿导线直伸方向的纵向误差与等边直伸型支导线的纵向误差相同，即

$$t = \pm\sqrt{a^2L + b^2L^2} \tag{4-111}$$

终点 K 在垂直于导线直伸方向的横向误差为

$$u = \frac{m_\beta}{\rho}L\sqrt{\frac{(n+1)(n+2)}{12n}} \approx \frac{m_\beta}{\rho}L\sqrt{\frac{n}{12}} \tag{4-112}$$

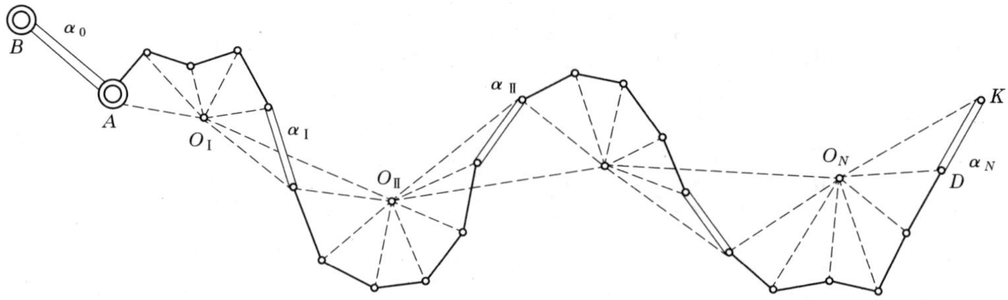

图 4-19　加测陀螺定向边的导线

将式(4-112)与式(4-100)比较后可知:等边直伸型方向附合导线经角度平差后的终点横向误差比支导线小了一半。

(五)方向附合导线任意边的坐标方位角误差

方向附合导线经角度平差后,任意边 i 的坐标方位角按下式计算:

$$\alpha_i = \alpha + \sum_1^i \beta_i \pm i \times 180°$$

式中　β_i——各边的水平角值。

因为任意边的坐标方位角是角平差值的函数,故按求平差值函数的权倒数的公式,可导出平差后任意边 $M_{\alpha i}$ 的计算公式为

$$M_{\alpha i} = m_\beta \sqrt{\frac{i(n+1-i)}{n+1}} \tag{4-113}$$

式中　n——导线的总边数。

在方向附合导线中,经角度平差后,坐标方位角误差最大的边位于导线中央,将 $i=\frac{n+1}{2}$ 代入式(4-113)中,可得:

$$M_{\alpha最大} = \frac{m_\beta}{2}\sqrt{n+1} \tag{4-114}$$

可见,在支导线的终边增加一个方向控制(如加测一条陀螺定向边),则其方位角精度可大大提高。

(六)附合导线的点位误差

1. 附合导线任意导线平差后的误差

井下附合导线多是采用近似平差计算方法,即先分配角度,再计算坐标增量闭合差并进行分配,之后就直接计算导线点的坐标。因此,这里也不是对附合导线进行严密平差的精度评定,而是一种简单的误差近似估算。

近似估算的要点是:将平差后的导线任意点的坐标,看作是经过两段导线所算得的值加权平均,然后求此加权平均值的误差。如图 4-20 所示,图中的 C 点,经过第 1 段导线,即从 1,2,…,C,可算得其坐标 x'_C;经过第 2 段导线中的 $K,n,n-1,\cdots,C$,又可算得该点另一坐标值 x''_C。则根据带权平均值公式,C 点的纵坐标为

$$x_C = \frac{P_1 x'_C + P_2 x''_C}{P_1 + P_2} \tag{4-115}$$

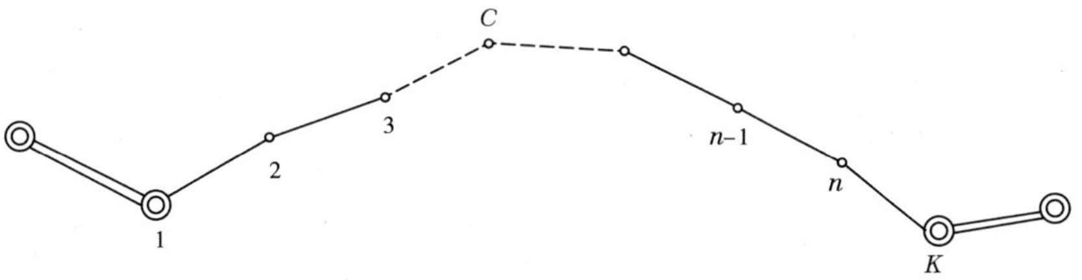

图 4-20 附合导线

设单位权观测中误差为

$$P_1=\frac{\mu^2}{M_{x'_C}^2},P_1=\frac{\mu^2}{M_{x''_C}^2}$$

则带权均值 x_C 的权为

$$P_{x_C}=P_1+P_2=\mu^2\frac{M_{x'_C}^2+M_{x''_C}^2}{M_{x'_C}^2\times M_{x''_C}^2}$$

故带权平均值 x_C 的中误差为

$$M_{x_C}=\frac{\mu}{\sqrt{P_{x_C}}}=\frac{M_{x'_C}\times M_{x''_C}}{\sqrt{M_{x'_C}^2+M_{x''_C}^2}} \tag{4-116}$$

同理,可得带权平均值 y_C 的中误差为

$$M_{y_C}=\frac{M_{y'_C}\times M_{y''_C}}{\sqrt{M_{y'_C}^2+M_{y''_C}^2}} \tag{4-117}$$

以上各式中的 $M_{x'_C}$、$M_{x''_C}$、$M_{y'_C}$ 和 $M_{y''_C}$ 之值,可按前述经角度平差后终点的误差估算公式求得,即将导线的两端均以 C 为终点,分别求出两端的误差。

2. 等边直伸型导线平差后的误差

同上面的导线一样,将其分为两段来估算任意点的误差,可以理解,这种导线的误差最大点不在导线末端,而在导线的中点,即距导线始末两端点的 $L/2$ 处,按式(4-112)可得到导线始点所算得的中点横向误差为

$$u_{中1}=\frac{m_\beta}{\rho}\frac{L}{2}\sqrt{\frac{\frac{n}{2}}{12}}=\frac{m_\beta}{4\rho}L\sqrt{\frac{n}{6}}$$

因为是等边直伸型导线,故从导线起始点、终点到中间点的横向 $u_{中1}$ 与 $u_{中2}$ 是相等的,故中点坐标的平均值的误差为

$$u_{中}=\frac{u_{中1}}{\sqrt{2}}=\frac{m_\beta}{8\rho}L\sqrt{\frac{n}{3}} \tag{4-118}$$

由此可见,它仅为同样的直导线的最大横向误差的 1/8,比只有方向控制(只进行角度平差)的方向符合导线缩小了 1/4。其最大横向误差点不在终点而在中央。

这种导线由量边所引起的纵向误差,其系统的影响随着坐标闭合差的分配已经被消除了,而偶然误差的最大影响也在导线中点。按式(4-99)可得由终点到中点纵线误差为

$$t_{中1} = t_{K2} = \pm a\sqrt{\frac{L}{2}}$$

则中点平均值的纵向误差

$$t_{中} = \pm\frac{t_{中1}}{\sqrt{2}} = \pm\frac{a}{2}\sqrt{L} \tag{4-119}$$

可以看出,它的最大纵向误差比同样的支导线和方向符合导线减少了一半,并由导线末端移到了中点。

从以上分析可知,附(闭)合导线经过平差后,其最大位置误差的点在导线的中央,其精度比同样的支导线提高了很多。因此,对井下导线,应尽可能布设成附(闭)合导线。

3. 平差后导线边的方位角误差

由于井下导线计算所采用的近似平差,在坐标闭合差调整后不再对角度进行改正,因此其方位角误差仍可按式(4-113)估算,即

$$M_{\alpha i} = m_{\beta}\sqrt{\frac{i(n+1-i)}{n+1}}$$

思考题

1. 简述井下平面控制测量的等级、布设和精度要求。
2. 井下全站仪导线有哪几种类型?
3. 井下测量水平角的主要误差来源有哪些?测角方法误差如何估算?
4. 井下测量用全站仪应该进行哪些项目的检验和校正?
5. 何谓“三轴”误差?用正倒镜观察能否消除其对水平角的影响?
6. 井下量边误差的来源是什么?各是什么性质的误差?
7. 量边误差中 a、b 的含义是什么?各取什么单位?其值如何确定?
8. 井下全站仪导线的外业工作内容有哪些?
9. 什么是“三联架”法?如何用“三联架”法进行井下全站仪导线测量?
10. 简述支导线点位误差的估算步骤及方法。
11. 试分析测角误差和量边误差对导线点点位误差的影响。为什么说测角误差对支导线终点的点位误差的影响是重要的?如何提高导线的精度?
12. 起始边方位角误差和起始点点位误差对支导线终点的点位误差的影响如何?

项目五 井下高程控制测量

项目概述

井下高程控制测量主要任务是建立井下高程测量控制网，作为测绘和标定井下巷道、硐室、回采工作面等高程的基础与依据，并为后续的贯通测量工作提供高程基础与依据。本项目主要介绍井下高程控制测量的特点、等级要求，高程网布设形式，高程点的设置；井下水准和导线测量的特点、外业操作方法和内业计算步骤；井下三角高程测量特点、外业操作方法和内业计算步骤及误差分析，为后续巷道施工测量和贯通测量的学习做好铺垫。

学习目标

知识目标：

①能够正确陈述井下高程控制测量的特点、等级要求及遵循的原则；

②能够基本正确陈述井下高程控制网布设形式、高程点的设置要求与原则；

③能够正确陈述井下水准测量的外业工作内容和内业计算步骤，并明确其限差要求；

④能够正确陈述井下三角高程测量的特点、外业工作内容和内业计算步骤，并明确其限差要求；

⑤能基本正确陈述井下水准测量的误差来源、误差的影响规律，以及提高井下水准测量精度的途径。

技能目标：

①熟悉井下作业环境；

②能够熟练操作水准仪和全站仪；

③能够完成井下三角高程测量的外业操作、内业计算和误差分析。

【导入】

2020 年，中国-尼泊尔联合珠峰高程测量过程中实现了我国北斗卫星导航系统首次应用、首次实测珠穆朗玛峰峰顶重力值等多项第一。同时，雪深探测雷达、重力仪、超长距离测距仪等一大批国产现代测量设备纷纷亮相，尤其是在珠穆朗玛峰顶端承担高精度定位任务的国产 GNSS 接收机，其精度高、信号捕获能力强，为精确获得珠峰高度提供了有力保障。2020 珠峰高程测量，展现了中国不断提升的科技实力，展现了新时代中华儿女昂扬向上的精神风貌，展现了中华民族不屈不挠、勇于攀登、不懈探索的民族气魄。

钱营孜煤矿是淮北地区目前设计产能最大的煤矿，该矿地处淮北与宿州交界处，距宿州市西南方向约 15 km。井田地质储量 5. 45 亿 t,可采储量 2. 18 亿 t。设计年生产能力 180 万 t,服务年限 80 余年,配套建有选煤厂,项目总投资约 15 亿元。钱营孜煤矿位于宿州市西南,其中心位置距宿州市约 15 km,行政区划隶属宿州市和淮北市。地理坐标:东经 116°51′00″~117°00′00″;北纬 33°27′00″~33°32′30″。勘查区范围:东起 DF200 断层,西至南坪断层,南以 27 勘探线和 F22 断层为界,北至 32 煤层-1 200 m 等高线地面投影线。采矿许可范围由 45 个拐点组成,矿区面积 74. 123 7 km^2,开采深度-150 m 至-1 200 m 标高。

任务内容:

依据钱营孜煤矿井资料及相关规范标准的要求等,制订该矿井的井下高程控制测量方案,并依据方案完成矿井的井下平面控制测量工作。

【正文】

单元一　井下水准测量

井下高程控制测量就是解决各种采掘工程在竖直方向上的几何问题,具体任务有以下几项:

(1)在井下建立与地面统一的高程系统。

(2)确定井下各主要巷道内水准点与永久点的高程,以建立井下高程控制网。

(3)巷道掘进时,给定巷道在竖直面内的方向。

(4)确定巷道底板的高程。

一、井下高程测量概述

(一)井下高程测量的目的和种类

井下高程测量的目的是建立井下高程控制系统、标定和检查巷道的坡度、确定巷道及矿体在竖直面内的投影位置,指导矿井采掘施工,为各种矿图的绘制提供依据,同时为确定井下和地面的几何关系提供高程依据。

井下高程测量通常分为井下水准测量和井下三角高程测量。一般而言,在水平巷道(巷道倾角小于 8°)中采用水准测量,在倾斜巷道(巷道倾角大于 8°)中采用三角高程测量。

(二)井下高程点

井下高程点根据使用时间长短的不同,分为临时点和永久点。临时点可用木模打入顶、底板岩石中而成点位或用水泥和水玻璃粘于顶板而成点位。永久点可将专门制作的铁芯再用混凝土浇筑而成。井下高程点设置时应考虑作用方便并选在巷道不易变形的地方,可以埋设在巷道的顶板[见图 5-1(a)]、底板[见图 5-1(b)]和巷道的两帮壁上[见图 5-1(c)]稳固的岩石中,也可以埋设在井下固定设备的基础上。很多时候都是直接用井下导线点作为高程点。一般 300~500 m 设置 1 组,每组高程点至少由 3 个点组成,两高程点间的距离一般为 30~80 m。井下高程点应统一编号,并将点号明显地标注在点的附近。

二、井下水准测量

(一)井下水准测量的外业

井下水准测量的路线布设形式同地面一样,视情况可布设成支路线、附合路线、闭合路

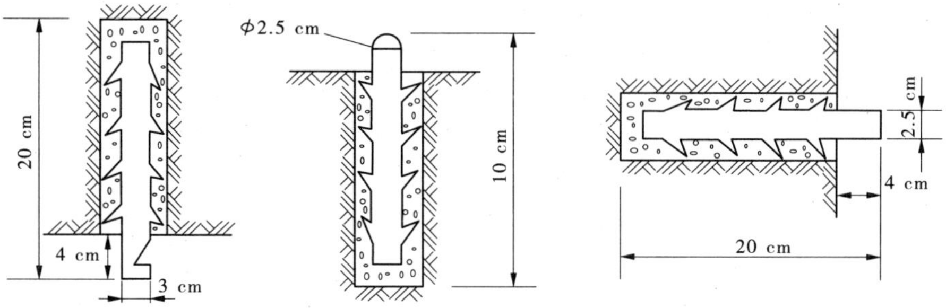

(a)　(b)　(c)

图 5-1　巷道高程点

线三种形式。

井下水准测量可以分为Ⅰ、Ⅱ两个等级进行测量。Ⅰ级水准是为了确定井下主要水平巷道中的高程点和全站仪导线点的高程，一般由井底车场水准点开始，沿主要运输巷道向井田边界敷设；Ⅱ级水准测量的精度较低，作为Ⅰ级水准点的高程加密，主要是为了满足矿井日常生产的需要，例如绘制巷道纵断面图，检查巷道掘进和运输线路的坡度，以及确定临时水准点和其他更低精度水准点的高程。Ⅱ级水准路线一般布设在Ⅰ级水准点间和次要巷道中。

在井下主要的水平巷道掘进时，同时作为对Ⅱ级水准测量的检核。在掘进次要巷道时，因其精度要求不高，故只需进行Ⅱ级水准测量即可。

井下水准测量一般使用 DSZ3 型水准仪，由于井下巷道的高度限制，一般使用长度为 2 m 以内的水准尺或者是能进行长短调节的塔尺。井下水准测量施测时，水准仪置于两水准尺之间，前、后视距离大致相等，以消除水准管轴与视准轴不平行所产生的观测误差。视线长度一般为 15~40 m。观测中采用双面尺或两次仪器高的方法进行检核。Ⅰ级水准测量中，两次仪器高法所测的高差互差不应大于 4 mm，Ⅱ级水准测量不应大于 5 mm。井下水准路线的高程允许闭合差应符合表 5-1 中限差要求。另外，井下水准测量，因自然环境条件的不同，有两点区别于地面水准测量的地方需要作业人员特别注意：一是井下巷道中没有自然光的照明，在观测的过程中立尺员需用矿灯对水准尺进行照明，否则无法照准和读数；二是井下水准点大多设置在巷道的顶板上，观测时立尺员须倒立水准尺。井下水准测量记录人员除记录清楚井下水准测量记录手簿（见表 5-2）中表头的内容、表中的测站数、点号、前视读数、后视读数等内容外，还应记录清楚立尺点的位置，即在记录中用"┴""┬""├""┤"等符号表示立尺点巷道的顶板、底板、左帮和右帮。

表 5-1　井下水准测量限差

水准测量等级	一站两次高差较差	支水准路线往、返测量的高差不符值	闭（附）合路线的高程允许闭合差
Ⅰ	4 mm	$\pm 50\ \text{mm}\sqrt{R}$	$\pm 50\ \text{mm}\sqrt{L}$
Ⅱ	5 mm	—	—

注：R 为单程水准路线长，以 km 为单位；L 为闭（附）合路线长，以 km 为单位。

井下每组水准点间高差应采用往、返测量的方法确定，如果条件允许，可布设成水准环线,其限差要求见表 5-1 中的规定。

表 5-2 井下水准仪测量记录手簿

工作地点:　　　　　　观测者:　　　　　　水准仪:

日期:　　年　月　日　时　　　　记录者:　　　　　　水准尺:

仪器站	测点	距离/m	觇标			高差/m	高差中数/m	标高/m	测点位置(顶、底、帮)(┬、┴、┤)	巷道全高	测点	草图与备注
			后视/m	前视/m								
				转点	中间点							
	A		-1.312					200.667	┬		A	采用两次仪器高法观测
1			-1.475									
	B		0.877	1.593		-2.905	-2.906	197.761	┴		B	
2			0.729	1.423		-2.898						
	C		-1.091	-1.002		1.879	1.880	199.641	┬		C	
3			-1.214	-1.151		1.880						
	D			-1.213		0.122	0.122	199.763	┬		D	
				-1.336		0.122						

当一个水准路线段施测完毕,应及时在现场检查记录手簿。检查的内容有:表头的记录是否齐全,两次仪器高(或者双面尺)测得的高差是否超限,水准点位于顶、底板位置记录是否有误,等等。

(二)井下水准测量的内业

井下水准测量的内业工作主要是计算出各测点间的高差。井下水准测量两测点间的高差计算公式和地面水准测量一样,即 $h=a-b$,其中 h 为两测点间的高差,a 为后视读数,b 为前视读数。

井下水准测量与地面不同的是,水准点有的位于巷道顶板,有的位于巷道底板,其高差计算时就可能出现如图 5-2 所示的 4 种情况。

(1)水准点均位于巷道底板时,如图 5-2(a)所示,其高差为

$$h = a_1 - b_1 \tag{5-1}$$

(2)水准点位于巷道顶板时,如图 5-2(b)所示,其高差为

$$h = -a_2 + b_2 = (-a_2) - (-b_2) \tag{5-2}$$

(3)后视点位于巷道顶板、前视点位于巷道地板时,如图 5-2(c)所示,其高差为

$$h = -a_3 - b_3 = (-a_3) - b_3 \tag{5-3}$$

(4)后视点位于巷道底板、前视点位于巷道顶板时,如图 5-2(d)所示,其高差为

$$h = a_4 + b_4 = a_4 - (-b_4) \tag{5-4}$$

井下水准测量,一定要记住的是,当立尺点位于巷道顶板时,水准尺须倒立。从上述的 4 种情况可知,水准尺倒立时,其尺上读数记录为负值,则式(5-1)不需要做任何变化,即可用此式计算出正确的高差,见表 5-2 中高差一列的计算结果。

若是支水准单程路线,当求得各点间高差并符合限差要求后,即可根据起始点的高程和

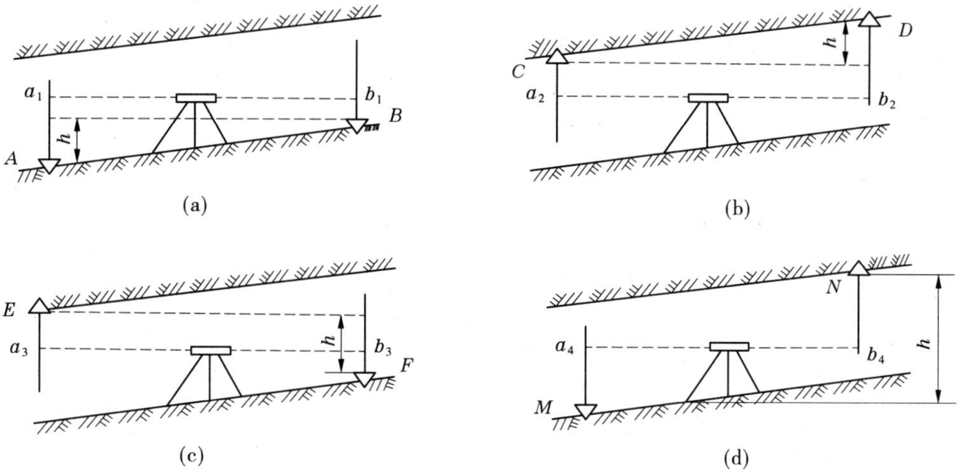

图 5-2　井下水准测量

两次仪器高法(或双面尺法)所测得的高差中数直接计算各待求水准点的高程。若是闭合路线或附合路线,还要将高程闭合差进行平差后,才可以计算各待求点的高程。

(三)井下水准测量的误差

1. 井下水准测量误差的主要影响因素

井下水准测量和地面水准测量一样,在施测的过程中也是要产生误差的。为了使测量工作更好地满足井下采矿工程的需要,评定水准测量的精度时,应该对井下水准测量的误差进行分析。井下水准测量误差,通过实践证明,主要影响因素有如下 4 个方面:

(1)水准仪的视准轴与视准管轴不平行产生的瞄准误差。

(2)水准仪整平的误差。

(3)在水准尺上读数时的估读误差和水准尺的分划误差。

(4)外界条件的影响,如巷道中的气流及空气的透明度、水准尺读数时的照明度、水准尺的倾斜及观测过程中仪器的下沉等方面的影响。

以上因素对水准测量的精度影响集中反映在对水准尺的读数上,如果以 m_0 表示各种因素影响而产生的读数误差,用 m_1、m_2、m_3、m_4 表示上述 4 个方面误差对读数的影响,则根据偶然误差的规律有:

$$m_0^2 = m_1^2 + m_2^2 + m_3^2 + m_4^2 \tag{5-5}$$

实际上对式(5-5)中某些项的估算是较难的,如对 m_3 和 m_4 的估算是很困难的。为了讨论问题的方便,往往采用等影响的方法进行估算误差,对本问题,可以设 m_3 和 m_4 的总影响等于 m_1 和 m_2 的总影响,为此可得如下表达式,即

$$m_0 = \pm 2\sqrt{m_1^2 + m_2^2} \tag{5-6}$$

水准仪望远镜瞄准误差 m_1 与瞄准的角量误差有关,望远镜的角量误差可用 $m_v = 60''/v$ 计算,式中 v 为望远镜放大倍数。这样,当水准仪距水准尺长度为 l 时,由角量误差引起的读数误差为

$$m_1 = \frac{m_v}{\rho} l = \pm \frac{60''}{\rho v} l \tag{5-7}$$

水准管气泡居中误差与水准管的分划值及观测气泡居中的方法有关,如果 τ 表示水准管的分划值,当根据水准管的刻划线使气泡居中时,气泡居中的角量误差为 $m_\tau=\pm0.15\tau$,当采用符合水准器使气泡居中时,$m_\tau=\pm(0.04\sim0.1)\tau$。现在生产的水准仪一般采用符合水准器,故由此引起的读数误差为

$$m_2=\frac{m_\tau}{\rho}l=\pm\frac{0.1\tau}{\rho}l \tag{5-8}$$

在实践工作中,如果已知水准仪的放大倍数 v,水准管的分划值 T 以及测量值时仪器至立尺的距离,则可根据式(5-6)~式(5-8)估算出各种因素影响对读数产生的中误差的大小。

2. 井下支水准路线终点的高程误差

由已知高程的水准基点 A 开始,测设一条支水准路线,共观测 n 站,则得路线终点 K 的高程为

$$H_K=H_A+h_1+h_2+\cdots+h_n \tag{5-9}$$

因每站观测高差均是独立的,根据误差传播定律,终点 K 的高程差为

$$m_{H_K}^2=m_{H_A}^2+m_{h_1}^2+m_{h_2}^2+\cdots+m_{h_n}^2 \tag{5-10}$$

当井下各测站的距离大致相等时,各段高差的中误差也应该大致相等。高差中误差可以根据前、后尺上的读数中误差算出,根据高差计算公式 $h=a-b$,应用误差传播定律,得各段高差的方差为

$$m_h^2=m_0^2+m_0^2=2m_0^2 \tag{5-11}$$

将式(5-11)代入式(5-10)后,得:

$$m_{H_K}^2=m_{H_A}^2+nm_h^2=m_{H_A}^2+2nm_0^2 \tag{5-12}$$

式中　n——测站数。

如果不考虑起始点 A 高程中误差的影响,则支水准路线终点高程中误差仅由观测高差中误差引起,误差为

$$m_{H_K}=\sqrt{n}\,m_h=\sqrt{2n}\,m_0 \tag{5-13}$$

井下支水准路线应进行往、返观测,因此终点 K 两次观测的算术平均高程的误差为

$$m_{H_{K(平)}}=\frac{m_{H_K}}{\sqrt{2}}=m_0\sqrt{n} \tag{5-14}$$

根据式(5-13)即可求得支水准路线终点的高程中误差,由式(5-14)可求得高程算术平均值的中误差。

【技能训练】

井下水准测量实训

一、实训目标

掌握井下水准测量的立尺、照明、观测及记录计算方法。

二、仪器工具

(1)每组借 DSZ3 型水准仪 1 台,脚架 1 副,单节 1.5 m 长双面塔尺 2 根,井下水准测量

记录表格 4 张,每位学生借矿灯 1 盏,安全帽 1 顶。

(2)学生自备记录用铅笔 2 支,小刀 1 把,草稿纸若干。

三、实训地点及人员组织

实训地点:矿井内水平巷道中。以小组为单位施测一条附合水准路线,起止于矿井的已知高程点。

人员分工:4 人 1 组,2 人司尺,1 人记录,1 人观测。

四、实训步骤

在每一站上的操作步骤及做法如下:

(1)观测员将仪器安置在前、后两标尺的中间位置,整平仪器,目镜对光。

(2)立尺员在已埋设好的水准点上立尺,用矿灯将欲观测的一面照亮。注意:点若位于顶板上,则水准尺要倒立,且要竖立。

(3)记录员要做好记录的准备工作,填记好记录表头内容、测站及前、后视点名等内容。

观测员将用水准仪望远镜照准后视标尺,调焦看清尺面后,慢慢转动微倾螺旋,使管水准仪气泡符合;读取中丝度数。

记录员将度数回报,在默认无误后记入记录表格中后视读数列中,同时用符号记录清楚立尺点位于顶、底板的位置。

观测员打开水准仪水平制动螺旋,瞄准前视标尺,按照同样的方法用中丝读取前视尺读数。记录员回报读数,经默认无误后记入表格中,同时确认立尺点位置并记入表格。采用变动仪器高的方式,再按上述步骤进行观测和记录,此时不能立即搬站。

记录员根据两次仪器高的观测算出 2 次高差,并做比较,若其差值不超过 5 mm,可指示观测员搬站。记录员应在搬站前计算出本站所测高差之平均值。

(4)按既定步骤及方法依次完成本符合水准路线其他站的测量工作,直至终点。

五、本次实训基本要求

(1)本技能训练按井下二级水准的要求进行。

(2)每位同学必须轮流进行观测、立尺和记录计算等工作。

(3)要学会用“灯语”进行测量过程中的联系沟通,如要求照亮立尺,观测员可不停晃动灯;观测结束可用灯绕圈示意等。

(4)观测结束后,应立即算出高差 $f_h=\sum h_i-(H_B-H_A)$,$f_{h允}=\pm100\sqrt{L}\,\text{mm}$,其中 L 为路线长(以 km 为单位)。当 $f_h<f_{h允}$ 时,观测成果合格;否则,应重测。

(5)路线长可在每一站观测结束时用读取视距的方式获得。

六、本次实训提交资料

(1)每组提交 1 份合格记录资料。

(2)每人提交 1 份训练报告。

单元二　井下三角高程测量

井下三角高程测量一般用在倾斜巷道(坡度大于8°)中,可在井下主要巷道掘进过程中,施测全站仪导线时用于初步确定导线点的高程。井下三角高程测量的原理和施测方法与地面大致相同,即用全站仪测出测站点之前视点间视线的竖直角,用钢尺量距或光电测距的方法获得两点间的倾斜边长,在量得仪器高和目标高后,就可计算出测站与前视点间的高差,再结合其中一点的已知高程计算另一点的高程。在一般情况下,井下三角高程测量是和井下全站仪导线测量一起进行的,故又称三角高程测量为高程导线。

一、井下三角高程测量的施测与计算

如图5-3所示,安置全站仪于点 A,量取仪器高 i,在点 B 悬挂垂球。用全站仪望远镜瞄准 B 点处悬挂的垂球线上的标志 b 点,读取竖直度盘读数,计算出竖直角 δ,测出(丈量)仪器中心到 b 点的距离 S,再量出觇标高 ν,即完成井下巷道中的三角高程测量的外业工作。

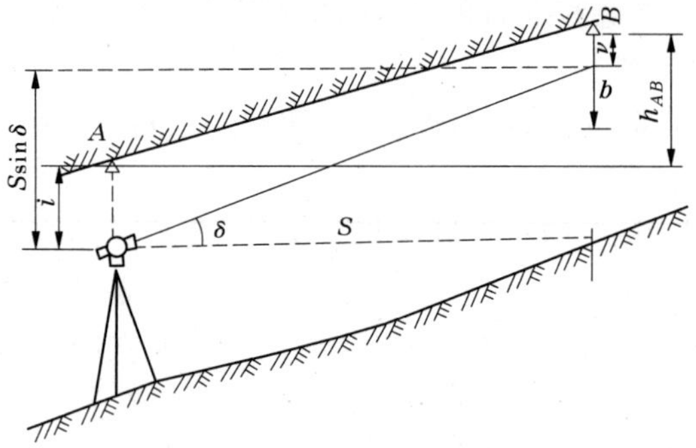

图5-3　井下三角高程测量

由图5-3中可见,A、B 两点均位于巷道顶板上,其仪器高和觇标高与地面的丈量方法不同,均是由点从上向下量取。直观上 A、B 两点间的高差可由下式算出:

$$h_{AB} = S\sin\delta - i + \nu \tag{5-15}$$

这与地面三角高程测量计算高差的公式的区别在于 i、ν 前面的符号的不同。若将式(5-15)略作变化,即

$$h_{AB} = S\sin\delta + (i) - (-\nu) \tag{5-16}$$

同时,再定义从顶板向下量的仪器高和觇标高均以负值代入高差的计算公式,则式(5-16)即可演变为

$$h_{AB} = S\sin\delta + i - \nu \tag{5-17}$$

可见,式(5-17)已与地面三角高程测量的高差计算公式一样,但一定要记住的是,当高程点位于巷道顶板上时,所量的仪器高和觇标高以负值代入式中计算。δ 的符号则和地面测量时一样,仰角为正,俯角为负。

三角高程测量的竖直角的作业要求见表5-3。量取仪器高时,为了丈量的方便,可将仪器望远镜竖直,然后用小钢卷尺量出测点至望远镜上中心的垂直距离。觇标高的丈量亦用小钢尺从挂垂球点向下量至望远镜中丝所切标志处的垂直距离,仪器高和觇标高应在观测开始时和观测结束时各量一次,两次丈量的互差不得大于 4 mm,取其平均值作为最后结果。

表 5-3 竖直角观测精度

观测方法	2″级仪器			6″级仪器		
	测回数	垂直角互差	指标差互差	测回数	垂直角互差	指标差互差
对向观测(中丝法)	1	—	—	2	25″	25″
单向观测(中丝法)	2	15″	15″	2	25″	25″

基本控制导线的三角高程应进行往、返观测的高差互差和三角高程闭合差应不超过表 5-4 中的限差要求,当高差的互差符合要求后,往、返测高差的平均值作为最后的结果。采区控制导线的三角高程测量不需往、返观测。

表 5-4 三角高程测量限差

相邻两点往、返测高差的允许互差/mm	三角高程允许闭合差/mm
$10+0.3l$	$\pm100\sqrt{L}$

注:l 为导线水平边长,以 km 为单位;L 为导线长度(复测支导线为两次测量导线的总长度),以 km 为单位。

闭合和附合高程路线的闭合差的分配方法是:按边长成比例反号分配。将高差改正后,再根据起始点的高程和改正后的高差依次计算点的高程。复测支导线的高程时,可取两次测量高差的平均值作为最后的结果。

二、井下三角高程测量的误差

(一)高差的中误差

井下三角高程测量的误差来自 4 个方面,即竖直角观测、边长测量、仪器高测量和觇标高测量。由井下三角高程测量高差的计算式(5-13)根据误差传播定律有

$$m_n^2 = \frac{\partial h}{\partial S} m_S^2 + \left(\frac{\partial h}{\partial \delta}\right)^2 m_\delta^2 + \left(\frac{\partial h}{\partial i}\right)^2 m_i^2 + \left(\frac{\partial h}{\partial \nu}\right)^2 m_\nu^2 \tag{5-18}$$

式(5-18)中,各观测的值的偏导数为

$$\frac{\partial h}{\partial S} = \sin\lambda, \frac{\partial h}{\partial \delta} = \cos\delta, \frac{\partial h}{\partial i} = 1, \frac{\partial h}{\partial \nu} = 1 \tag{5-19}$$

将这些偏导数值代入式(5-18)中,得:

$$m_n^2 = (\sin\delta)^2 m_S^2 + (S\text{con}\delta)^2 \frac{m_\delta^2}{\rho^2} + m_i^2 + m_\nu^2 \tag{5-20}$$

从式(5-20)可知,测边误差对高差的影响随着竖直角的减小而减小,当竖直角等于零时,该项对高差的影响也为零;竖直角误差对高差的影响则和测边误差的影响相反,当竖直角为零时,该项的影响达到最大值。为此,在三角高程测量中,为了控制高差的大小,当竖直角较大时,应注意提高测边的精度;当竖直角较小时,应注意提高竖直角观测的精度。在测量仪器高 i 和觇标高 ν 时,读数要读到毫米位,严格粗差的出现。

(二)支线终点高程的误差

三角高程测量支线从起点 A 开始,计算终点 K 的高程计算式为

$$H_K = H_A + \sum_{i=1}^{n} h_i \tag{5-21}$$

根据误差传播定律,终点 K 相对于起点 A 的高程计算式为

$$m_{H_K}^2 = \sum_{i=1}^{n} m_{H_i}^2 \tag{5-22}$$

如果三角高程线路中,每一段高差均往、返观测,而终点 K 的高程是取往、返测的高差平均值计算得到的,因此终点高程中误差则为

$$m_{H_{K平}} = \frac{m_{H_K}}{\sqrt{2}} \tag{5-23}$$

【技能训练】

井下三角高程测量实训

一、实训技能目标

掌握井下三角高程测量观测、手簿记录,以及高差、高程的计算方法。

二、实训仪器工具

(1)每组全站仪1台,单棱镜觇标1个,脚架2副,垂球2个,小钢卷尺2个,井下三角高程测量记录表格4张,每位学生借矿灯1盏,安全帽1顶。

(2)学生自备记录用铅笔1支,小刀1把,草稿纸若干。

三、实训地点及人员组织

(1)实训地点:矿井内倾斜巷道中。以小组为单位施测一条三角高程往、返路线,起始于矿井内的已知点上。

(2)人员分工:3人1组,1人司前视,1人记录,1人进行全站仪观测。

四、实训步骤

(一)外业观测与记录

井下三角高程测量在每一组上的外业操作步骤及做法如下:

(1)观测员将全站仪安置在已知点上,进行对中、整平后,量取仪器高 i,告诉记录员。然后输入棱镜常数和气象改正数,同时做好观测的准备工作。

(2)打前视的同学在前视点(在巷道顶)下方安置反射镜,用点下吊垂球的方式将反光镜对中。量取点位至棱镜中心的垂直距离作为觇标高并告诉记录员,用矿灯将棱镜照亮。

(3)记录员做好记录的工作,填写好记录表头、测站、前视点名等内容,将仪器高 i、觇标高 v 记入观测手簿。

(4)观测员置全站仪于盘左镜位,用望远镜照准井内前视点上的反光镜,按角度测量键后读取竖直度盘读数;再按距离测量键后,按F1,读取斜距、水平距离、竖直距离记入观测手簿。

(5)记录员将读数回报,经默认无误记入记录表格中,同时记录清楚前视点位于顶底板

的位置情况。

(6)观测员打开全站仪水平制动螺旋,置仪器于盘右镜位,用望远镜瞄准反光镜,按上述观测步骤,读取竖直度盘读数,平距、斜距、高差记入手簿。

(7)记录员回报读数,经默认无误后记入表格中,同时确认前视点位置并记入表格。

(8)观测员,司前视再次量取仪器高和觇标高,告诉记录员;记录员计算上、下半测回竖直角及指标差,并与相应规范要求比较,若不符合要求,则告诉观测员及前视,不能立即搬站,进行重测。

(9)若观测符合要求,则全站仪迁至下一站安置,按上述操作步骤及方法完成对前视点的测量工作,直至终点。

(10)往测完成后,自终点向起点方向按照同样的方法进行返测,直至结束。

(二)内业计算

(1)按三角高程的计算公式 $h_{AB}=S\sin\delta+i-v$ 计算高差。

(2)分别按对象观测计算各段高差平均值后,再计算各点的高程。

五、实训基本要求

(1)每位同学必须轮流进行观测、后视竖棱镜和记录等工作。

(2)要学会用“灯语”进行测量过程中的联系沟通,如要求照亮棱镜,观测员可不停晃动灯;观测结束可用灯绕圈等。

(3)仪器高、觇标高量至毫米。

(4)竖直角互差和竖盘指标差均按±25″要求。

(5)三角高程测量限差应满足表 5-4 的要求。

六、提交资料

(1)每组提交 1 份合格记录资料。

(2)每人提交 1 份训练报告。

单元三　井下导线测量的误差及精度分析

井下高程测量不论是水准测量还是三角高程测量,其网形布设形式都有闭合路线、附合路线和支路线三种形式。另外,由于井下巷道的特点,在同一路线中,有的路线段采用的是水准测量,另一段则可能为三角高程测量,因此就产生了三角高程测量与水准测量联合平差的问题,下面就几种单个高程路线的平差问题予以介绍。

一、井下高程路线的平差

(一)单一水准路线的平差

对同一路线的水准测量,其测量等级、所用仪器和精度要求都应该一样,故各站高差也是等精度的。对于这种单一的水准路线,由于路线单一,计算相应则简单,故其平差的做法是:将高程闭合差反号按测站数平均分配到各站观测高差上,以此消除高程闭合后,再计算各高程点的高程平差值。单水准路线平差计算步骤如下所述。

1. 高程闭合差的计算

(1)闭合水准路线的高程闭合差：

$$f_h = \sum_{i=1}^{n} h_i \tag{5-24}$$

式中 f_h——高程闭合差；

h_i——第 i 站观测高差；

n——测站数。

(2)附合水准路线的高程闭合差：

$$f_h = \sum_{i=1}^{n} h_i - (H_{终} - H_{起}) \tag{5-25}$$

2. 各站高差改正数的计算

$$v_i = -\frac{f_h}{n} (i = 1,2,3,\cdots,n) \tag{5-26}$$

式中 v_i——第 i 站观测高差改正数。

3. 高差平差值的计算

$$\hat{h} = h_i + v_i \tag{5-27}$$

对于往、返观测的支水准路线，则取往、返测的高差平均为高差的平差值。

(二)单一三角高程路线的平差

井下巷道，一般而言，同一巷道的坡度是一定的，故在进行测量时，其边长和各点观测的竖直角也可控制在一定的大小范围内，不至于相差过大，在这种情况下，进行三角高程测量平差时，不论是闭合路线还是附合路线，其方法和步骤仍旧可按上面所述的井下水准测量的做法进行，即将高程闭合差反号按测站数平均分配给各站的观测高差。

当三角高程路线上各站的观测高差精度不同时，在平差中就应该顾及观测高差的权，高程闭合差的分配也就不能按上面所进行的简单平均分配，而应该按下面的改正数计算公式进行分配闭合差，即

$$v_{hi} = -\frac{f_h}{\sum_{i=1}^{n} m_{hi}^2} \times m_{hi}^2 \quad (i = 1,2,3,\cdots,n) \tag{5-28}$$

式中 m_{hi}——第 i 段观测高差中误差。

可见，当各观测高差精度不同时，其高差改正数是与观测高差的方差成正比的。

若在三角高程观测的过程中，其观测倾角大致相等，但各边的长度相差过大，则边长就成为影响高差误差变化的主要因素，那么，不论是在闭合路线还是附合路线的平差计算中，其高差改正数都应遵循将闭合差按边长比例反号分配的原则计算，即各段高差改正数的计算式为

$$v_i = -\frac{f_h}{\sum_{i=1}^{n} L_i} \times L_i \quad (i = 1,2,3,\cdots,n) \tag{5-29}$$

式中 L_i——第 i 段路线斜长。

对于复测支线终点的高程，应取两次测量的平均值。

(三)水准路线与三角高程路线的联合平差

某一闭合高程路线是由上、下两平巷中的水准路线和两下山斜巷间的三角高程路线组成的，如图 5-4 所示。整个闭合路线的高程闭合差为

$$f_h = h_{AB} + h_{BC} + h_{CD} + h_{DA} \tag{5-30}$$

式(5-30)中，4 段高差的观测精度一般是不一样的，此时计算各段观测高差改正数可按式(5-28)进行，即

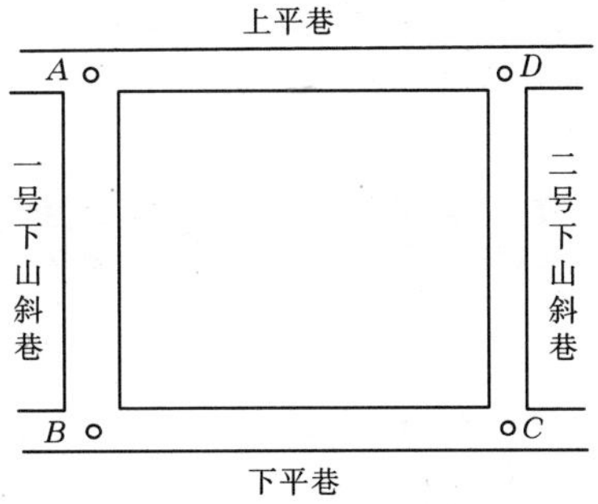

图 5-4　高程测量线路

$$v_{h_{AB}} = -\frac{f_h}{\sum_{i=1}^{4} m_{hi}^2} \times m_{h1}^2, v_{h_{BC}} = -\frac{f_h}{\sum_{i=1}^{4} m_{hi}^2} \times m_{h2}^2$$

$$v_{h_{CD}} = -\frac{f_h}{\sum_{i=1}^{4} m_{hi}^2} \times m_{h3}^2, v_{h_{DA}} = -\frac{f_h}{\sum_{i=1}^{4} m_{hi}^2} \times m_{h4}^2$$

计算出以上 4 个高差改正数后，将其加到相应的观测高差上去，即得到高差平差值为

$$\hat{h}_{AB} = h_{AB} + v_{h_{AB}}, \hat{h}_{BC} = h_{BC} + v_{h_{BC}}$$

$$\hat{h}_{CD} = h_{CD} + v_{h_{CD}}, \hat{h}_{DA} = h_{DA} + v_{h_{DA}}$$

最后，根据已知点 A 的高程和各段高差平差值，便可计算出未知高程点 B、C、D 的高程。

思考题

1. 井下高程测量的目的和任务是什么？
2. 简述井下高程测量的基本要求。
3. 井下高程水准点应如何布设？简述点的结构及埋设方法。
4. 井下水准测量的外业如何进行？如果测量的点的位置不同，如何合理地选用计算公式？请绘图说明。
5. 井下三角高程的实测条件和精度如何？是如何施测与计算的？为什么三角高程测量一般与全站仪导线同时进行？
6. 井下水准测量的误差来源分别有哪几种？如何评定井下水准点的精度？
7. 如何评定井下三角高程的精度？怎样才能让三角高程点的精度得以提高？

项目六　巷道及回采工作面测量

项目概述

本项目主要介绍井下的平巷、斜巷、竖巷等多种掘进工作面巷道及采煤工作面测量的原理、内容和方法。

学习目标

知识目标：

①能正确陈述井下巷道中线、腰线的标定方法；

②能正确陈述所使用测量仪器的操作步骤；

③能正确陈述采煤工作面测量的内容和方法。

技能目标：

①能熟练使用矿用全站仪标定各种巷道的中线、腰线；

②能熟练使用水准仪标定水平巷道的腰线；

③能使用罗盘仪标定次要巷道的中线；

④能使用半圆仪标定次要巷道的腰线；

⑤能结合采区和回采工作面的实际需求，使用全站仪、罗盘仪和半圆仪完成测量工作。

【导入】

党的二十大报告提出“推动绿色发展，促进人与自然和谐共生。”“积极稳妥推进碳达峰碳中和。”“完善能源消耗总量和强度调控，重点控制化石能源消费，逐步转向碳排放总量和强度‘双控’制度。推动能源清洁低碳高效利用……深入推进能源革命，加强煤炭清洁高效利用……加快规划建设新型能源体系，统筹水电开发和生态保护，积极安全有序发展核电，加强能源产供储销体系建设，确保能源安全。”

某煤矿现有掘进工作面15个，其中岩石掘进工作面9个，煤巷掘进工作面6个。掘进方式有钻眼爆破，综合机械化掘进。支护形式有单体液压支柱、掩护式支架、柔掩支护、锚杆支护、木支护。采煤方法有综合机械化采煤法、高档普采采煤法、壁式炮采、水平分层悬移支架放顶煤采煤法、斜坡后退陷落采煤法。采煤工作面有6个，其中综合机械化采煤法2个，高档普采采煤法1个，壁式炮采1个，水平分层悬移支架放顶煤采煤法1个，斜坡后退陷落采煤法1个。生产水平有+450 m水平、+330 m水平、+250 m水平。通过巷道与工作面测量保证每个掘进工作面按设计要求掘进，验收巷道掘进的质量和进度，把已掘进的巷道位置测绘到图纸上，测定采矿工程的特征点。

【正文】

单元一　巷道中线标定

直线巷道中线的标定

为了保证矿井均衡和安全生产，要按照采矿工程设计在井下掘进大量巷道，并在采煤工作面进行采煤。矿山测量的主要任务是在施工人员的密切配合下，进行巷道和采煤工作面测量，以保证巷道按设计的几何关系进行施工，及时提供反映矿井生产状况的图纸资料和有关信息。其任务包括：

(1) 根据采矿工程设计标定巷道掘进的方向和坡度，并随时检查和纠正。通常标定巷道在水平面内的掘进方向，称为标定中线。标定巷道在竖直面内的掘进方向称为标定腰线，简称给中腰线。

(2) 在巷道掘进过程中，及时、准确地测绘巷道的实际位置，检查其几何关系的正确性，并将测量结果填绘在有关的图纸上，称为填图。

(3) 定期测绘采煤工作面实际位置，进行巷道进尺、规格质量等的验收测量。

一、概述

井下巷道在水平面投影后得到的几何中心线称为巷道中线，它体现了巷道在水平面内的方向。标定巷道中线就是按采矿工程的设计要求给定巷道在水平面内的方向。标定中线之前必须做好准备工作，然后到井下进行中线的实地标定、延长和检查。

井下主要巷道是根据矿井的总体设计决定的，但在施工过程中还要根据具体情况做修改，采区巷道更需要根据已有巷道和地质变化情况逐步做出施工设计。测量的任务就是要把图上设计的巷道，随着巷道掘进的过程逐步地标设于实地。

二、中线标定前的准备工作

(一) 检查设计图纸

测量人员拿到巷道设计图纸后，必须先了解巷道的用途、该巷道与其他巷道的几何关系，检查和验算设计的角度和距离是否满足这些几何关系，检查图纸中尺寸和注记的数字是否相符。然后根据巷道的用途和重要性，确定测量方法和精度要求。对主要巷道的中线，必须使用全站仪标定，对精度不高的次要巷道可以用罗盘仪标定。

(二) 计算标定数据

巷道中线的标定数据一般为距离和指向角，根据巷道具体情况的不同，其数据的计算和取舍略有不同。

首先，要了解所开巷道附近有无已知的测点，若有且经检查测点可靠后，可利用这些测点的坐标计算标定数据。若附近没有测点，则需用从别处引测导线后，再用引测的资料计算标定数据。下面将针对具体的巷道情况说明标定数据的计算。要注意的是，所用测点和资料必须对应，计算结果务必正确，不能用错、算错，否则，将铸成大错。

三、标定巷道开切点和掘进方向

标定巷道开切点和掘进方向的工作习惯上称为“开门子”。在图 6-1 中，虚线表示设计的掘进巷道,A—B 为巷道的中线;104 点、105 点为原有巷道的导线点。如果设计部门提供的设计图纸上没有标出导线点,测量人员要根据导线点的坐标将点展绘在图纸上。从图上可量出 104 点到 A 点的距离 L_1 和 105 点到 A 点的距离 L_2,且 L_1+L_2 应等于 104—105 导线边长。同时,量出 104—105 导线与 AB 间的夹角 β,习惯称 β 为指向角。

井下实地标设 A 点和 AB 方向可以采用全站仪法、罗盘仪法和卷尺法三种,下面介绍全站仪法。

全站仪法标定新开巷道中线的方法及操作步骤如下:

(1)在 104 点安置全站仪,照准 105 点,沿此方向由 104 点量取一段距离 L_1,即得到开切点 A,将 A 点在顶板上标定。

(2)量取 A 点到 105 点的距离 L_2 作为检核条件。

(3)将全站仪安置于 A 点,后视 104 点,水平度盘置零后用正镜拨 β 角,这时望远镜视线的方向,就是巷道掘进的方向。在此方向上的顶板固定一个点 2,180°倒转望远镜在其延长线上再固定一个点 1,点 1、A、2 三点组成了一组中线点,即可指示巷道开切的方向。有时为了明显,还可用彩色自动喷漆画出三点的连线。

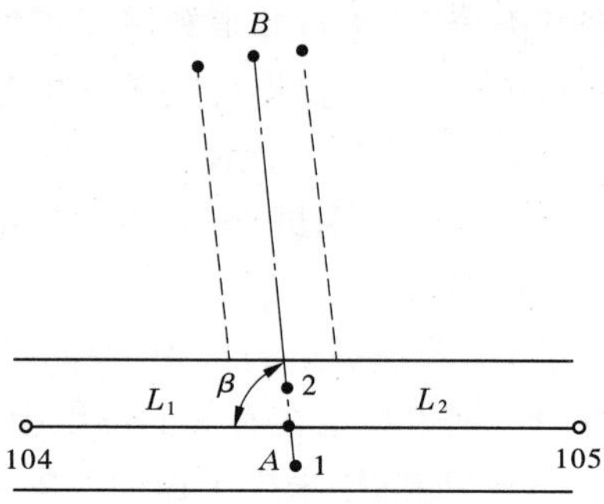

图 6-1　巷道开切点初步给定

(4)使用全站仪在标设完成巷道开切的方向以后,应在 A 点重新架设仪器使用测回法实测∠104-A-B,检核实测角度值与待放样的指向角 β 之间的差值是否满足限差要求。

四、标定直线巷道的中线

巷道开掘之后,最初标设的中线点一般容易被放炮所破坏或发生变位,当巷道掘进 5~6 m 后,就应当再次使用全站仪重新标定一组新的中线点。

全站仪法标定直线巷道中线的方法及操作步骤如下:

(1)检查开切点 A 是否存在或是否发生变位,标定或检查时要在 A 点重新安置仪器和丈量距离。

(2)检查无误后,将全站仪安置在 A 点上,如图 6-2 所示,用正倒镜两个镜位给出 β 角。由于仪器和测量有误差存在,正镜给出的 2′点和倒镜给出的 2″点往往不重合,则取其中点 2 作为中线点,可以提高标设的精度。为了避免差错,应重新用一个测回法再实测 β 角,以作检查,其误差应不超过±1′。

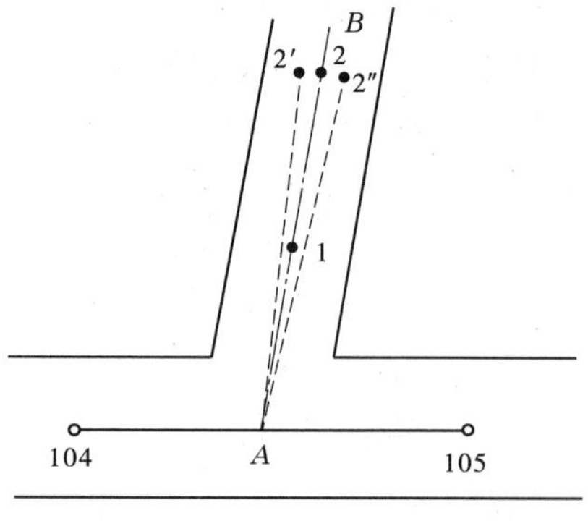

图 6-2　全站仪法标定巷道中线

(3)检查符合要求后,用望远镜瞄准 2 点,在此方向上再设一个点 1。这样由 A、1、2 三点就组成一组中线点,作为巷道掘进的方向。

(4)实际工作中,仪器安置在 A 点不动,往往也在 1、2 号点的反方向(望远镜倒转 180°)再按照上述方法测设一个点 4,防止其他点位移动或破坏。

一组中线一般至少需要标设三个点,这是因为若其中一个点移动,还可以从三点是否在一条直线上而发现问题。当发现中线点移动时,就应该用仪器重新标定,否则巷道方向就会出现差错。有的矿井中线点一组设4个,当发现一个点移动,而另三个点未移动时,这一组点仍可继续使用。各中线点之间的距离不应小于2 m为宜。

主要巷道每掘进30 m左右,次要巷道每掘进40 m左右,应重新标设一组中线点。在标设之前应检查旧的一组中线点是否移动。检查的方法就是看这一组中线点是否仍在同一方向上。当断定前一组中线点没有移动后,安置全站仪,根据指向角标设一组新的中线点。在每组中线点中要选择一点作为临时导线点,标定后要量出两导线点间的距离和导线转角。如果巷道不改变方向,则每次向前标设中线点时,指向角β为180°。

上述导线除标设中线外,还应将巷道的特征点及时测绘到采掘工程平面图上。主要巷道每掘进300~800 m,应测设基本控制导线,既检查临时导线,又检查井下的基本测量控制。

五、直线巷道中线的延长及检查

在巷道掘进过程中,施工人员一般都是以中线为依据进行炮眼布置和支护的,由于巷道按给出的中线方向不断向前掘进,必须及时地延设中线至掘进工作面,供施工人员掌握。延设中线,一般在30 m以内可以用瞄线法或拉线法,由离掘进工作面最近的一组中线点为依据,用三点连直线原理把中线延设至掘进工作面。具体做法如下。

(一)瞄线法延设中线

在延线之前,对原有的一组中线点用"三点一线"的原理检查其可靠性,如确认点位可靠,才可向前延长。如图6-3所示,在原有的一组中线点上各挂一垂球线,测量员甲站在垂球线1后,用眼睛沿1—2—3的方向瞄线,测量员乙持一垂球线在预设中线点6处,用矿灯照明,并左右移动垂球线,直到1、2、3和6点重合在同一条方向线。将点6固定在顶板上,挂上垂球再次检查无误即可。用同样的方法再标定出另外两个中线点4、5。最后检查4、5、6三点是否在同一条直线上。

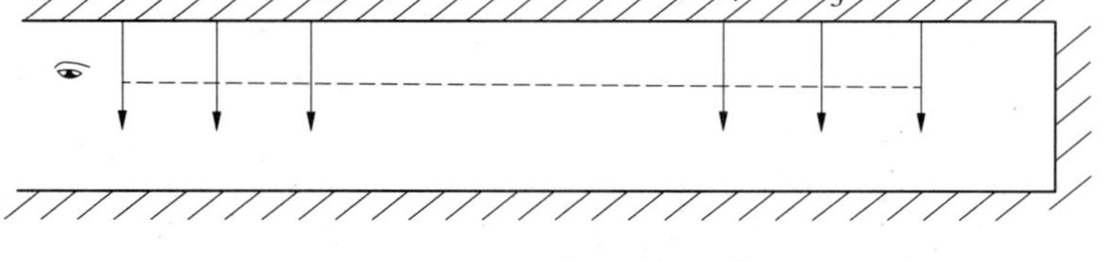

图6-3 瞄线法延设中线

(二)拉线法延设中线

在风流不大的巷道内,也可采用拉线法延设中线。如图6-4所示,在延设前原有一组中线点的可靠性经检查无误后,在1点系一根线绳,测量员甲在点3处观察,测量员乙拉线绳另一端在点6处移动,当线绳与点3处所挂垂球线相切时,将点6固定在顶板上。用同样的方法再标定出另外两个中线点4、5。最后检查新标定的4、5、6三点是否在同一条直线上。

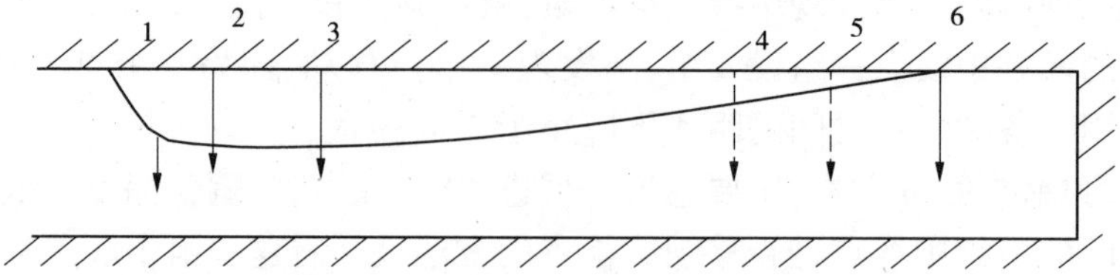

图 6-4　拉线法测设中线

六、全站仪延设中线和检查测量

当主要巷道每掘进 30~40 m 以后,要用全站仪延设一组新中线点,以对拉线法、瞄线法延设的中线进行检查、校正。如图 6-5 所示,C、1、2 为原有的一组中线点,掘进巷道按拉线法或瞄线法所指示的方向向前掘进 30~40 m 后,应用全站仪延设一组新中线点 D、1、2,以保证最前面的中线点至掘进工作面的距离不超过 30~40 m,防止巷道掘偏。这项工作常与全站仪导线施测结合进行。

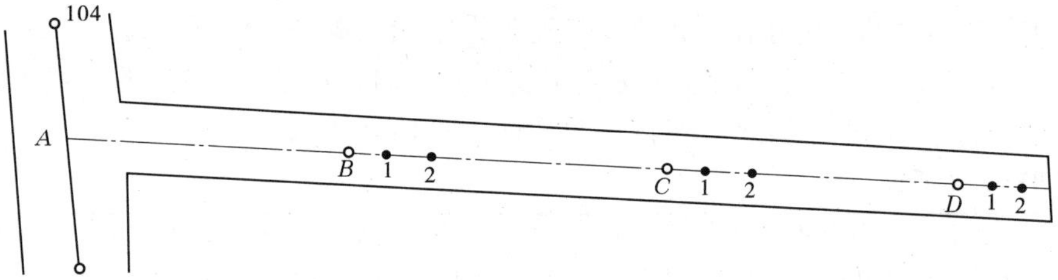

图 6-5　全站仪延设中线

一般延设中线后,在每组中线点中选一个点作为导线点,如图 6-5 中的 A、B、C 点。按采区控制导线的施测精度施测全站仪导线,此项工作也称为导线接测。这是用来检查全站仪延设中线的正确性。如发现原有中线方向偏离了采矿工程的设计方向,应及时根据检查测量结果进行调整。施测导线的同时,还应将已掘巷道测绘到矿图上。应当注意的是,在导线接测前,必须进行导线点位正确性和稳定性的检查,只有两者同时符合要求后,方可由此向前施测。

七、标定曲线巷道的中线

在井下运输巷道方向转弯处或巷道分岔处,都有一段圆曲线巷道相连。曲线巷道设计时,一般要给出圆曲线的起点、终点、曲率半径和中心转角等几何要素。由于曲线巷道的中线是弯曲的,无法像直线巷道那样直接标定和延设,因此必须把圆曲线巷道分成若干段,用分段的弦线代替相应的圆弧线(曲线巷道中心线)给出巷道掘进方向。再求出弦线上各点至巷道两帮的边距,保证巷道按设计要求的规格施工。

曲线巷道中线的标定

标定曲线巷道中线常用的方法是全站仪弦线法。

(一)标定要素的计算

如图 6-6 所示为一条圆曲线巷道,圆曲线的始点为 A,终点为 B,半径为 R,中心角为 α。现用弦线法来代替圆弧中心线,采用等分中心角的方法来计算标设要素。

设将圆曲线 n 等分，则每弦所对圆心角为 $\frac{\alpha}{n}$，弦长为

$$l = 2R\sin\frac{\alpha}{n} \tag{6-1}$$

由图 6-6 可以看出，起点 A 和终点 B 处的转角为

$$\beta_A = \beta_B = \frac{\alpha}{2n} + 180° \tag{6-2}$$

中间各弦交点处的转角为

$$\beta_1 = \beta_2 = \frac{\alpha}{n} + 180° \tag{6-3}$$

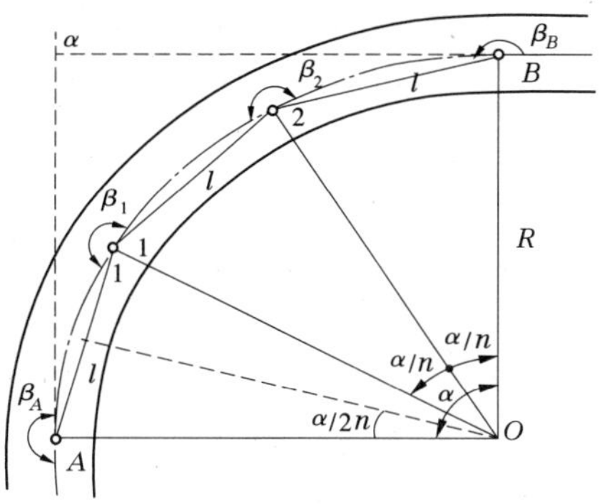

图 6-6 曲线巷道

图 6-6 中所示为转角大于 180°的情况，反之，则上述指向角相应为

$$\beta_A = \beta_B = 180° - \frac{\alpha}{2n} \text{或} \beta_1 = \beta_2 = 180° - \frac{\alpha}{n} \tag{6-4}$$

弦长 l、转向角 β_A、β_B、β_1 称为曲线巷道中线的标定要素，根据这些要素即可在实地标定曲线巷道的中线。

(二) 实地标定

如图 6-7 所示，当直线巷道掘进至圆曲线巷道的起点位置 A 后，先标定出 A 点，然后在 A 点位置安置全站仪，后视直线巷道的中线点 P，测设转向角 β_A，望远镜视线方向即第一分段弦线 A—1 方向。倒转望远镜在已掘巷道中在 A—1 的反方向线上标出中线点 a'、a''，则 a'、a''、A 三点组成一组中线点，指示 A—1 段巷道掘进。当巷道掘至 1 点位置时，在 A 点安置全站仪，后视 P 点定向，拨角 β_A，标出 A—1 方向，在 A—1 方向上量取弦长 l 标定出 1 点，并将其固定在巷道顶板上。然后将仪器安置于 1 点，后视 A 点定向，拨角 β_1，此时望远镜视线方向即为第二段弦线 1—2 的方向。以此类推，直至圆曲线巷道的终点 B。

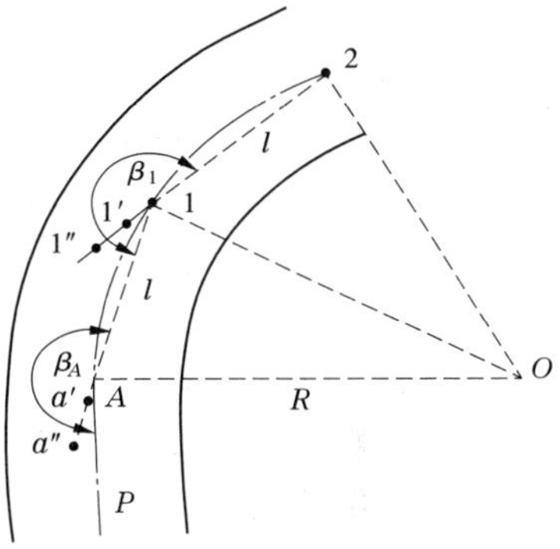

图 6-7 曲线巷道标定中线

八、施工大样图的绘制

为配合施工部门按采矿工程设计规格施工，测量人员应以 1:50 或 1:100 的大比例尺绘制标有巷道两边与分段弦线相对位置的图纸，称为边距图。

(一) 半径法

当弯曲巷道部分采用金属、水泥或木支架支护时，巷道可按圆曲线半径方向给出边距，如图 6-8(a) 所示。这样，测量人员只需按上述方法标定出弦线方向，施工部门则按边距图来组织施工，掌握巷道规格质量。

(二) 垂线法

一般情况下，当弯曲巷道部分采用砌碹时，巷道的边距按垂直于弦线方向量取绘制大样图，如图 6-8(b) 所示，称为垂线法。绘制方法是沿弦线每隔 1 m 做弦的垂线，然后从

图 6-8(b)上量取弦线到巷道两帮的距离,并将数值注在图上,以便施工。

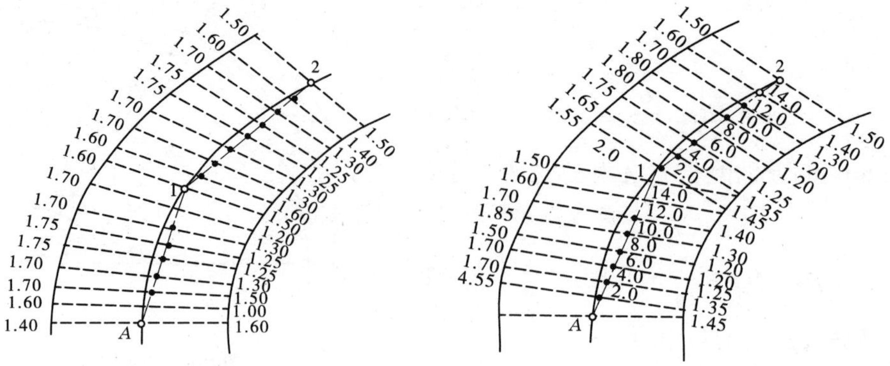

(a)半径法　　(b)垂线法

图 6-8　施工大样图

单元二　巷道腰线标定

巷道腰线的标定

一、概述

为了运输、排水及其他技术上的需要,井下巷道在采矿工程设计时都给出了一定的坡度(平巷)或倾角(斜巷)。

为了控制掘进巷道的坡度或倾角,需要在巷道帮壁上标设一条线,用来指示巷道在竖直面内的掘进方向及调整巷道底板或轨道面坡度,这条线一般称为巷道腰线,简称腰线。腰线通常标设在巷道的一帮或两帮上,一般高出巷道底板或轨道面一定距离(一般为 1 m),如图 6-9 所示。不论采用哪种数值,对于一个矿井内应该统一。腰线点可成组设立,也可每隔 30~40 m 设置一个。成组设立时,每组腰线点不得少于 3 个,腰线点之间的点间距以不小于 2 m 为宜,每隔 30~40 m 设置一组,最前面(即最靠近掘进工作面)的一个腰线点到掘进工作面的距离一般不应超过 40 m。

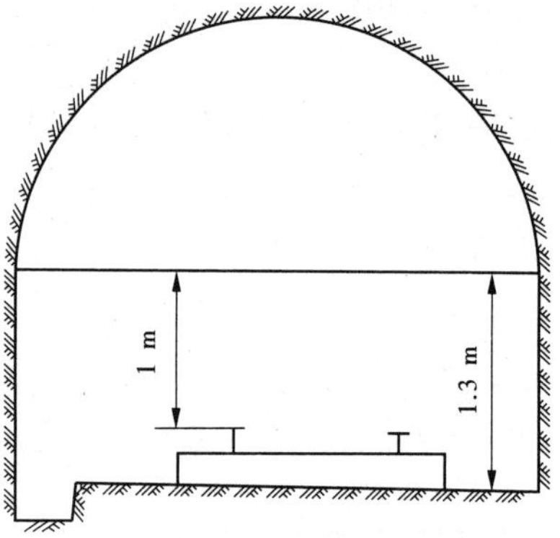

图 6-9　巷道腰线

二、使用水准仪标定水平巷道的腰线

在水平或近水平的巷道施工测量中,主要巷道腰线的标定方法多是利用水准仪进行标定的,具体方法如下所述。

如图 6-10 所示,A 点为布设在巷道顶板上的井下水准点,B 点为道岔点亦即新开巷道坡度的起点,腰线距轨面的垂高为 1 m,设计坡度为 i,现标设新开巷道的第一组腰线点 1、2、3。

使用水准仪标定水平巷道腰线的方法及操作步骤:

(1)利用井下水准点 A 检查 B 点处轨道面的实际高程是否与设计高程吻合。

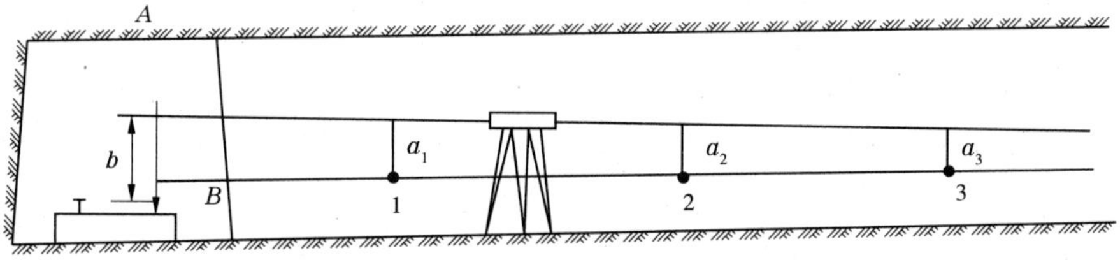

图 6-10　水准仪标定水平巷道腰线

(2)若数据吻合、检查合格后，将水准仪安置在 B 与 3 点之间，于 B 点轨道面处立水准尺，读数为 b，丈量平距 l_{B1}、l_{12}、l_{13}，则各腰线点距离水准仪视线的高度为 $H_B+b=H_1+a_1$，$H_B+b=H_2+a_2$，$H_B+b=H_3+a_3$。

(3)由 B 点高程 H_B 结合坡度 i 和平距 l_{B1}、l_{12}、l_{13}，计算出腰线点 1、2、3 的高程 H_1、H_2、H_3。

(4)将水准仪照准 1 点处，标出水平线，用小钢尺自水平线向下量取 a_1 即得新掘巷道腰线起点 1 点的位置，同法可标定出其他两个腰线点 2、3。坡度的符号规定为：上坡为正，下坡为负。

腰线点在延设的过程中，巷道每向前掘进 100 m，对所使用的和新设的腰线点应进行一次检查测量。检查时，可由附近的水准点引测高程到各腰线点，使其符合设计要求后，再由调整后的腰线点向前继续延设。

为严格控制砌碹巷道的坡度，有的矿井要求在主要巷道(也称为大巷)的两帮均标出腰线，或用自动喷漆在两帮画出腰线，以便指导铺轨工作，如图 6-11 所示。

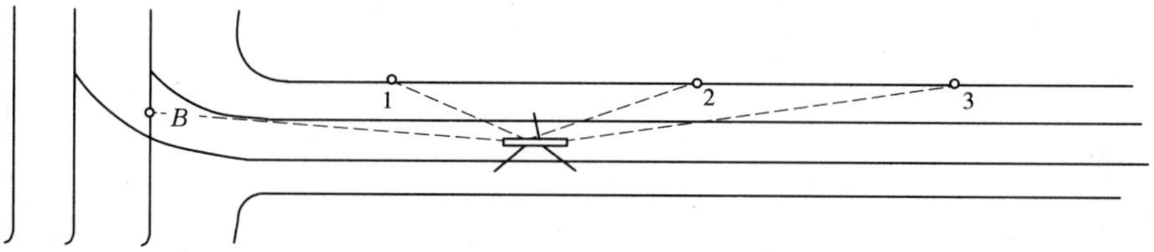

图 6-11　巷道腰线标定俯视图

三、使用全站仪标定倾斜巷道的腰线

在倾角大于 8°的主要倾斜巷道或精度要求较高的一般斜巷，应该用全站仪标定腰线。用全站仪标定腰线一般是和标定中线同时进行的。下面介绍几种用全站仪标设腰线的方法。

(一)中线点同时作为腰线点标设法

1. 特点

在中线点的垂球线处做出腰线的标志，同时丈量腰线标志到中线点的距离，以便随时根据中线点恢复腰线的位置。

2. 使用全站仪利用中线点标定倾斜巷道腰线的方法及操作步骤

如图 6-12 所示，标设时全站仪安置在中线点 1 的位置，在标定完成中线点 4、5、6 之后进行以下操作：

(1)全站仪用正倒镜瞄准中线，将竖直度盘调整为巷道设计的倾角，此时望远镜视线和

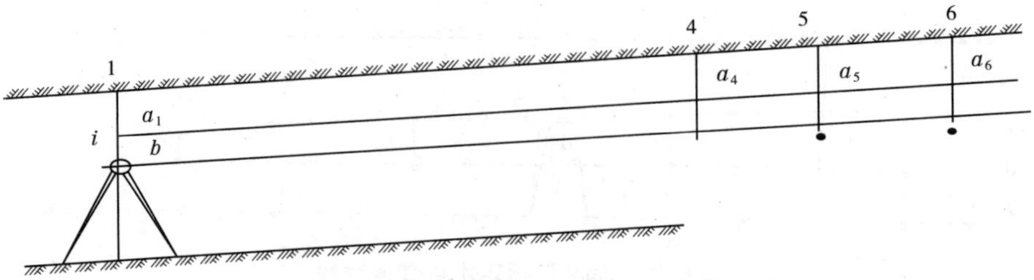

图 6-12　中线点同时作为腰线点标设法

巷道腰线平行。

(2)根据望远镜正镜视线的激光束在垂球线 4、5、6 对照应的位置用小钢钉做上记号，再用倒镜测其倾角，检查角度值是否有偏差。

(3)用小钢卷尺丈量仪器高 i，又知中线点 1 到腰线位置的距离 a_1，则仪器视线到腰线点的距离 $b=i-a_1$。计算时，从中线点向下量取的 i 和 a_1 值均取正号。求出 b 值为正值时，腰线在视线之上；求出 b 值为负值时，腰线在视线之下。

(4)从垂球线 3 上标出的视线记号起，根据望远镜视线激光束与腰线的关系用小钢尺向上(或向下)量取长度 b，即可得出相应的腰线点位置并做出标记。

(5)斜巷标定腰线和斜巷测导线及三角高程常常是同时进行的。中线点中的一个可作为斜巷的导线点，只要在中线垂球线上根据倾角 δ 定出视线位置后，再重测倾角并量出斜距和视线高 v，即可完成三角高程测量工作。同时应测出其他中线点上的视线高 v，算出各中线点到腰线点的距离 $a_i=v_i-b$。记下 a_i 值，以便随时检查和恢复腰线点位置，并作为下一组点标设时应用。

此法标定工作简单，但掘进人员使用起来不如在巷道帮上的腰线点方便。它是其他标设方法的基础。

有些矿井，在中线上找出腰线位置之后，用半圆仪拉平线，在巷道帮标定出腰线点位置。这种方法由于拉线时不易准确垂直巷道方向，用半圆仪拉平的精度也不高，因此误差往往比较大。

(二)伪倾角标定法

1. 基本原理

主要巷道掘进时，应在巷道帮壁上准确标设腰线点。用全站仪在帮壁上标设腰线点，若全站仪安置在巷道中线上，就出现了伪倾角的问题。如图 6-13 所示，OA 为巷道中线方向，其倾角为 δ，B 为垂直于 OA 线在巷道帮上与 A 同高的点。这时 OB 的倾角就不再是 δ 而是 δ'。这两个角之间存在着什么关系呢？设 $OA'B'$ 为三角形 OAB 在平面上的投影，从图中可以看出：

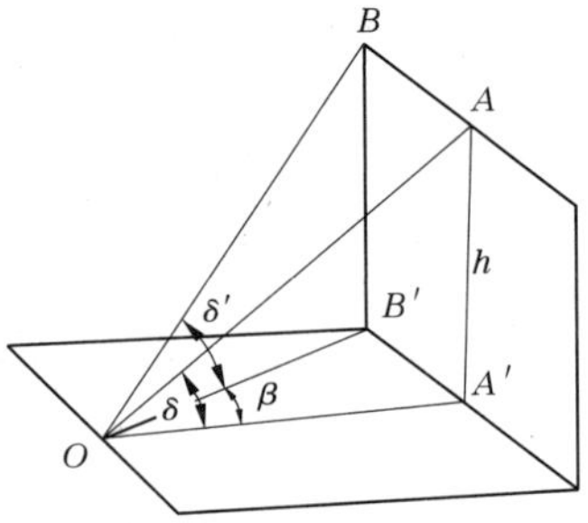

图 6-13　伪倾角法

$$\tan\delta = \frac{h}{OA'},\tan\delta' = \frac{h}{OB'} \tag{6-5}$$

两式相除移相后得：

$$\tan\delta' = \frac{OA'}{OB'}\tan\delta \tag{6-6}$$

从三角形 $OA'B'$可以看出：

$$\cos\beta = \frac{OA'}{OB'} \tag{6-7}$$

代入式(6-6)得出：

$$\tan\delta' = \tan\delta\cos\beta \tag{6-8}$$

式中　β——OA、OB 两视线之间的水平角，即望远镜视线瞄准巷道中线方向和瞄准巷道帮上之间的水平夹角。

2. 使用全站仪用伪倾角法标定倾斜巷道腰线的方法及操作步骤

如图 6-14 所示，A、B、C 为一组原有的中线点，1 点为已知腰线点。

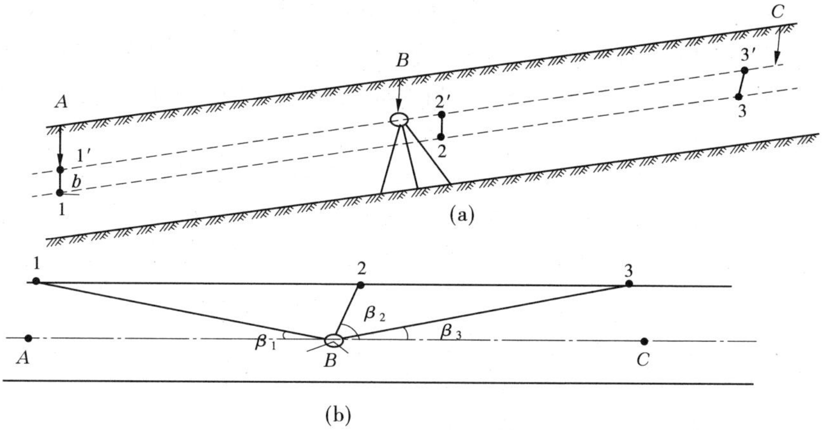

图 6-14　用伪倾角法标定巷道腰线

(1)实地标定时，在 B 点安置全站仪，后视 A 点，测出 BA、$B1$ 两方向间的水平角 β_1。

(2)根据巷道的设计倾角 δ，按式(6-8)计算出 $B1$ 方向的伪倾角 δ_1'。

(3)将全站仪的竖直度盘读数调整成伪倾角 δ_1'，瞄准 1 点处，用小钢尺量取望远镜视线激光束至 1 点的垂距 b。

(4)全站仪望远镜照准欲测设腰线点 2 的位置，测出 $B2$、BC 两方向之间的水平角 β_2，按式(6-8)计算出 $B2$ 方向的伪倾角 δ_2'。

(5)将全站仪的竖直度盘读数调整成伪倾角 δ_2'，照准 2 点处，用小钢尺沿铅垂方向由望远镜视线激光束同方向量取 b，标设出新腰线点 2。

(6)同法可标设出新腰线点 3。

优点：用伪倾角法标设腰线点操作简便，精度可靠，可与标定中线点同时进行，是在主要倾斜巷道中用得最广泛的方法。

四、使用悬挂半圆仪标定腰线

悬挂半圆仪(简称半圆仪)是一种测量倾斜角的低精度仪器，一般用轻金属片(如铝片)制成，如图 6-15 所示。

(一)基本原理

悬挂半圆仪的半圆环两端有挂钩，用来悬挂在测绳上，刻度由半圆仪的中点 0°起向两

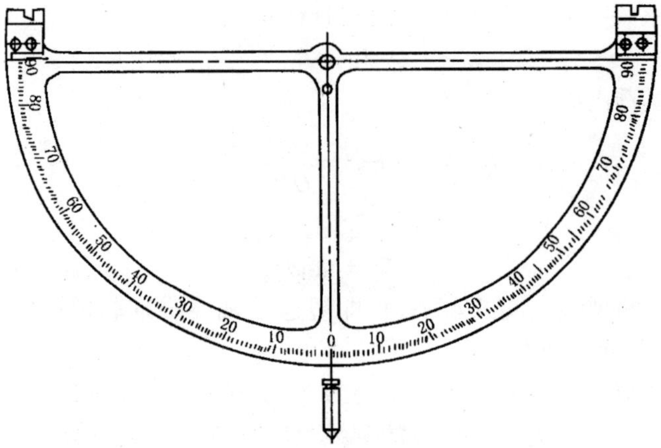

图 6-15　半圆仪的结构

端增大至 90°,最小分划值为 20′或 30′。通过半圆环圆心有一个小孔,用细线挂一个小垂球。当测绳水平时,垂球线对准 0°刻划线;当测绳倾斜时,垂球线的读数就是所挂测绳的倾斜角 δ。

(二)使用悬挂半圆仪标定次要巷道腰线的方法和操作步骤

在次要巷道和短距离急倾斜巷道中,常用半圆仪测设巷道掘进的坡度,如图 6-16 所示。

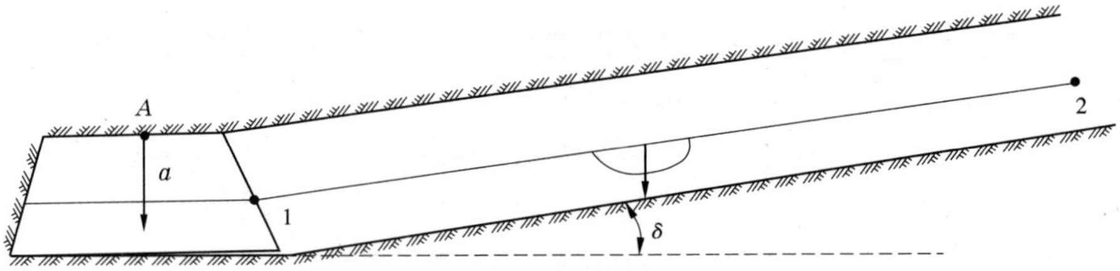

图 6-16　半圆仪标定缓倾斜巷道腰线

(1)用半圆仪测设腰线,采矿工程设计时给定了巷道的倾角、腰线距离巷道底板或轨道面的高度、巷道腰线起始点的高程。

(2)在标设时可根据巷道中已知导线点 A 的高程 H_A 和腰线起始点 1 的高程 H_1,计算出高差 $h=H_1-H_A$。

(3)在 A 点悬挂垂球线,量取长度 h 得出 a 点。

(4)过 a 点拉一水平线在帮上得到点 1,点 1 就是斜巷的腰线起始点。

(5)当巷道按设计倾角掘进到一定距离后,就以点 1 为起始点,在巷道同侧的一帮拉线绳并挂上半圆仪,前面的另一端上下移动,使半圆仪的角度读数正好等于巷道的设计倾角,此时在帮上标定好点 2 的位置,即为新腰线点。

(6)以点 1 和点 2 的连线为新腰线方向,继续按采矿工程设计的倾角向前掘进。

当巷道每掘进 20 m 左右时,应用半圆仪重新标设一个新腰线点,同时最好沿腰线位置用色彩鲜艳的自动喷漆在巷道帮壁上画出腰线,使其更为明显。

对于比较重要的、主要的巷道,当掘进到一定距离后,腰线点的高程要用全站仪高程测量复测后做检查,并用全站仪标设腰线点。

如图 6-17 所示,在原有腰线点 3 的位置系上细绳,挂上半圆仪拉向拟标定腰线点处,当半圆仪读数为零时,细绳的另一端即标定出与腰线点 3 同高的点 4′,量取这两点之间的平距 L_{34},按照公式 $h_{34}=H_4-H_3=L_{34}i$ 计算出 3 点和 4′点之间的高差,再用小钢尺从 4′点向上量取 h_{34} 的距离即可定出新的腰线点 4。

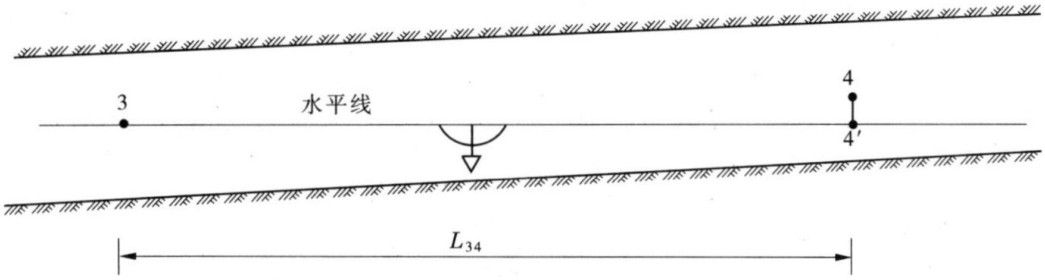

图 6-17　半圆仪标定水平巷道腰线

单元三　激光指向仪的应用

一、全站仪导线测量

随着井下采掘机械化程度的不断提高,对巷道掘进速度、规格质量和机械化设备安装等提出了更高要求。因此,在巷道掘进中测量工作和掘进作业之间存在着日益突出的时间和空间上的矛盾。原有的标定掘进巷道中、腰线的传统方法越来越不能适应高度机械化的要求。随着电子技术的迅速发展,以激光器为导向射束源的矿用防爆激光指向仪,已广泛用于指示巷道掘进方向、立井点悬垂测量,目前还应用激光技术作为巷道掘进机的自动方向制导控制。

二、激光指向仪的结构

因为激光具有很好的方向性、单色性和很高的亮度,是较理想的准直光学仪器的光源。激光器发射出的可见红橙色光束,经聚焦系统射出后,在掘进工作面形成可见的圆形光斑,有效射程可达 500 m,现已制成有效射程达 1 000 m 的激光器。

我国目前生产的平斜巷防爆型激光指向仪由防爆壳体、激光器聚焦系统、悬挂调节机构三部分组成。

如图 6-18 所示为哈尔滨市光学仪器厂生产的 DQJ-05A 型激光指向仪的外形图。该仪器井下最远有效射程 600 m,质量约 3.5 kg,结构简单,易于安装使用。采用半导体激光器作为光源,具有光束质量好,体积轻巧,工作稳定,安装、调整方便的特点,是目前产品中性能较好的一种。

图 6-18　激光指向仪

(一)技术指标

安装方式为固定式,输入电压 AC 127 V/220 V,激光功率≥5 mW,有效射程 600 m,光斑直径≤40 mm (600 m 处),防爆方式为隔爆型,仪器质量为 3.5 kg。

(二)使用安装与调节

(1)将仪器的后罩和压紧螺母拆下。将电源线接在接线端子上,接好地线。然后将仪器重新装好,拧紧螺钉。将固定板采用适当的方法安装在构架上。找到大约要指向的位置,将固定板安装好。

(2)接通电源,点亮激光器。

(3)用螺丝刀松开锁紧钉,调整焦筒,将光斑大小调整到最佳状态,拧紧锁紧钉。

(4)根据全站仪所测定的方向,调整仪器上的水平、垂直调整旋钮,将光斑准确指向目标点。

(三)注意事项

(1)正在使用的仪器若出现故障,须停电维修。

(2)仪器使用时,GND应牢固可靠接地。

(3)接通电源时,请注意电源电压,应与仪器铭牌上所标注的电压值相一致。

三、激光指向仪的用途

激光指向仪主要用于矿山巷道掘进时的指向定位、掘进机推进方向的制导控制、综合采煤工作面的定位,此外还广泛地应用在公路、铁路、隧道、涵洞、桥梁、高层建筑、管道安装的定位、制准。指向仪的隔爆外壳采用一体化设计,可以在有爆炸性气体的环境中放心使用。

单元四　采区及回采工作面测量

矿山井下的采区巷道有些是通过竖直巷道或急倾斜巷道与主要水平巷道相连接的,因此存在着通过这些竖直巷道或急倾斜巷道向采区内传递方向、坐标和高程的问题,即需要进行采区联系测量。采区联系测量的控制范围小、精度要求低、测量条件差,因此在保证必要精度的前提下,可以采用简易的方法进行。

一、通过竖直巷道的简易采区联系测量

若在定向的上、下水平有两个竖直巷道相连通,可采用两井定向,钢尺法导入高程。若只有一个竖直巷道相连通,可采用双垂线瞄直法、三角形法进行一井定向,钢尺法导入高程。在无磁性影响的矿山,还可以采用罗盘定向。

采用两井定向时,井下测角量边可按采区控制导线的精度要求进行。采用三角形连接法或双垂球线瞄直法进行一井定向时,两根垂球线的间距不得小于0.5 m。当竖直巷道断面较小或断面呈弯曲状态,无法同时容纳悬挂间距0.5 m以上的两根垂球线时,可采用单垂球切线法进行一井定向,其方法如下所述。

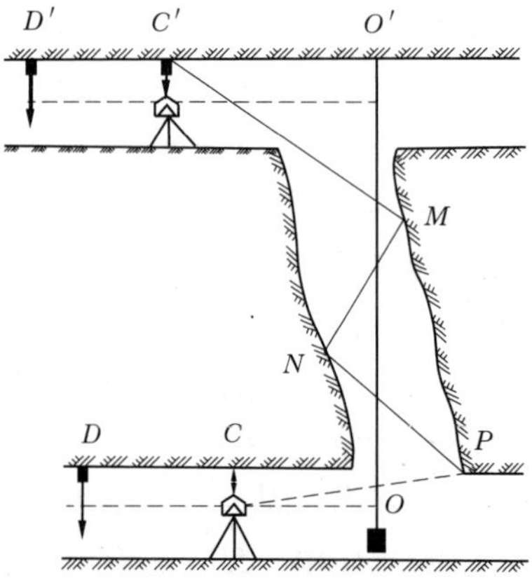

图6-19　单垂球切线法

如图6-19所示,在竖直巷道内悬挂一根垂球线OO',在竖直巷道附近的上平巷中选一个连接点C',自上平巷C'点拉细线绳与竖直巷道两帮相交于M、N、P三

点,并使各段均与 OO' 垂球线相交,则 C'、M、N、P 与 O、O' 各点均在同一竖直面内。

在竖直巷道附近的下平巷内 PO 的延长线上选一个点 C,CO 边的方位角与上平巷内 $C'O'$ 边的方位角相同。分别在 C、C' 点安置全站仪,测量 $\angle DCO$ 与 $\angle O'C'D'$,并在 D 和 D' 测出连接角,丈量 DC、CO、$O'C'$、$C'D'$ 的距离,这样就可以把方位角和坐标从下平巷传递到上平巷。测量时,应注意使 OO' 垂球线务必铅垂,切线段数尽可能少,并在 OO' 垂球线的同一侧。

注意:以上这种定向测量均需独立进行两次,两次定向结果之互差不得超过±11′。

如图 6-20 所示的牵制垂球线法,在上、下平巷测站 A、A' 间拉一条斜线,在下平巷中斜线的 O' 处挂一垂球 P,在上平巷拉线绳 $O'O''$,把斜线吊起成自由悬挂状态。在 A 点安置全站仪,移动 O 点使 $O'O''$ 与 AO'' 重合。此时,A、O''、O'、A' 点便位于同一竖直面内,连线 $O''A$ 和 $A'O'$,用半圆仪测出它们的倾角,按斜线辅助垂线法类似的方法进行内业计算,完成坐标和高程的传递任务。

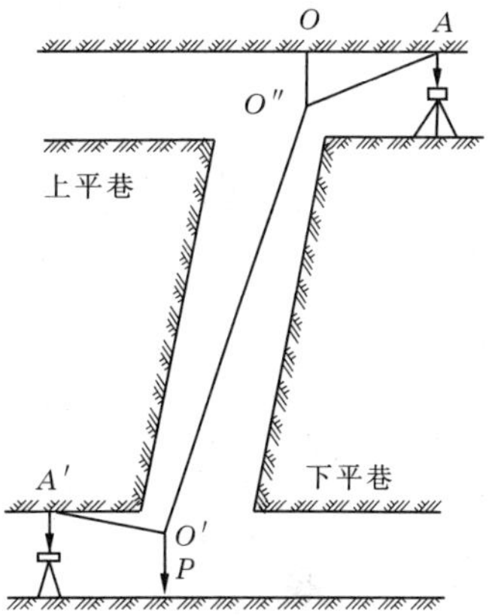

图 6-20　牵制垂球线法

二、采区次要巷道测量

在采区次要巷道中,为了获得详尽的填绘矿图所需的资料,在采区控制导线的基础上敷设碎部导线,从而可以确定产量、计算损失量和储量变化等。次要巷道测量工作包括下列内容:

(1)测量巷道轮廓、绘制大比例尺巷道图。

(2)测量巷道长度,验收巷道的掘进进尺。

(3)测量巷道断面的各种尺寸,验收巷道的规格质量。

(4)测定断层、矿层厚度变化等地质特征点和瓦斯突出点、涌水点的实际位置,并填绘到有关的图纸上。

次要巷道测量所敷设的碎部导线尽可能敷设成闭(附)合导线。若敷设支导线,则必须有可靠的检核措施。碎部导线测量可根据生产需要用低精度的全站仪、罗盘仪或简易测角仪进行。

用全站仪敷设碎部导线时,观测水平角用一个测回即可,倾角用正倒镜观测,边长用钢尺丈量。导线和三角高程的相对闭合差应分别不大于 1/500 和 1/1 000。

用罗盘仪在没有磁性影响的地方敷设导线时,导线边长应小于 20 m,导线最弱点距起始点不宜超过 200 m,相对闭合差不得大于 1/200。

巷道轮廓的碎部测量可在碎部导线的基础上,用支距法或极坐标法进行。所测碎部点要系统编号并现场绘制草图。根据碎部导线点位置和碎部测量数据,按要求的比例尺绘出巷道图,此项工作称为填图。

三、回采(采煤)工作面测量

采煤工作面应按规定的日期进行填图测量。每月的测量次数,应能满足生产和采煤率计算的要求,它取决于工作面的长度、推进速度、煤层埋藏要素和厚度变化情况。必须测出回采(采煤)工作面月末的位置。停采时必须进行测量。

在测量采煤工作面位置的同时,还要测出充填区和煤柱位置、煤层厚度和采高,以便计算采区煤量、反映各煤层间的采煤关系(多煤层开采时),检查资源的损失情况。当采煤工作面发生冒顶、火灾或其他事故时,需对冒顶区域的位置、长度、宽度及火区的位置进行准确的测量并及时填绘到图纸上。

图6-21所示是缓倾斜和急倾斜煤层长壁采煤工作面。在进行采煤工作面测量时,可沿工作面布设碎部导线,附合于上、下平巷中的采区控制导线点上。工作面的轮廓点和其他要素可用支距法测量。附合导线的相对闭合差不得大于1/300。碎部导线可用低精度的全站仪或罗盘仪施测,闭合差可用图解法进行分配。

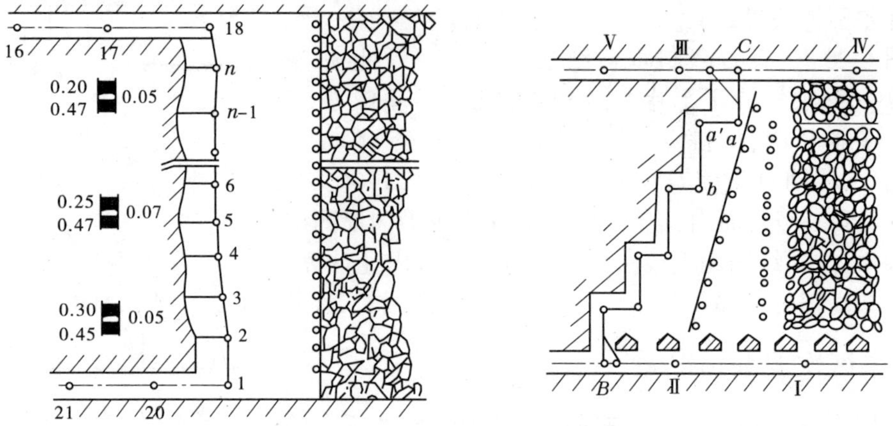

图6-21　回采(采煤)工作面测量

当采用掩护支架采煤法开采急倾斜厚煤层时,矿山测量的主要任务是各种巷道的准确走向及监督巷道掘进的正确性,指出安装掩护支架的位置等,其测量方法前面已作介绍,不再赘述。

对于综合机械化采煤工作面测量,需要根据矿井地质条件和开采技术所提出的要求,考虑综合机械化开采的特点来进行。一般作业方法是:

(1)监督综合采煤机(简称综采机)的位置。沿上、下平巷每隔10 m或20 m固定专门的标志桩,使两巷道中同名标志桩的连线垂直于两巷道的中线。综采机的位置可根据工作面两端到巷道中同名标志桩的距离来确定。

(2)检查综合采煤工作面的直线性。每月检查次数可根据实际情况确定,用目测或测绳检查其直线性。

思考题

1. 什么是巷道中线?中线在巷道掘进中的作用是什么?
2. 延长巷道中线有哪几种方法?它和井下平面控制测量的关系如何?
3. 什么是巷道腰线?腰线在巷道掘进中的作用是什么?
4. 试述用伪倾角法标定巷道腰线的原理及标定方法。
5. 激光指向仪的结构特征有哪些?激光指向仪的用途有哪些?
6. 如何安装并调节激光指向仪?
7. 采区联系测量的方法有哪些?
8. 采煤工作面测量包括哪些内容?

项目七　贯通测量

项目概述

主要介绍贯通测量的目的、贯通测量设计书及技术总结的编制；全面详细介绍一井内贯通、两井间贯通、立井贯通的测量工作及贯通测量误差预计的方法；介绍井下导线加测陀螺定向坚强边后巷道贯通测量的误差预计方法；介绍贯通后中腰线如何进行调整及贯通时关于井下导线边长归化改正问题。

学习目标

知识目标：

①能正确陈述贯通测量的含义、目的和工作步骤；

②能正确陈述一井内巷道贯通、两井间巷道贯通及立井贯通的测量方案如何选择，如何进行贯通误差预计；

③能正确陈述贯通后中腰线如何进行调整；

④能正确陈述贯通时如何解决井下导线边长归化改正的问题。

技能目标：

①能基本熟练地进行贯通方案的选择；

②能进行贯通测量误差预计；

③能够在贯通后对中腰线进行调整；

④能进行贯通测量技术书及技术总结的编制。

单元一　一井内巷道贯通测量

【导入】

盾构机是矿山及地下工程施工主要机械之一，如今中国已是世界上矿山、隧道及地下工程规模最大、数量最多，地形条件和结构形式最复杂、修建技术发展速度最快的国家。2008年4月，我国第一台具有自主知识产权的复合式盾构机“中国中铁1号”在河南新乡的中国中铁隧道集团盾构产业化基地下线。该盾构机是国家“863”计划盾构产业化课题的标志性科研成果，打破了西方的技术壁垒，技术达到国际领先水平，填补了我国在该领域的一项空白。“中国中铁1号”是一台凝聚着装备人光荣与梦想、汗水与欢笑的沥血之作，是实现从无到有的定鼎之作，是梦想照进现实的跨越之作，是起点，更是丰碑。

山西汾西矿业(集团)有限责任公司某煤矿3311工作面贯通测量。工程概况:3311工作面为一个综合采煤工作面,由运输巷、材料巷、瓦斯尾巷构成,均布置在3#煤层中,材料巷、运输巷、瓦斯尾巷平行布置,方位角均为121°,切眼与材料运输两个巷道互相垂直布置,运输巷、材料巷分别与Y轨道巷相通,尾巷与3#回风巷相通,运输巷通过溜煤眼与4#煤集中皮带巷相通,构成了工作面通风、进料、行人、供电、排水运煤等系统。3311工作面位于该矿三采区,上部为康者村,北部为3309回采工作面,西南部为3313工作面实体煤。该工作面沿山西组Y煤层掘进,地面标高为956~1 113 m,工作面标高为580~600 m,走向长1 675 m,倾向长170 m,埋藏深度376~513 m,煤层结构简单,基本为一单斜构造,煤层倾角为2°~60°,老顶为细砂岩,直接顶为泥岩,工作面水文地质条件简单,预计可采储量76.6万t。

依据该矿区地质勘查工程资料及相关规范标准等,制订该矿区3311工作面贯通测量方案。3311工作面设计贯通位置为材料巷与切眼相交处,测量的目的就是保证准确贯通,构成完整的生产系统。为满足安全生产的需要,贯通相遇点在水平重要方向上的允许偏差不得超过±0.5 m。贯通任务:精确标定3311工作面各条巷道的位置,及时地延伸各条巷道的中线,定期对已掘巷道进行检查测量和填图,以控制巷道按设计方向掘进,使之准确贯通,贯通误差不得超过±0.5 m,从而构成3311工作面完整的生产系统。

【正文】

一、贯通测量的种类和允许偏差

一条巷道按采矿工程设计要求掘进到指定的地点与另一条巷道相通,称为巷道贯通,简称贯通。巷道贯通往往是一条巷道在不同的地点以两个或两个以上的工作面分段掘进,随后彼此相通的。如果两个工作面掘进的方向相对,称为相向贯通,如图7-1(a)所示;如果两个工作面掘进的方向相同,称为同向贯通,如图7-1(b)所示;如果从巷道的一端向另一端指定处掘进,称为单向贯通,如图7-1(c)所示。

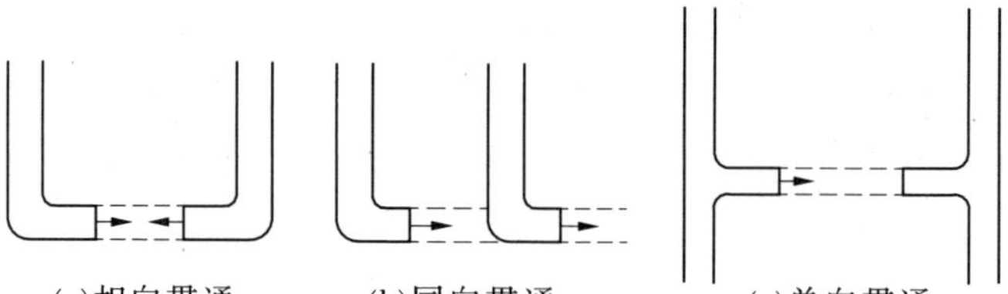

图7-1　贯通测量

同一条巷道用多个工作面掘进,可以大大加快施工速度,改善通风状况和工人的劳动条件,有利于安排生产。它是矿山、交通、水利等工程中普遍采用的一种施工方法。由于贯通测量中不可避免地带有误差,因此巷道贯通实际上总是存在偏差的。如果巷道贯通接合处的偏差达到某一数值,但仍不影响巷道的正常使用,则称该值为贯通的容许偏差。这种容许偏差的大小是随采矿工程的性质和需要而定的,也称为贯通的生产限差。

各种巷道贯通测量的容许偏差值,不应超过表7-1所示的规定。

表 7-1 贯通测量容许偏差

贯通种类	贯通巷道名称	在贯通面上的容许偏差值/m	
		两中线之间	两腰线之间
第一种	沿导向层开凿的水平巷道	—	0.2
第二种	沿导向层开凿的倾斜巷道	0.3	—
第三种	在同一矿井中开凿的水平巷道或倾斜巷道	0.3	0.2
第四种	在两矿井中开凿的水平巷道或倾斜巷道	0.5	0.2
第五种	用小断面开凿的立井井筒	0.5	—

二、贯通测量工作的步骤

(1)为贯通进行的测量准备工作。对于重要贯通工程,应进行精度预计。

(2)计算贯通几何要素。包括开切地点的坐标,巷道中心线的方位角 α、指向角 β、巷道的倾角 δ、水平距离 D 和倾斜距离 L。

(3)根据巷道的掘进速度、贯通距离、施工日期等,确定相同工作面的相遇点和贯通时间。

(4)实地标定贯通巷道的中线和腰线。

(5)根据工程进度,及时延长巷道中线和腰线。巷道每掘进 100 m,必须用导线测量和高程测量的方法,对中、腰线进行检查,及时填图,并根据测量结果及时调整中线和腰线的位置。

(6)最后一次标定贯通方向时,两个工作面间的距离不得小于 50 m 。各种测量计算都必须有可靠的检核。当两个工作面间的距离在岩巷中剩下 15~20 m、煤巷中剩下 20~30 m 时(快速掘进应在贯通前 2 d),测量负责人应以书面方式报告矿井总工程师,并通知安全检查部门及施工区队,要停止一端掘进并准备好透巷措施,以免发生事故。

(7)巷道贯通后,应立即测量贯通的实际偏差值,同时将两边的导线连接起来,测量与计算各项闭合差、填绘平面图和断面图,并对最后一段巷道的中、腰线进行调整。

(8)重要贯通工程完成后,应对测量工作进行精度分析,作出技术总结。

三、水平巷道的贯通测量

(一)不沿导向层贯通的水平巷道

如图 7-2 所示为同一矿井中在 A、B 两个石门之间欲开凿的一条运输平巷(图中用虚线表示)。测量工作大致分为以下几个阶段。

1. 第一阶段:为求得贯通的几何要素而进行的测量工作

首先,在 A、B 两点之间敷设导线,并进行高程测量。然后计算出 A、B 两点的平面坐标 (X_A,Y_A) 和 (X_B,Y_B),以及 A、B 两点的高程 H_A 和 H_B。如果在掘进好的巷道里已建立了平面控制点和高程控制点,可直接在这些点上进行引测。

由于在 A、B 之间的导线是不闭合的,这就使得测量和随后的计算缺少必要的检核条件,因此在进行重要巷道贯通时,测量工作应不少于 2 次。

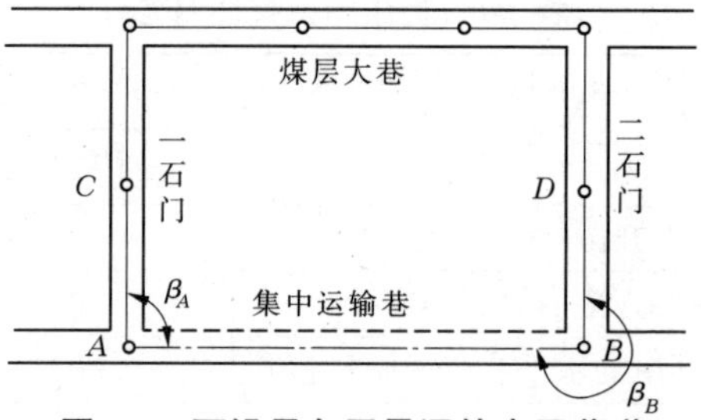

图 7-2　不沿导向层贯通的水平巷道

2. 第二阶段:计算贯通几何要素

(1)根据 A、B 两点的坐标计算贯通巷道中心线的方位角 α_{AB} 和水平距离 D_{AB}:

$$\alpha_{AB}=\arctan\left(\frac{y_B-y_A}{x_B-x_A}\right) \tag{7-1}$$

$$D_{AB}=\frac{y_B-y_A}{\sin\alpha_{AB}}=\frac{x_B-x_A}{\cos\alpha_{AB}}=\sqrt{(\Delta x_{AB})^2+(\Delta y_{AB})^2} \tag{7-2}$$

(2)求指向角 β_A、β_B。因 α_{AC}、α_{BD} 和 α_{AB} 都是已知的,故:

$$\beta_A=\alpha_{AB}-\alpha_{AC},\beta_B=\alpha_{BA}-\alpha_{BD} \tag{7-3}$$

(3)计算贯通巷道的坡度。设 H_A、H_B 是 A、B 两点处底板面或轨道面的设计高程,则巷道坡度为

$$i_{AB}=\tan\delta_{AB}=\frac{H_B-H_A}{D_{AB}} \tag{7-4}$$

(4)贯通巷道实际长度(或倾斜长度)的计算。巷道实际长度可根据水平距离、高差或坡度计算,即

$$L_{AB}=\frac{H_B-H_A}{\sin\delta_{AB}}=\frac{L_{AB}}{\cos\delta_{AB}}=\sqrt{(H_A-H_B)^2+L_{AB}^2} \tag{7-5}$$

对于平巷,如果贯通距离较短,斜长与水平长度相差无几,也可不算。

3. 第三阶段:标定工作

在 A、B 两点分别安置全站仪,标定出 β_A 和 β_B,给出巷道的中线,同时根据坡度 i_{AB} 给出巷道的腰线。

4. 第四阶段:检查测量

给出巷道的中线和腰线后,测量人员必须经常检查掘进方向的正确性。检查的方法是:当巷道掘进到一定距离后,随即进行导线测量,在掘进迎头处,导线点应为中线点。根据测量结果,反算巷道中线的方位角,将它与原计算的巷道中心线的方位角相比较,根据差值具体情况,适当调整中线方向,以保证巷道按预计方向掘进。同时,用水准测量的方法检查腰线点的高程,不断地调整巷道的坡度并及时填图,以保证巷道的最后贯通。当巷道两端相距一定距离时,书面通知有关部门,以便及时采取安全措施。

巷道贯通后,应立即测量巷道贯通的实际偏差值(把巷道一端的中腰线引向另一端),以检验所选择测量方案的正确性和评定测量精度,为以后的贯通工程提供借鉴。

(二)沿导向层贯通的水平巷道

沿导向层贯通水平巷道,当导向层倾角大于30°时,由于水平面内的方向受导向层的限制,可以不给出巷道的中线,只给出腰线即可。但标定腰线的精度必须严格掌握,因为腰线的误差会引起巷道在水平方向的偏移。在开采倾斜或急倾斜煤层时,贯通平巷顺槽就是沿导向层贯通水平巷道的。

如图 7-3 所示,下平巷已由一号下山 A 点开切,二号下山掘进至 B 点。为了加快下平巷的掘进,当二号下山掘进到 C 点后,便向 A 点进行贯通。贯通测量步骤如下:

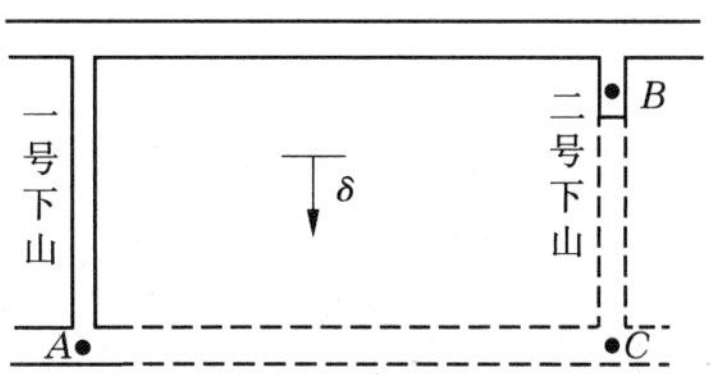

图 7-3　沿导向层贯通的水平巷道

(1)用水准测量或三角高程测量测得 A、B 两点的高程 H_A 和 H_B。

(2)计算 C 点高程。在巷道平面图上量得 AC 之间的距离,设下平巷由 A 向 C 的坡度为+5‰,则 C 点的高程 $H_C=H_A+\frac{5}{1\ 000}D_{AC}$。

(3)计算从 B 点到 C 点的下掘深度和斜长,其中下掘深度为

$$h=H_B-H_C$$

BC 斜长

$$L=\frac{h}{\sin\delta}$$

式中　δ——煤层倾角。

(4)当二号下山掘进斜长 L 后,在工作面标设 C 点,用三角高程求出 H_C,并与计算的 C 点高程相比较,符合后就可以作为下平巷掘进的起点。

(5)控制平巷的坡度。掘进时要用水准测量测设腰线点,随时检查坡度并及时填图。

四、倾斜巷道的贯通测量

(一)不沿导向层贯通的倾斜巷道

如图 7-4 所示,要在 A、B 之间贯通二号下山。贯通测量工作归纳为以下三个阶段。

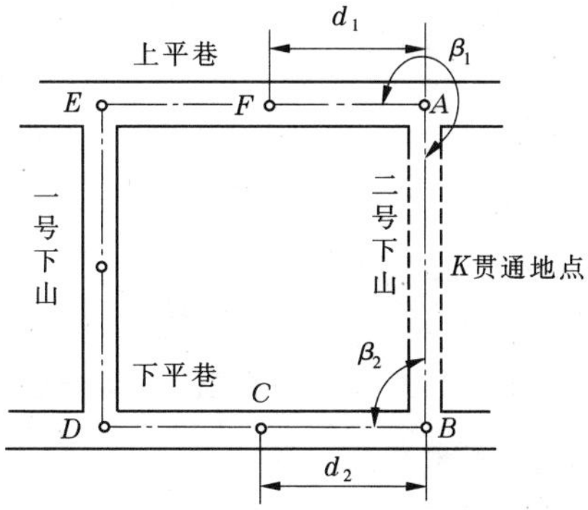

图 7-4　不沿导向层贯通的倾斜巷道

1. 第一阶段:检查设计图纸

先在大比例尺设计图上量出贯通中心线上的 A 点至巷道中线原来的导线点 F 之间的距离 $FA=d_1$,同样量出 $BC=d_2$,根据 d_1d_2 在巷道中实地标出 A、B 两点。然后进行导线和高程测量,从而得到 A、B 两点的平面坐标和高程。

2. 第二阶段:计算贯通标定所需几何要素

(1)计算贯通中心线的方位角 α_{AB} 和 AB 间的水平距离 D_{AB}:

$$\tan\alpha_{AB}=\frac{y_B-y_A}{x_B-x_A},D_{AB}=\frac{y_B-y_A}{\sin\alpha_{AB}}=\frac{x_B-x_A}{\cos\alpha_{AB}} \tag{7-6}$$

(2)计算指向角 β_1、β_2:

$$\beta_1=\alpha_{AB}-\alpha_{AF},\beta_2=\alpha_{BA}-\alpha_{BC} \tag{7-7}$$

(3)计算巷道倾角 δ:

$$\tan\delta = \frac{H_B - H_A}{D_{AB}} \tag{7-8}$$

(4)计算 AB 的倾斜长度 L(贯通距离):

$$L = \frac{S_{AB}}{\cos\delta} \tag{7-9}$$

根据贯通距离和掘进速度,可预测贯通所需要的时间及地点。

3. 第三阶段:标定工作

当巷道两端各掘进 4~5 m 后,在 A、B 安置全站仪,标设出巷道的中腰线。巷道每掘进一段距离,应进行中腰线的检查与调整,直至巷道安全贯通。

(二)沿导向层贯通的倾斜巷道

如图 7-5 所示,某矿-100 m 水平采区已掘进完毕,现拟从 A 点到 B 点掘一条人行通道兼作通风巷道使用。

由于该巷道是沿导向层(煤层)贯通的次要巷道,因此可以采用挂罗盘仪进行贯通测量。其步骤如下。

1. 计算标定要素

在设计图上量取巷道设计中心线与坐标纵线之夹角(方位角 α),如图 7-5 所示。该矿的坐标偏角为 $\Delta=-3°$,计算得磁方位角 $\alpha_{磁}=\alpha+3°$,并从图纸上量取 A 点到巷道原有导线点 M 的距离 S'_{AM},巷道的斜长 L 可用比例尺在剖面图上直接量得,如图 7-6 所示。

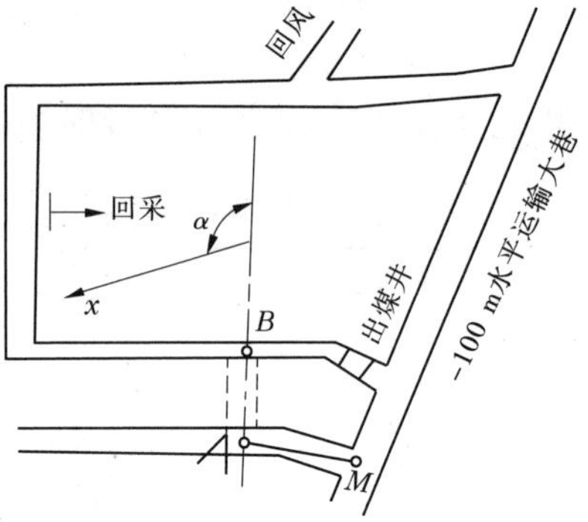

图 7-5 沿导向层贯通的倾斜巷道

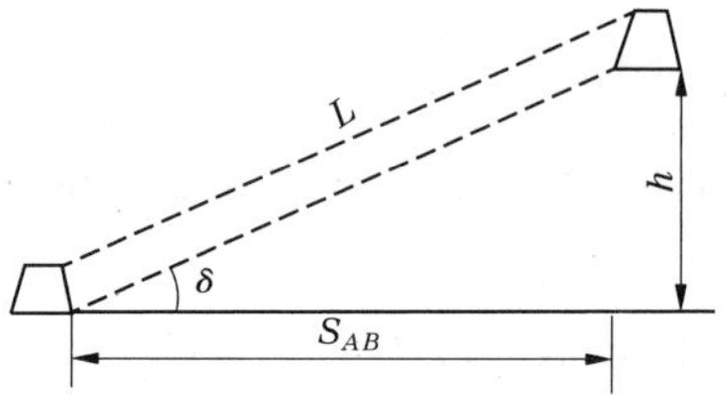

图 7-6 图解法计算标定要素

2. 实地标定

在这种情况下,由于是次要巷道,贯通距离又较短,通常采用单向贯通。因此,只需标定出 A 点(或 B 点)即可。

首先,在巷道中用 M 点拉皮尺标定出 A 点。然后,在 A 点挂罗盘,按磁方位角标出巷道中线方向。巷道沿煤层底板掘进,直至贯通。由于有导向层控制,所以不需要给腰线。

五、竖直巷道(立井)的贯通测量

(一)竖直巷道贯通的类别

竖直巷道的贯通可分为两种情况:一种是从地面和井下相向开凿的立井贯通,另一种是井下不同水平开凿的立井(也称为暗井或盲井)相向贯通和立井延伸的贯通。无论哪种情况的贯通,其工作内容的核心都是:在井筒的上部精确地测定出井筒中心的坐标,然后在井筒的下部也精确地标定出这个坐标。

(二)竖直巷道贯通的方法和步骤

在立井贯通过程中,往往同时进行着设备安装等工程,所以对这种贯通工程的精度要求较高。

如图 7-7 所示,一号井已掘到-110 m 水平,井底车场石门段已掘好。而二号井只掘进到-60 m 水平。今欲按设计要求,由 $O_1'P$ 掘一联络平巷到二号井底,再向上反掘二号井。因此,必须确定 QP 石门的掘进方向和长度,测设出二号井井筒中心 O_2'。

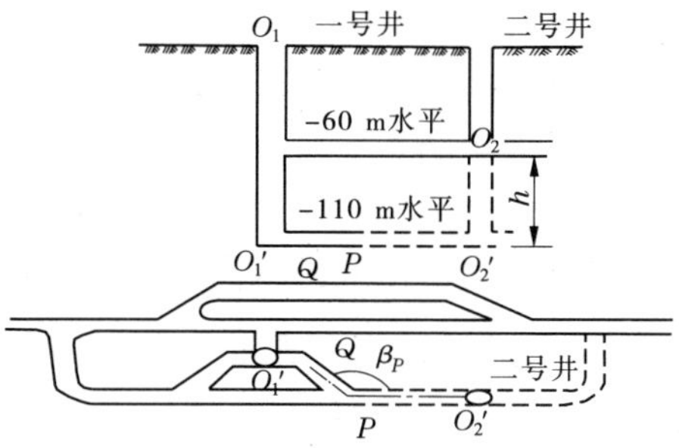

图 7-7 竖直巷道贯通测量

通过井上、下的联系测量,Q、P 点的平面坐标、高程及其连线的方位角均为已知。二号井筒中心 $O_2(O_2')$ 的平面坐标也已知。通过导入标高,求得了-60 m 水平井底高程 H_{O_2}。其解算步骤和标定方法如下:

(1)计算 PO_2' 的方位角和 P 点处的指向角:

$$\tan\alpha_{PO_2'} = \frac{y_{O_2'} - y_P}{x_{O_2'} - x_P},\quad \beta_P = \alpha_{PO_2'} - \alpha_{PQ} \tag{7-10}$$

其中,$x'_{O_2} = x_{O_2}$,$y'_{O_2} = y_{O_2}$。

(2)计算 PO_2' 的水平距离 $D_{PO_2'}$:

$$D_{PO_2'} = \frac{y_{O_2'} - y_P}{\sin\alpha_{PO_2'}} = \frac{x_{O_2'} - x_P}{\cos\alpha_{PO_2'}} \tag{7-11}$$

(3)计算 O_2' 点高程 $H_{O_2'}$ 和贯通的井筒长度(垂直高度)h:

$$H_{O_2'} = H_P + iD_{PO_2'} \tag{7-12}$$

式中 i —— 联络平巷的设计坡度,上坡取正号,下坡取负号。

贯通的井筒长度(垂直高度)为

$$h = H_{O_2} - H_{O_2'} \tag{7-13}$$

(4)求得了上述贯通的几何要素后,便可在 P 点安置全站仪标定出角 β_P,给出巷道的中线,并按设计坡度 i 给出腰线。

(5)当巷道掘进长度达到 $D_{PO_2'}$ 后,便可将 O_2' 点的位置在实地上标定出来,并固定在底板上。此后,便可由此点向上掘进井筒。

在贯通测量中,无论是联系测量还是井上、井下导线测量、计算等均需独立进行 2 次,以进行检核。

依据初步选定的贯通测量方案和各项误差参数,可估算出各项测量误差引起的贯通相遇点在贯通重要方向上的误差。通过误差预计,不但能求出贯通误差的大小,还能够知道哪些测量环节是主要误差来源,以便在修改测量方案与测量方法时有针对性,并在实测过程中给予充分注意。

六、贯通测量设计书的编制

在矿山测量中,贯通测量是一项十分重要的测量工作,稍有不慎就会给矿井生产带来不利影响,甚至酿成事故,尤其是重要的贯通工程,关系到整个矿井的建设和生产,因此必须认真地实施。规模较小的普通巷道贯通可以不进行贯通测量方案设计,但在重要贯通工程施测之前,矿山测量人员应编制贯通测量设计书,以此来指导贯通测量工作,特别重要的贯通工程的贯通测量设计书必须报上一级主管部门批准之后,方能实施。

结合本矿的实际情况,编制贯通测量设计书的主要任务在于选择科学合理的测量方案和切实可行的测量方法,从而达到安全、正确贯通的目的。

贯通测量设计书可参照下列提纲编写:

(1)巷道贯通工程概况。包括:巷道贯通工程实施的目的、任务和要求;巷道用途、掘进方式、支护方式、断面大小、预计竣工日期;贯通相遇点位置的确定、贯通允许偏差值的确定等;并附比例尺不小于1:2 000的巷道贯通工程图。

(2)贯通测量方案的选定。包括:贯通测量的起始数据情况,地面控制测量、矿井联系测量及井下控制测量的方案;说明所采用的测量起始数据的情况,导线测量、水准测量、三角高程测量等所采用的等级或技术规格,矿井联系测量采用的方法等。

(3)贯通测量方法,包括所采用的仪器、测量方法、限差要求及工作组织等。

(4)贯通测量误差预计。绘制比例尺不小于1:2 000的贯通测量设计平面图,在图上绘出与工程有关的巷道和地面及井下测量控制点,确定测量误差参数,并进行误差预计。一般采用2倍(或3倍)的中误差作为预计误差,预计误差不应超过规定的允许偏差值。

(5)贯通测量中应注意的问题和应采取的相应措施。包括:导线通过倾斜巷道时是否加全站仪竖轴的倾斜参数,导线边长化归到投影水准面,导线边长投影到高斯-克吕格平面的改正问题,贯通前的准备,贯通后的连测,贯通偏差的调整等。

在贯通测量设计中,贯通测量误差预计是非常重要的一个环节。所谓贯通测量误差预计,就是按照所选择的测量方案与测量方法,应用误差理论对贯通精度的一种估算,即预计贯通偏差值可能出现的大小范围。因此,贯通误差预计只有概率上的意义。其目的在于选择最合理、最优化的测量方案,以及最适当的测量方法,使矿山测量人员在巷道贯通之前就能做到心中有数。既避免盲目追求高精度而增加测量工作量造成浪费,又避免心存侥幸降低精度酿成贯通测量事故。

七、选择贯通测量方案及误差预计的一般方法

(一)了解情况,收集资料,初步确定贯通测量方案

在接受贯通测量任务之后,首先,应向贯通工程的设计和实施部门了解有关工程的设计部署、工程要求限差和贯通可能的相遇点等情况,并检查有关设计图案的几何关系,确保施工设计图准确无误。其次,应收集与贯通测量有关的测量资料,抄录必要的测量起始数据,了解其测量方案和达到的精度,并在图上绘出与工程有关的一切巷道和井上下测量控制点、导线点、水准点等,为测量实施做好准备工作。然后,根据实际情况选择可能的测量方案。一开始可能会有多个方案,如地面上采用GNSS测量、三角网及导线等;平面联系测量采用两井定向、一井定向,还有陀螺定向等;如采用陀螺定向,则在井下导线中加测多少条陀螺定向边,加测在什么位置等。经过对几种方案的对比,根据误差大小、技术条件、工作量或成本大小、作业环境好坏等因素进行综合考虑,结合以往的实际经验,初步确定一个较优的贯通测量方案。

(二)选择适当的测量方法

测量方案初步确定后,选用什么仪器和哪种测量方法,规定多大的限差,采取哪些措施,都要逐一确定下来。这个选择是和误差预计相配合进行的,通常是根据本矿现有的仪器和常用的测量方法,凭以往的经验先确定其中一种,然后经过误差预计,才能确定最后的测量方法。对于大型重要贯通,必要时也可以考虑向上级和兄弟单位求援,借用或租用先进的仪器,或由上级部门出面组织几个矿的测量人员分别独立进行测量,并把最终成果互相对比检核,以期更有把握。

(三)根据所选择的测量仪器和方法,确定各种误差参数

选择误差预计的参数可按照以下顺序进行:

(1)采用本矿平时积累和分析得到的实际数据。

(2)比照同类条件的其他矿井的资料。

(3)采用有关测量规程中提供的数据。

(4)采用理论公式来估算各项误差参数。

上述 4 种方法可以结合使用,并相互对比,从而确定出最理想的误差参数。

表 7-2 所示为根据我国 20 多个矿务提供的大量实测资料经综合分析后求得的测量误差参数,可供参考。

表 7-2 测量误差参数考表

<table>
<tr><th>测量种类</th><th colspan="2">误差参数名称</th><th>测量方法</th><th>参数值</th><th>备注</th></tr>
<tr><td rowspan="4">联系测量</td><td colspan="2">一井定向一次测量中误差</td><td>三角连接法</td><td>35″</td><td></td></tr>
<tr><td colspan="2">两井定向一次测量中误差</td><td></td><td>18″</td><td></td></tr>
<tr><td colspan="2">陀螺定向一次测量中误差</td><td></td><td>15″</td><td></td></tr>
<tr><td colspan="2">导入高程</td><td>钢尺法、钢丝法</td><td>$h/22\ 000$</td><td>h—井筒深度</td></tr>
<tr><td rowspan="4">井下测角</td><td rowspan="2">2″级仪器</td><td>一测回测角中误差</td><td>测回法</td><td>7″</td><td></td></tr>
<tr><td>两测回测角中误差</td><td>测回法</td><td>6″</td><td>一次对中</td></tr>
<tr><td rowspan="2">6″级仪器</td><td>一测回测角中误差</td><td>测回法</td><td>20″</td><td></td></tr>
<tr><td>两测回测角中误差</td><td>测回法</td><td>15″</td><td>一次对中</td></tr>
<tr><td rowspan="2">钢尺量边(平巷)</td><td colspan="2">量边系统误差系数 a</td><td rowspan="2">基本控制导线量边方法</td><td>0. 000 3~0. 000 5</td><td rowspan="2">在 $\delta>15°$ 的巷道中,a、b 系数取平巷的 2 倍</td></tr>
<tr><td colspan="2">量边系统误差系数 b</td><td>0. 000 3~0. 000 05</td></tr>
<tr><td>井下光电测距</td><td colspan="2">每条边的量边中误差</td><td>往返测取平均值</td><td>5 mm</td><td></td></tr>
<tr><td>井下水准测量</td><td colspan="2">每千米高差中误差</td><td>两次仪器高</td><td>15 mm</td><td></td></tr>
</table>

(四)贯通测量方案和测量方法的最终确定

将估算所得的贯通预计误差与设计要求的允许偏差进行比较,若预计误差小于允许偏差值,则初步确定的测量方案与测量方法是可行的。当然,预计误差值过小也是不合适的。

若预计误差超过了允许偏差,则必须调整测量方案或修改测量方法,再重新进行估算。通过逐渐趋近的方法,直到符合要求。针对某些特殊的贯通工程,在确有困难的情况下,可以向总工程师和设计部门提出,在施工中采取某些特殊措施或改变贯通相遇点的位置。

在上述工作的基础上,根据测量方案最优、测量方法合理、预计误差小于允许偏差的原则,确定最终的测量方案与方法,编写好贯通测量设计书,并以此指导贯通工程的实施。

八、一井内巷道贯通的误差预计

在图7-8中,现欲在+100 m平巷之间掘进四号下山。为了加快施工进度,由两个掘进队相向掘进施工,根据两队的施工速度,估计最终在K点贯通。

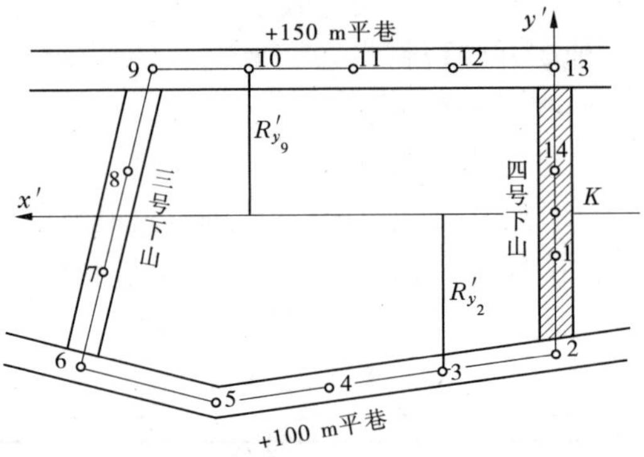

图7-8 同一矿井内巷道贯通测量误差预计示意图

+100 m平巷、+150 m平巷和三号下山中已测有30″级采区控制导线,+100 m平巷、+150 m平巷中已进行水准测量,三号下山中已进行三角高程测量。在未掘进巷道四号下山中计划进行30″级采区控制导线和三角高程测量。在未掘进巷道四号下山中计划进行30″级采区控制导线和三角高程测量。

现以贯通相遇点K为原点,以垂直于贯通巷道的方向为x'轴,以贯通巷道中线方向为y'轴,建立假定坐标系统。则x'轴表示贯通的水平重点方向,需要预计点K在这一方向上的误差和竖直方向上的误差。

(一)水平重要方向上的误差预计

在贯通之后,导线布设的形式是从K点开始再测回到K点的一条闭合导线(K—1—2—…—13—14—K),但在贯通之前实际上是一条支导线,因此预计水平重要方向上的贯通误差实质上就是预计导线终点K在x'轴方向的误差为$M_{x'_K}$。

(1)由导线的测角误差引起K点在x'轴方向的误差为

$$M_{x'\beta} = \pm \frac{m_\beta}{\rho}\sqrt{\sum R_{y'}^2} \tag{7-14}$$

(2)由导线的量边误差引起K点在x'轴方向上的误差:

光电测距时,有

$$M_{x'l} = \sqrt{\sum \cos^2\alpha' m_l^2} \tag{7-15a}$$

钢尺量边时,有

$$M_{x'l}=\pm\sqrt{a^2\sum l\cos^2\alpha'+b^2L_{x'}^2} \tag{7-15b}$$

对本类贯通，$L_{x'}=0$，则

$$M_{x'l}=\pm a\sqrt{\sum l\cos^2\alpha'} \tag{7-16}$$

式中　m_β—— 井下导线侧角中误差；

$R_{y'}$—— K 点与各导线点在 y' 轴上的投影长；

α'——导线各边与 x' 轴间的夹角；

a——光电测距的量边误差，$m_l=\pm(a+bl)$；

l——导线各边的边长；

b——钢尺量边的系统误差影响系数；

$L_{x'}$——导线闭合线在假定的 x' 轴上的投影长。

(3) K 点在 x' 方向上的预计中误差为

$$M_{x'_K}=\pm\sqrt{M_{x'\beta}^2+M_{x'l}^2} \tag{7-17}$$

若导线独立施测两次，则平均值中误差为

$$M_{x'_{K平}}=\frac{M_{x'_K}}{\sqrt{2}}$$

若独立施测 n 次，则平均值中误差为

$$M_{x'_{K平}}=\frac{M_{x'_K}}{\sqrt{n}}$$

(4) K 点在 x' 轴方向上的预计贯通中误差为

$$M_{x'_{K测}}=2M_{x'_{K平}}$$

需说明的是，前述公式中 $R_{y'}$、$l\cos^2\alpha'$ 和 $L_{x'}$ 三个量，可以用作图的方法直接在贯通设计图上量取。

(二) 竖直方向上的误差预计

在图 7-8 中，贯通相遇点 K 在竖直方向上的误差是由+100 m 平巷、+150 m 平巷中的水准测量误差和三号下山、四号下山的三角高程测量误差引起的。因此，可以按照水准测量和三角高程测量公式分别计算，然后求总误差。

1. +100 m 平巷、+150 m 平巷中的水准测量误差

井下水准测量误差 $M_{H水}$ 可按下列方法之一估算：

(1) 按每千米水准路线的高差中误差估算：

$$M_{H水}=m_{hL}\sqrt{R} \tag{7-18}$$

式中　m_{hL}——每千米水准路线的高差中误差，可按实测资料分析求得 $m_{hL}=\frac{50}{2\sqrt{2}}=\pm17.7$ (mm/km)；

R—— +100 m 平巷和+150 m 平巷中水准路线总长度，km。

(2) 按理论公式估算：

$$M_{H水}=m_0\sqrt{n} \tag{7-19}$$

式中　m_0——水准尺读数误差;

n—— +100 m 平巷和+150 m 平巷中水准测量的总测站数。

2. 三号下山、四号下山中的三角高程测量误差

井下三角高程测量误差 $M_{H经}$ 可按下列方法之一估算:

(1)按每千米三角高程路线的高差中误差估算:

$$M_{H经} = m_{hL}\sqrt{L} \tag{7-20}$$

式中　m_{hL}——每千米三角高程路线的高差中误差,可按实测资料分析求得 $m_{hL} = \frac{100}{2} = \pm 50$ (mm/km);

L——三号下山和四号下山中三角高程路线总长度,km。

(2)按理论公式估算。

参照前面理论公式,不考虑系统误差影响,可以计算出三角高程测量误差的影响(三角高程测量路线中每相邻两点的高差均相向观测,并取算术平均值)为

$$M_{H经} = \frac{1}{\sqrt{2}}\sqrt{\alpha^2 \sum l' \sin^2\delta + \frac{m_\delta^2}{\rho^2}\sum l'^2 \cos^2\delta + 2nm_v^2} \tag{7-21}$$

式中　m_δ—— 倾角测量误差;

m_v—— 量取仪器高和觇标高的误差(设两者相等,都为 m_v);

n——测站数。

3. 贯通相遇点 K 点在高程上的预计中误差

$$M_{H_K} = \pm\sqrt{M_{H_水}^2 + M_{H_经}^2} \tag{7-22}$$

若独立施测2次,则平均值中误差为

$$M_{H_{K平}} = \frac{M_{H_K}}{\sqrt{2}} \tag{7-23}$$

如需独立施测 n 次,则平均值中误差为

$$M_{H_{K平}} = \frac{M_{H_K}}{\sqrt{n}} \tag{7-24}$$

4. 贯通相遇点 K 点在高程上的预计贯通误差

$$M_{H_预} = 2M_{H_{K平}} \tag{7-25}$$

九、实训任务

(一)分析该矿区地质基本资料

认真分析该矿区的地形条件、地质及矿体走向等基本状况,储量分布情况,以及原有地形图资料。

(二)拟定贯通测量方案

3311 工作面设计贯通位置为材料巷与切眼相交处,测量的目的就是保证准确贯通,构成完整的生产系统。为满足安全生产的需要,贯通相遇点在水平重要方向上的允许偏差不得超过±0.5 m。

贯通任务:精确标定 3311 工作面各条巷道的位置,及时地延伸各条巷道的中线,定期对已掘巷道进行检查测量和填图,以控制巷道按设计方向掘进,使之准确贯通,贯通误差不得超过 0.5 m,从而构成 3311 工作面完整的生产系统。因此,在制订贯通测量方案时,要根据矿区的具体情况,制订合适的贯通测量方案。

(三)根据制订的具体测量方案进行实际工作

根据分组讨论制订的具体测量方案,领取相关仪器,以小组为单位进行实际的测量工作。在各个测量工作中,要依据相应的规范要求进行操作。最后,要完成相应的数据记录及处理工作。

(四)总结贯通测量的实训经验并思考相关问题

认真反思贯通测量各阶段测量工作的目的、意义及具体测量工作,探讨各阶段中测量工作的方案,找出其中的不足并完善。在实际测量工作中,要掌握仪器的具体操作使用步骤,并按规范要求完成测量。在处理数据时,要根据具体精度要求,进行平差计算,检核数据的正确与否。最后完成实习报告,总结整个测量工作的心得体会。

(五)熟悉贯通测量技术设计书的编写规范

1. 编制贯通测量技术设计书的目的

编制贯通测量技术设计书的目的在于补充矿区贯通测量工作设计中有关测量方面的事宜,详细地叙述测量操作方法及保证精度要求的措施,作为施工的依据。技术设计书应指定专人或由矿区作业组编制。

2. 编制技术设计书时应遵守的原则

(1)既要满足目前地质工作需要,又要考虑到矿区远景发展及为有关部门利用。

(2)有条件时应充分利用和连测矿区已有成果、成图资料。

(3)技术设计书处处要有依据、各工序精度明确、方法和措施具体,选择设计方案时应既经济实用,又合理而且保证质量。

(4)尽量采用经过鉴定而确具成效的新技术和新方法。

(5)必须充分合理地组织人力、物力,以发挥潜力。

3. 编制技术设计书时的参考资料

(1)上级下达的任务计划。

(2)地质勘探工程设计(或地质提出的特殊技术要求)。

(3)统一的规范、细则、图式和有关方面颁发的技术指示。

(4)已经分析鉴定而可用的矿区现有的测量成果、成图资料。

(5)矿区调查、勘选资料。

(6)生产定额等。

4. 技术设计书的装订和形式

技术设计书的有关内容按下列次序排列装订:

(1)目录。

(2)设计书说明。

(3)设计工作量及进度安排表。

(4)人员组成表。

(5)需用仪器及主要器材表。

(6)设计图。

5. 技术设计书的封面格式

设计书的用纸一律采用16开纸,大小与上图取得一致,文字一律从左至右横写,设计图亦应折叠成同样大小。

单元二 两井之间巷道贯通测量

【导入】

鹤煤六矿-600 m北大巷位于该矿井底车场东部,六矿为了解决-600 m北大巷施工进度缓慢的问题,决定使用综合掘进施工-600 m北大巷南头(三水平轨道暗斜井一侧),加快与该巷道北头(三水平回风暗斜井一侧)的贯通,属于两井贯通测量。依据该矿区地质勘查工程资料及相关规范标准等,制订该矿区-600 m北大巷贯通测量方案。贯通示意图如图7-9所示,-600 m北大巷贯通路线全长约4 900 m,其中平巷3 400 m,斜巷1 500 m,贯通相遇点K,巷道断面为4.6 m×3.6 m(宽×高),贯通段采用全断面、一次喷浆成巷掘进。贯通任务:精确标定-600 m北大巷的位置,及时地延伸各条巷道的中线,定期对已掘巷道进行检查测量和填图,以控制巷道按设计方向掘进,使之准确贯通,贯通相遇点K水平重要方向上的允许偏差为0.3 m,垂直主要方向上的运行偏差为0.2 m,从而构成-600 m北大巷完整的生产系统。

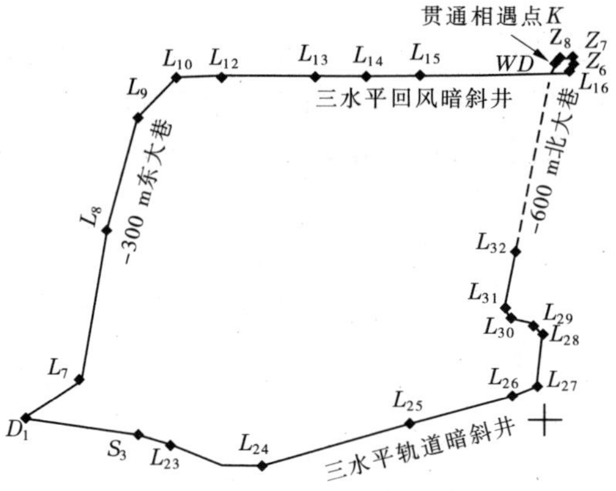

图7-9 贯通测量路线示意图

【正文】

一、两井之间巷道贯通测量

两井间的巷道贯通,是指在巷道贯通前不能由井下的一条起算边向贯通巷道的两端敷设井下导线的贯通。其贯通路线要经过地面,一般要通过两个以上的井口。这类贯通与一井之内的贯通有较大的不同,主要考虑采用同一坐标及高程系统,要顾及地面控制网的误差对贯通的影响。由于这类贯通的特点是两井都要进行联系测量,并且在两井之间要进行地面测量,而联系测量的误差都较大,测量路线较长,因此积累的误差较大。必须采用更精确的测量方法和更严格的检查措施来保证正确贯通。

下面以某矿中央回风上山的贯通实例来说明如何进行这类贯通测量工作。

图7-10为某矿中央回风上山贯通的立体示意图。该矿用立井开拓,主、副井在-425 m水平开掘井底车场和水平大巷。风井在-70 m水平开掘回风巷。中央回风上山位于矿井的中部,采用相向掘进的方式施工,甲掘进队由-425 m水平井底车场12号碹岔绕道起,按一定的倾角向上掘进。同时,乙掘进队由-125 m水平的2 000石门处向下掘进。

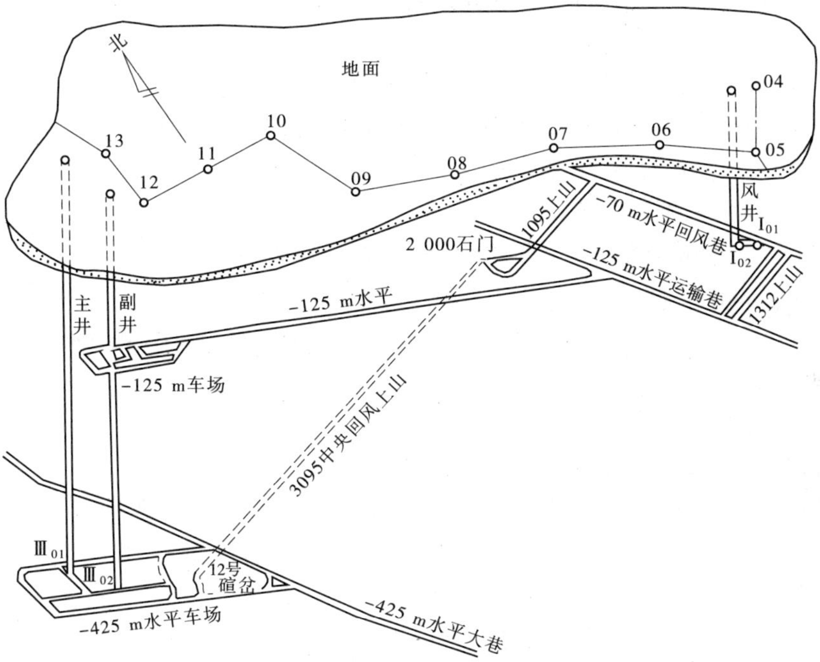

图7-10 中央回风上山贯通的立体示意图

从井巷已知情况来看,有以下两个方案可供选择:

第1个方案是,由主、副井巷-425 m水平进行立井的联系测量,测得-425 m井底车场内的$Ⅲ_{01}$—$Ⅲ_{02}$这条起始边的方位角、$Ⅲ_{02}$点的坐标和高程,并从该起始边测量导线和水准路线到中央回风上山的起坡点处。地面布设导线和水准线路连接主、副井和风井,由风井向-70 m水平进行一井定向和导入高程测量。从传递到风井-70 m水平的$Ⅰ_{01}$—$Ⅰ_{02}$起始边向2 000石门布设导线和高程路线到中央回风上山的上端。

第2个方案是,由主、副井的-125 m水平向-425 m水平进行立井的联系测量,测得-425 m井底车场内的$Ⅲ_{01}$—$Ⅲ_{02}$这条起始边的坐标方位角、$Ⅲ_{02}$点的坐标和高程,并从该起始边测量导线和水准路线到中央回风上山的起坡点处。-125 m水平则由该水平在主、副井处的车场测量导线和水准路线,沿-125 m水平巷道测量到-125 m水平运输巷道,再从2 000石门布设导线和高程路线到中央回风上山的上端。

两个方案各有利弊,由于-125 m水平巷道狭窄,巷道变形较大,测量条件较差,会引起较大的贯通测量误差,因此最终选择了第1个方案。其施测具体方法如下:

(一)主、副井与风井之间的地面连测

两井间的地面连测可以采用导线、独立三角网或在原有矿区三角网中插点等方式,也可以采用GPS定位。因为地面比较平坦,故地面采用导线连测。先在主、副井附近建立近井点12号点,在风井附近建立近井05号点,再在12号点和05号点之间测设导线,并附合到附近的三角点上,作为检核。地面高程测量采用的方式是在两井之间进行四等水准测量,求出近井点12号点和05号点的高程。地面测量一般需独立进行两次,取平均值进行计算。

(二)主、副井与风井之间的联系测量

主、副井与风井之间的联系测量既可以采用陀螺定向的方式,也可以采用几何定向的方式。由于该矿没有陀螺仪,故采用几何定向的方式。主、副井联系测量采用两井定向方法,求出井下起始边$Ⅲ_{01}$—$Ⅲ_{02}$的坐标方位角和井下起始点$Ⅲ_{02}$的坐标。风井的联系测量采用一井定向法,求出井下起始边$Ⅰ_{01}$—$Ⅰ_{02}$的坐标方位角和井下起始点$Ⅰ_{01}$的坐标。主、副井与风井均采用长钢丝法导入高程,将12号和05号点的高程传递到井下的起始点上。矿井联系测量工作均需独立进行两次,取平均值进行计算。

(三)井下导线测量和高程测量

从-425 m水平井底车场的井下起始边$Ⅲ_{01}$—$Ⅲ_{02}$开始,敷设导线到中央回风下山的下口;再从风井井底的井下起始边$Ⅰ_{01}$—$Ⅰ_{02}$开始敷设导线到中央回风上山的上口。如果条件允许,导线应尽可能布设成闭合环形作为检核。高程测量在平巷中采用水平测量;斜巷中采用三角高程测量,分别测出中央回风上山的上口及下口处腰线点的高程。井下导线测量和高程测量一般都要测量两次以上。

(四)贯通标定要素的计算

根据中央回风上山的上口及下口处的导线点(导线点位于巷道的中线上)坐标及腰线点高程,反算出上山的坐标方位角和斜角,并与原巷道的设计值进行对比,到差值在允许范围之内时,则分别在中央回风上山及下山处实地标定中线和腰线,以供两个掘进队相向掘进。中央回风上山的掘进需经常检查和调整掘进的方向和坡度,直至正确贯通。

二、贯通相遇点K在水平重要方向上的误差预计

贯通相遇点K点在水平重要方向上的误差来源包括地面平面控制测量误差、定向测量误差和井下控制测量误差。下面分别讨论这些误差影响的预计。

(一)地面平面控制测量误差引起K点在x'方向上的误差

两井间地面连测的平面控制测量的可能方案有GNSS、导线、三角网(锁)、插点等多种方法。由于GNSS技术和全站仪的应用十分普及,故目前GNSS测量和导线测量在贯通工程的地面测量中几乎成了首选方案。

1. 地面采用GNSS测量时的误差预计

在将GNSS用于两井间巷道贯通测量时,可选用D级或E级精度来布设两井井口附近的近井点,而且两近井点A与B之间尽量通视。这时,由地面GNSS测量误差所引起的K点在x'轴方向上的贯通误差按下式估算:

$$M_{x'_{上}} = M_{S_{AB}} ab\cos\alpha' \tag{7-26}$$

式中 $M_{S_{AB}}$——近井点A与B之间边长的误差($M_{SAB}=\pm\sqrt{a^2+(bS)^2}$);

a——固定误差,D级及E级GNSS网的$a\leqslant10$ mm;

b——比例误差系数,D级及E级GNSS网分别为$b\leqslant10\times10^{-6}$和$b\leqslant20\times10^{-6}$;

α'——AB边与贯通重要方向x'轴之间的夹角。

在进行两井间的巷道贯通测量时，地面平面控制测量采用 GNSS 建立近井点是值得提倡的一种方案，施测简便，精度又高。

用 GNSS 作近井网(点)时，也可不局限于如图 7-11 所示的 A、B 两个近井点。可以考虑布设成一个控制范围更大的 GNSS 网，这样也能够以较高精度解决两近井点不通风的问题。

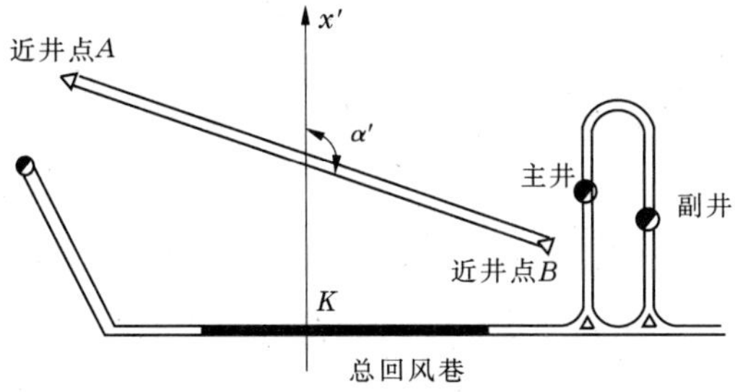

图 7-11　GNSS 测量近井点

需要说明的是，两近井点之间应尽量互相通视，这样在由近井点 A 向风井井口施测连接导线时，可用近井点 B 作为后视点，同样由近井点 B 向主、副井施测连接导线时，也可以近井点 A 作为后视点，从而消除了起始边的坐标方位角中误差对于贯通的影响。

有时，矿区近井点破坏严重，可供使用的两个近井点之间受地形、地物限制无法通视，则可在近井点之间沿地面敷设连接导线。由于两近井点的坐标已知，可以采用“无定向导线”的方法计算，求出两近井点之间各导线点的坐标及各导线边的坐标方位角。

2. 地面采用导线测量方案时的误差预计

地面导线测量误差引起的 K 点在 x' 方向上的误差预计方法与井下导线测量的误差预计方法基本相同。

通常在地面两近井点之间布设闭合导线(或者是附合导线中的一部分)，如图 7-12 所示。这时，在进行地面闭合导线(或附合导线)的严密平差时，应当同时评定出两井口连接点 1、j 之间在 x'方向上的相对点位中误差，以及 1—n 边的坐标方位角 α_1 与 j—j+1 边的坐标方位角 α_j 之间的相对中误差 $M_{\Delta\alpha}$，并计算出地面导线测量误差对于贯通的影响为

$$M_{x'_{上}} = \sqrt{(M_{x_1-j})^2 + \frac{M_{\Delta\alpha}^2}{P^2}\left(\frac{R_{y1}^2 + R_{yj}^2}{2}\right)} \tag{7-27}$$

式中　M_{x1-j}——井口连接点 1 和 j 在 x'方向上的相对点位误差；

$M_{\Delta\alpha}$——两条近井点后视边坐标方位角之间的相对中误差；

R_{y1}、R_{yj}——导线点 1 和点 j 连线在 y'轴上的投影长。

当地面采用导线方案时，除上述较为严密的方法外，也可采用下述的近似估算方法来估算地面导线测量误差对于贯通的影响。如图 7-13 所示，可将地面闭合导线以点 1 和点 j 为界拆成两段导线：

Ⅰ段：1，2，3，…，j−1，j。

Ⅱ段：j，j+1，…，n−1，n，1。

按照角度平差后任一点误差的计算公式算出 $M_{x'_{KⅠ}}$ 和 $M_{x'_{KⅡ}}$，再求加权平均值的误差，即地面导线测量误差引起的 K 点在 x'方向上的误差 $M_{x'_{上}}$。

当近井点精度不太高或近井网精度估算数据不足时，为了满足贯通工程急需，也可以在

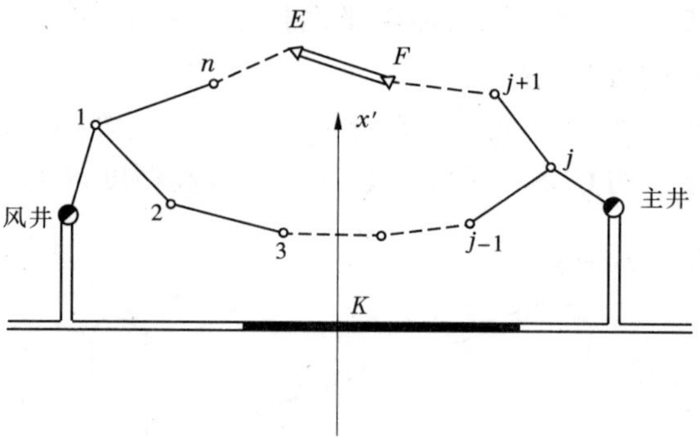

图 7-12　地面采用闭合导线

地面布设如图 7-13 所示的复测指导线。这种导线测量误差对贯通影响的预计方法与井下导线完全相同。

3. 地面采用三角网(锁)测量方案时的误差预计

如图 7-14 所示,在两井之间布设一单三角锁,并由三角点 1 和 7 分别向两个井口敷设连接到线。

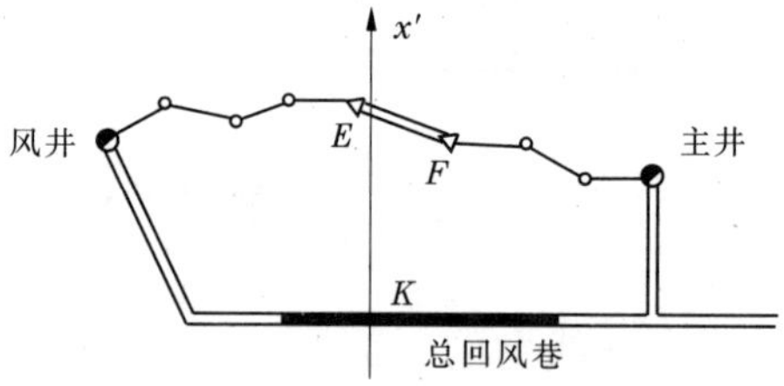

图 7-13　地面采用复测支导线

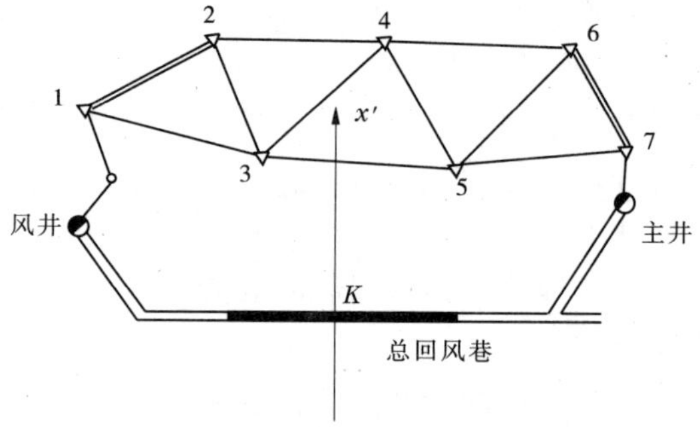

图 7-14　地面采用三角网

上述三角网(锁)在进行严密平差时应同时按照求平差值的函数的中误差方法,求出近井点 1 和近井点 7 两点之间在 x'方向上的相对点误差,以及 1—2 边的坐标方位角与 7—6 边的坐标方位角之间的相对中误差,然后计算出地面三角网测量误差对于贯通的影响。

有时也可以近似的估算方法,选择一条较短线路,如图 7-14 的 1—3—5—7,将三角网(锁)的这几条边看成导线边。其测角中误差可按相应等级的三角网的测角中误差来确定,也可以在施测后根据各三角网的闭合差用菲列罗公式求得,其量边误差可根据估算的三角网最弱边相对中误差乘以各个相应边长来求得。把上述的较短路线各边,加上三角点 1 和三角点 7 到两个井口的连接导线,看成一整条导线,按照前述导线方案中所用的计算公式估算它们对 K 点在 x'方向上的误差的影响。

(二)定向测量误差引起 K 点在 x'方向上的误差

不论采用几何定向或陀螺定向,定向测量的误差都集中反映在井下导线起始边的坐标方位角误差上,因此定向测量误差引起的 K 点在 x'方向上的误差为

$$M_{x'_0} = \pm \frac{m_{\alpha 0}}{\rho} R_{y'_0} \tag{7-28}$$

式中　$m_{\alpha 0}$——定向测量误差,即由定向引起的井下导线起始边坐标方位角的误差;

$R_{y'_0}$——井下导线起始点与 K 点连线在 y' 轴上的投影长，如图 7-16 所示的 $R_{y'_{01}}$ 和 $R_{y'_{02}}$。

在图 7-15 中，如果从两个立井都分别进行了一井定向测量，定向误差所引起的 K 点 x' 方向上的误差 $M_{x'_{01}}$ 和 $M_{x'_{02}}$ 应分别求出。

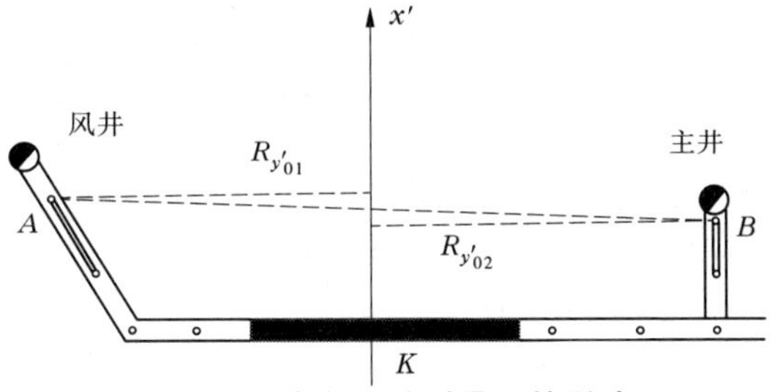

图 7-15 定向误差对贯通的影响

两井定向时，井下两竖井之间的连接导线一般由几条边构成。此时，应选择一条边作为井下贯通导线的起算边，并估算出由两井定向引起的该边的方向中误差 $m_{\alpha 0}$。再按照相应的计算公式预计出定向测量误差引起的 K 点在 x' 方向上的误差。

定向过程中所积累的井下导线起始点的坐标误差，因其值很小，可以忽略不计。

（三）井下导线测量误差引起 K 点在 x′ 轴方向上的误差

井下导线测角和量边误差引起的 K 点在 x' 轴方向上的误差和预计公式与同一矿井内巷道贯通的预计误差公式相同，不过此时要考虑井下量边系统误差对贯通的影响。井下导线量边系统误差为 $b_{下} L_X$，其中 $b_{下}$ 为井下量边系统误差系统，L_X 为井下导线两个起始点连线（见图 7-15 中的 A、B 点连线）在 x' 轴上的投影长。

需要说明的是，如果矿井的开拓方式为平硐开拓或斜井开拓，其平面联系测量的方式就是导线。这时可以把平硐或斜井中的导线与井下导线看成一个整体来进行误差预计。

（四）各项测量误差引起贯通点 K 在 x′ 轴方向上的总误差

由地面测量误差和井下导线测量误差所引起的 K 点在 x' 方向上的总的中误差为

$$M_{x'K} = \pm\sqrt{M_{x'上}^2 + M_{x'01}^2 + M_{x'02}^2 + M_{x'\beta下}^2 + M_{x'l下}^2} \tag{7-29}$$

若各项测量均独立进行了 n 次，则平均值的中误差为

$$M_{x'K平} = \frac{M_{x'K}}{\sqrt{n}} \tag{7-30}$$

K 点在 x' 方向上的预计贯通误差（取 2 倍中误差为极限误差）为

$$M_{x'预} = 2M_{x'K平} \tag{7-31}$$

三、贯通相遇点 K 在高程上的误差预计

两井间巷道贯通相遇点 K 在高程上的误差来源包括地面水准测量误差、导入高程误差、井下水准测量和井下三角高程测量误差 4 个方面。

（一）地面水准测量引起的高程误差的估算公式为

$$M_{H上} = m_{hl}\sqrt{L} \tag{7-32}$$

或

$$M_{H上} = m_0\sqrt{n} \tag{7-33}$$

式中　m_{hl}——地面水准测量每千米长度的高差中误差；
　　L——地面水准路线长度,km；
　　m_0——地面水准测量水准尺读数中误差；
　　n——地面水准测量总测站数。

有一些矿区地处山区,地表自然坡度较大,在难以用等级水准测量的方法进行地面高程测量时,可以在地面进行三角高程测量,作为地面水准测量的补充。此时,还要估算地面三角高程测量误差对贯通的影响。

(二)导入高程误差

导入高程引起的估算公式为

$$M_{H0} = \pm \frac{1}{T_0} \times h \tag{7-34}$$

式中　$\frac{1}{T_0}$——导入高程的相对中误差；
　　h——井筒深度,m。

两个立井的导入高程中误差 M_{H01}、M_{H02} 应分别计算。

如果缺乏根据大量实测资料所求得的导入高程中误差,可按两次独立导入高程的容许互差来反算一次导入高程的中误差。两次独立导入高程的互差不得超过井筒深度 h 的 $\frac{1}{8\ 000}$,则可计算出导入高程的相对中误差为

$$\frac{1}{T_0} = \pm \frac{1}{2\sqrt{2}} \times \frac{1}{8\ 000} \approx \pm \frac{1}{22\ 600}$$

从平硐或斜井将地面高程传递到井下巷道时,导入高程的误差不必单独计算,而应将平硐中的水准测量或斜井中的三角高程测量与井下水准测量或三角高程测量看成整体一并进行误差预计。

(三)井下水准测量误差和三角高程测量误差

(1)井下水准测量误差引起 K 点在高程上的误差为

$$M_{H水} = m_{h_l}\sqrt{R} \tag{7-35}$$

$$M_{H水} = m_0\sqrt{n} \tag{7-36}$$

(2)井下三角高程测量误差引起 K 点在高程上的误差为

$$M_{H经} = m_{h_l}\sqrt{L} \tag{7-37}$$

(四)各项误差引起 K 点在高程上的错误值

由上述几项误差引起的 K 点在高程上的总中误差为

$$M = \pm\sqrt{M_{H上}^2 + M_{H01}^2 + M_{H02}^2 + M_{H水}^2 + M_{H经}^2} \tag{7-38}$$

如需独立施测 n 次,则平均值中误差为

$$M_{H_{K平}} = \frac{M_{H_K}}{\sqrt{n}} \tag{7-39}$$

取2倍中误差为预计误差,则 K 点在高程上的预计贯通误差为

$$M_{H_{预}} = 2M_{H_{K平}} \tag{7-40}$$

单元三　立井巷道贯通测量

【导入】

某矿风井位于柳林县金家庄乡某矿村，某煤矿经柳林—石楼公路—坂底村—康者村—某村—风井，长约 16 km，交通较为便利，井下为集中皮带巷、4#煤轨道巷、4#煤田风巷、3#煤轨道巷、3#煤田风巷(均未掘进到位)。某矿风井地面高程为+966.7 m，上覆约 15 m 厚的第四纪黄土层，井筒全深约为 440 m。根据采掘衔接布置及通风管理的要求，某矿风井与 4#煤田风巷平行作业，待 4#煤田风巷掘进到某矿风井时，掘进一个联系巷与风井贯通。贯通测量的任务是：在地面精确标定某矿风井井筒的位置，在井下及时地标定延伸 4#煤田风巷的中线，定期对已掘巷道和风井井筒进行检查测量和填图，以控制 4#煤田风巷和风井按设计方向掘进，使之准确贯通，贯通误差不得超过±0.8 m，从而构成该煤矿完整的生产系统。

【正文】

最常见的立井贯通有两种情况：一种是从地面和井下相向开凿的立井贯通；另一种是延伸立井时的贯通。

一、从地面和井下相向开凿的立井贯通

图 7-16 为立井贯通的水平图和立面图。在距离主、副井较远的地方要开凿三号立井，并采用相向掘进的方式。一个掘进队从地面向下开凿；另一个掘进队沿主、副井下的下部车场、运输大巷向三号井方向掘进，掘进完三号立井的井底车场后，在井底车场中标定出三号井筒的中心位置，由此向上以小断面开凿反井。当与上部贯通后，再按设计的全断面刷大成井。

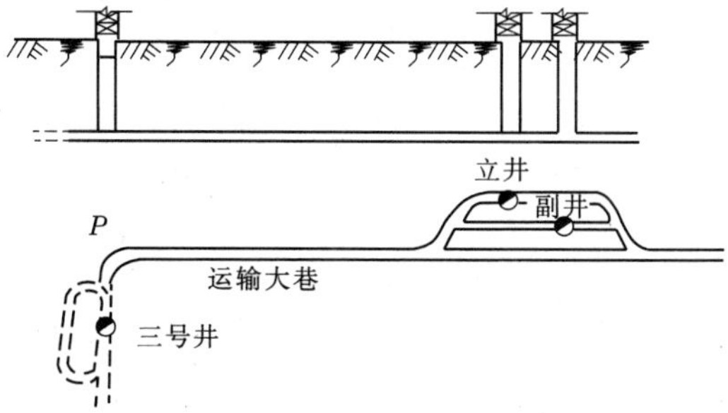

图 7-16　立井贯通的水平图和立面图

当然也可以按照全断面相向贯通，但这样对贯通提出更高的精度要求，增大测量工作的难度。

该贯通测量的工作内容大致如下：

(1)进行地面连测，建立主、副井和三号井的近井点。地面连测方案可根据两井间的距离和现有仪器设备条件而定。

(2)以三号井的近井点为依据，根据设计坐标实地标定出井筒中心的位置，指示掘进人员从地面向下施工。

(3)从主、副井进行联系测量，测定井底车场内井下导线起始边的坐标方位角和起始点的坐标。

(4)在井下沿运输大巷测设导线,直到三号井井底车场出口 P 点。

(5)根据三号井的井底车场设计的巷道布置图,计算由 P 点标定三号井中心位置的标定要素,并标定出三号井的中心位置。牢固地埋好井中标桩及井筒十字中线基本标桩,此后便可开始向上以小断面开凿井。

(6)一般来说,在立井贯通中,高程测量的误差对贯通的影响很小,最后可根据井底的高程推算立井的深度。当三号立井的上、下两端井筒剩余 10~15 m 时,要下达贯通通知书,停止一端的掘进工作,并采取相应的安全措施。

二、立井贯通测量误差预计

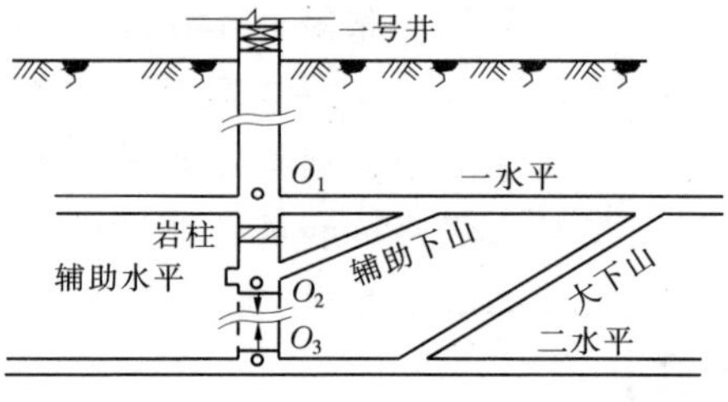

图 7-17　立井贯通的平面图

图 7-17 为一立井贯通的立面图。一号井原来已掘进到一水平,现在要延伸到二水平。由于一水平已通过大下山到达二水平,故决定采用贯通方式延伸,即上端由一水平掘进到辅助下山,到达一号井井底下发,并留设井底岩柱(通常高 6~8 m),标定出井筒中心 O_2,指示井筒由上向下开凿;同时,在二水平开掘井底车场,标定出一号井筒中心 O_3,指示井筒由下向上开凿。当立井井筒上、下两端贯通后,再去掉岩柱,从而使一号井由一水平延伸到二水平。该贯通的主要测量工作包括以下内容:

(1)在一水平测定出一号井井筒底部在该水平的实际位置 O_1 点的坐标,而不是在地面井中的坐标,更不能采用原井筒设计中心坐标(因为设计值与实测值有较小的差别)作为贯通依据。

(2)从一水平井底车场中的起始导线边开始,沿大巷道和大下山测设导线到二水平,一直到一号井井筒的下方,并在二水平标定出井筒中心 O_3 的位置,指示井筒由下向上掘进。

(3)从一水平井底车场中的起始导线边开始,沿大巷和辅助下山测设导线到达一号井岩柱下方,并标定出井筒中心 O_3 位置,指示井筒由下向上掘进。辅助下山一般较短,且倾角较大,导线边很短,因此必须十分注意仪器的对中,以保证导线测量的精度。

(4)一号井筒延伸部分的上、下两端相向掘进只剩下 10~15 m 时,要下达贯通通知书,停止一端的掘进作业,并采取相应的安全措施。上、下两端贯通后,再去掉岩柱,最终使一号井由一水平延伸到二水平。

三、立井贯通测量误差预计

立井贯通时,测量工作的主要任务是保证井筒上、下两个掘进工作面上所标定出的井筒中心位于同一条铅垂线上。贯通的偏差是这两个工作面上井筒中心的相对偏差,而竖直方向在立井贯通中属于次要方向,无须进行误差预计。

实际工作中,一般是分别预计井筒中心在提升中心线方向(作为假设的 x'方向)和与之垂直的方向(作为假设的 y'方向)上的误差,再求出井筒中心的平面位置误差。当然,也可以直接预计井筒中心的平面位置误差。

立井贯通的几种典型情况和它们所需进行的测量工作,已在前面介绍过了。对于从地面和井下相向开凿的立井贯通,需要进行地面测量、定向测量和井下测量。这些测量误差所引起的贯通相遇点(井筒中心)的误差,其预计方法与前一节讨论的预计方法基本相同,只是必须同时预计 x' 和 y' 两个方向的误差,并按下式求出平面位置中误差:

$$M_{中} = \pm\sqrt{M_{x'}^2 + M_{y'}^2} \tag{7-41}$$

立井延伸贯通时(见图 7-17),贯通点的平面位置误差只受井下导线测量误差的影响,光电测距时,可按下式直接预计相遇点的平面位置中误差:

$$M_{中} = \sqrt{\frac{m_\beta^2}{\rho^2}\sum R_i^2 + a^2\sum l_i} \tag{7-42}$$

式中　m_β—— 井下导线测角中误差;

R_i—— 各导线点与井筒中心的连线的水平投影长度;

ρ——常数,206265″;

a—— 钢尺量边的偶然误差影响系数;

l_i—— 导线各边的边长。

为方便立井施工,通常通过辅助下山和辅助平巷在原井筒下部的保护岩柱(或人造保护盖)下向上施工,这时井筒的掘井方式多为全断面掘进,有时甚至要求将下部新延伸的井筒中的罐梁罐道全部安装好后,才打开保护岩柱。因此,对井筒中心标设精度要求很高,尽管这时的导线距离不长,一般也需要进行误差预计。

单元四　贯通后实际偏差的测定及中腰线的调整

煤矿井下巷道贯通后的实际偏差测定是一项较为重要的工作。对巷道贯通工程意义非常重大:

(1)对巷道或井筒贯通的结果做出最后的评定。

(2)用贯通后的实测数据来检查测量工作的成果,并验证贯通测量误差预计的正确程度,从而丰富贯通测量的理论和经验。

(3)通过贯通后的连测,可使两端原来没有闭合或附近条件的井下测量控制网形成闭合图形,从而有了可靠的检核,可进行平差和精度评定,为以后的巷道施工测量打下基础。

(4)实测数据可作为巷道中腰线最后调整的依据。

井巷贯通后,应在贯通点处测量贯通后的实际偏差值,并将两端导线、高程连接起来,计算各项闭合差。重要贯通的测量完成后,还应进行精度分析,并做出总结。总结要连同设计书和全部内、外业资料一起从档保存。

一、贯通后巷道实际偏差的测定

(一)平巷、斜巷贯通时水平面内偏差的测定

(1)如图 7-18 所示,用全站仪把两端巷道的中线都延长到贯通结合面上,量出两中线之间的距离 d,其大小就是贯通在水平面内的偏差。

(2)将巷道两端的导线进行连测,求出闭合边的坐标方位角的差值和坐标闭合差,这些差值也反映了贯通平面测量的精度。

(二)平巷、斜巷贯通时竖直面内偏差的测定

(1)用水准仪水准测量测出或小钢尺直接量出两端腰线在贯通接合面的高差,其大小

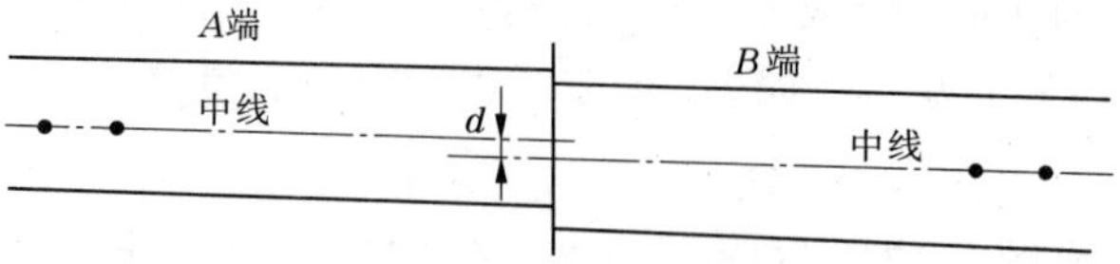

图 7-18　贯通中线偏差的测定

就是贯通在竖直面内的实际偏差。

(2)用水准仪水准测量或全站仪三角高程测量的方式连测两端巷道中的已知高程控制点(水准仪或全站仪导线点),求出高程闭合差,它反映了贯通高程测量的精度。

(三)立井贯通后井筒中实际偏差的测定

(1)立井贯通后,可由地面上或由水平的井筒中心处悬挂垂球线到下水平,直接丈量出井筒中心之间的偏差值,即为立井贯通的实际偏差值。

(2)有时也可测绘出贯通接合处上、下两段井筒的横断面图,从图上量出两中心之间的距离,就是立井贯通的实际偏差。

立井贯通后,应进行定向测量,重新测定下水平的井下导线边的坐标方位角和标定下水平井中位置用的导线点的坐标,并计算与原坐标的差值 Δ_x 和 Δ_y,以及导线点的实际点位偏差 $\Delta=\sqrt{\Delta_x{}^2+\Delta_y{}^2}$,它的数值大小可以用来表示立井贯通的精度。

二、贯通后巷道中腰线的调整

(一)中线的调整

巷道贯通后,如果实际偏差在容许的范围内,对于运输巷道等主要巷道,可将距贯通相遇点一定距离处的两端中线点,如图7-19所示的 A 点和 B 点相连,以新的中线 $A—1'—2'—4'—3'—B$ 代替原来两端的中线点 $A—1—2$ 和 $B—3—4$,并以此指导最后一段永久支护及铺设永久轨道。对次要巷道只需将最后几架棚子加以修正即可。

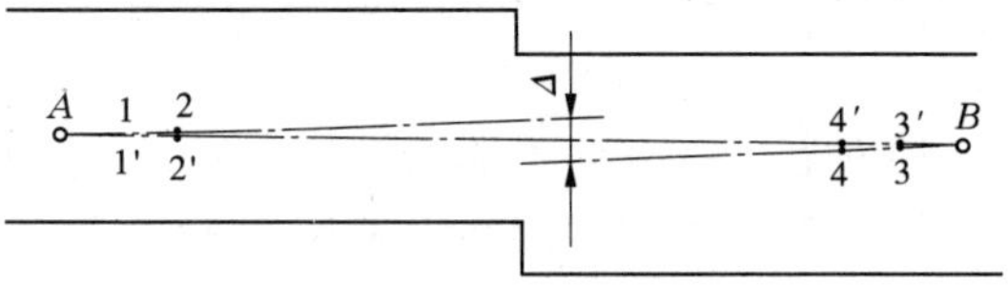

图 7-19　贯通后中线的调整

(二)腰线的调整

如果贯通后实际的高程偏差很小,则可以按实测高差和距离计算出最后一段巷道的坡度,并重新标定出新的腰线。

在平巷中,如果贯通的高程偏差很小,则可以按实测高差和距离计算出最后一段巷道的坡度,并重新标定出新的腰线。

在平巷中,如果贯通的高程偏差较大,可以适当延长调整坡度的距离。如图7-20所示,实测贯通高程偏差(腰线偏差)为60 mm,由贯通相遇点 K 向两端各后退30 m,与该处原有腰线点相连接,则调整后的腰线其坡度由原设计的+4‰变为+3‰。如果由 K 点向两端只后退15 m,则调整后的腰线坡度由原设计的+4‰变为+2‰。而在斜巷中,通常对腰线的调整要求不是十分严格,可由掘进技术人员自己掌握。

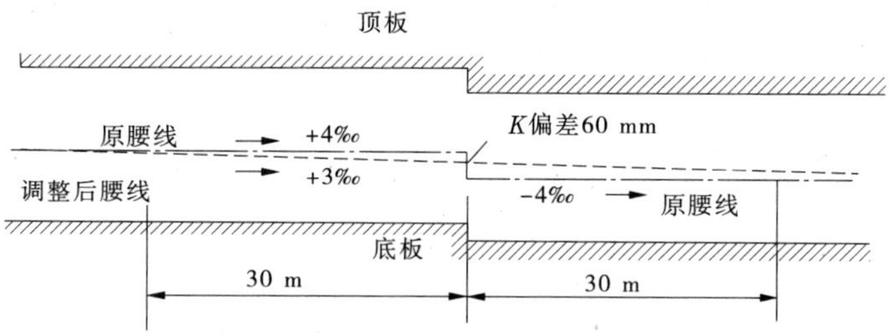

图 7-20 贯通后腰线的调整

单元五 贯通实测资料的精度分析与技术总结

一、贯通实测资料的进度分析

贯通测量工作,尤其是一些大型重要贯通的测量工作,通常都要独立进行两次、三次甚至更多次,这样便积累了相当多的实测资料,从而使我们有条件对这些资料进行进度分析,以评定实测成果的精度,并为以后再进行类似贯通测量工作提供可靠的参考和依据。

例如,可以由多个测站的角度两次或多次独立观测值,分析评定测角精度,用多条导线边长两次或多次独立观测结果分析评定量边精度,并将分析评定得到的数值与原技术设计书中贯通测量误差预计的测角量边精度做对比,看是否达到了要求的精度。如果实测精度太低,则有必要返工重测或采取必要措施以提高实测精度,以免给贯通工程造成无法挽回的损失。又如,可以由两次或多次独立定向成果求得一次定向中误差,由地面或井下复测支导线的两次或多次复测所求得的导线最终边坐标方位角的差值和导线的整体实测精度。

尽管根据两次或三次成果来评定定向和导线测量的精度,可能由于数据较少,评定出的结果并不十分可靠,但在一定程度上也客观地反映了实测成果的质量,有利于在贯通测量的施测过程中,及时了解和掌握各个测量环节,而不是直到贯通工程结束后才去面对最后的实际贯通偏差。

综上所述,贯通实测资料的精度分析有两个作用:一是可以指导正在实施的贯通工程,把分析得到的各实测误差数值与贯通误差预计时所采用的参考数值进行比较,以判断原误差预计采用的方案是否合理恰当;二是为以后的矿井贯通测量积累实测资料,以便能在将来的贯通误差预计中采用更准确的预计参数。

二、立井贯通测量的精度分析评定项目实例

某矿在距风井(立井)1.6 km 处用贯通方式开凿了一个新立井,井深 450 m。地面采用光电测距导线连测,共 11 个测站,全长 1 930 m,平均边长 193 m,实测时采用的技术指标为:测角中误差为±5″,导线相对闭合差 1/15 000,采用 TOPCON GTS-223 全站仪成绩测边。导线共独立施测了 3 次,其最终边坐标方位角和终点坐标列于表 7-3 中。

表 7-3　地面导线最终成果

独立测量次数	最终边方位角	Δα	最终点坐标/m					导线相对闭合差
	(° ′ ″)	(″)	x	f_x	y	f_y	f	
1	211 08 59	−11	897.109	−0.004	506.452	−0.009	0.010	1/193 000
2	211 08 40	+8	897.133	−0.028	506.442	+0.001	0.028	1/69 000
3	211 08 45	+3	897.073	+0.032	506.435	+0.008	0.033	1/58 000
平均值	211 08 48	—	897.105	—	506.443	—	—	—

地面导线的实际一次测量角误差为

$$m_{b上} = \pm\sqrt{\frac{[\Delta\alpha]^2}{n(N-1)}} = \pm\sqrt{\frac{(-11)^2+8^2+3^2}{11\times(3-1)}} = \pm 3.0'' \tag{7-43}$$

地面导线终点点位三次测量平均值的中误差为

$$m_{上} = \pm\sqrt{\frac{[f]^2}{N(N-1)}} = \pm\sqrt{\frac{0.010^2+0.028^2+0.033^2}{3\times(3-1)}} = \pm 0.018(\text{m}) \tag{7-44}$$

平面联系测量是通过风井采用一井定向方式,共独立进行了三次,三次定向分别测定的井下导线起始边的坐标方位角列入表 7-4 中。

表 7-4　井下导线各边的坐标方位角最终成果

独立测量次数	起始边方位角 (° ′ ″)	Δα (″)	$(\Delta\alpha)^2$
1	230 47 52	−27	729
2	230 47 12	+13	169
3	230 47 11	+14	196
平均值	230 47 25	Σ(Δα)	1 094

三次定向平均值的中误差为

$$m_{a0} = \pm\sqrt{\frac{[\Delta\alpha]}{N(N-1)}} = \pm\sqrt{\frac{1\ 094}{3\times(3-1)}} = \pm 13.5'' \tag{7-45}$$

由定向测量误差引起的井下导线终点(即待贯通的立井中心)的点位中误差为

$$m_0 = \pm\frac{m_{a0}}{\rho}R_0 = \pm\frac{13.5}{206\ 265}\times 1\ 770 = \pm 0.116(\text{m}) \tag{7-46}$$

该贯通工程的井下导线也独立实测了三次,导线全长 2 591 m,共计 35 个测站,平均边长 74 m,采用北光长 DCB1-J 型防爆测距经纬仪测角量边。井下导线三次独立测量最终成果列入表 7-5 中。

井下导线实际的一次测角中误差为

$$m_{\beta下} = \pm\sqrt{\frac{\{\Delta\alpha\}^2}{n(N-1)}} = \pm\sqrt{\frac{29^2+(-47)^2+18^2}{35\times(3-1)}} = \pm 6.9'' \tag{7-47}$$

表 7-5 井下导线 3 次独立测量最终成果

独立测量次数	最终边方位角	Δα	最终点坐标/m					导线相对闭合差
	(° ′ ″)	(″)	x	f_x	y	f_y	f	
1	196 59 47	+29	103.628	−0.211	944.923	+0.155	0.262	1/9 800
2	197 01 03	−47	103.340	+0.077	945.281	−0.203	0.217	1/11 000
3	196 59 58	+18	103.283	+0.134	945.030	+0.048	0.142	1/18 000
平均值	197 00 16	—	103.417	—	945.078	—	—	—

井下导线终点位置 3 次测量平均值的中误差为

$$m_{下} = \pm\sqrt{\frac{\{f\}^2}{N(N-1)}} = \pm\sqrt{\frac{0.262^2+0.217^2+0.142^2}{3\times(3-1)}} = \pm 0.150(\mathrm{m}) \quad (7\text{-}48)$$

由地面导线,一井定向和井下导线所引起的总的点位中误差为

$$m_{预} = \pm 2\sqrt{M_{上}^2+M_0^2+M_{下}^2} = \pm 2\sqrt{0.018^2+0.116^2+0.150^2} = \pm 0.381(\mathrm{m}) \quad (7\text{-}49)$$

立井贯通后,经过新井定向连测到井下导线的原最终边和最终点,其方位角闭合差为−29″,坐标闭合差为f_x=+0.086 m,f_y=−0.073 m,f_s=+0.113 m。

可见,最终的贯通实际偏差小于贯通预计误差,因此按实测成果进行的精度评定和误差预计只能估算出贯通偏差大小可能出现的范围,而不是给出实际贯通偏差的确切数值。

三、贯通测量技术总结编写纲要

重大贯通工程结束后,除测定实际贯通偏差,进行精度评定外,还应编写贯通测量技术总结,连同贯通测量技术书和全部内业资料一起保存。

四、贯通测量技术总结的编写提要

(1)贯通工程概况。包括贯通巷道的用途、长度、施工方式、施工日期及施工单位,贯通相遇点的确定,贯通测量工作情况,参加测量的单位、人员,完成的测量工作量及完成日期。

(2)依据的技术设计和有关规范。测量工作的实际支出决算,包括人员时数、仪器折旧费和材料消费等。

(3)地面控制测量。包括平面控制测量和高程控制测量、平面控制网的图形、测量时间和单位、观测成果的精度评定、近井点的敷设方式及精度。

(4)矿井系测量。定向及导入高程的方法,所采用的仪器设备,定向及导入高程的实际精度。

(5)井下控制测量。贯通导线施测情况及实测精度的评定;导线中加测陀螺定向边的条数、位置及实测精度,井下高程控制测量及精度,原设计的测量方案实施情况及对其可行性的评价,原设计方案曾做的变动的原因。

(6)贯通精度。贯通工程的允许偏差值;贯通的预计误差;贯通的实际偏差及其对贯通井巷正常使用的影响程度。

(7)对本次贯通工作的综合评述。

(8)全部贯通测量工作明细表及附图。

思考题

1. 贯通测量要进行哪些测量工作?
2. 贯通巷道标定时的几何要素有哪些? 用什么方法求得?
3. 编制贯通测量设计书的主要目的是什么?
4. 贯通测量设计的编制内容有哪些?
5. 确定贯通误差预计的各种误差参数有哪些?
6. 试写出井下全站仪导线的测角误差和量边误差对贯通误差的影响公式。
7. 试写出井下水准测量和三角高程测量误差对贯通误差的影响。
8. 进行同一矿井巷道贯通的误差预计时要考虑哪些误差的影响?
9. 进行两井间巷道贯通的误差预计时要考虑哪些误差的影响?
10. 地面 GNSS 测量误差对两井间的贯通误差有何影响?
11. 贯通后的中线偏差如何调整?
12. 贯通后的腰线偏差如何调整?
13. 一井定向和两井定向的定向误差对贯通误差有何影响?
14. 贯通测量技术总结包括哪些内容?

项目八　矿图及数字矿山信息系统

三维激光扫描技术
在数字矿山中的应用

项目概述

主要介绍矿图的特点、种类、分幅、编号及基本要求；详细介绍井田区域地形图、工业广场平面图、主要巷道平面图、井底车场平面图、采掘工程平面图、井上下对照图、井筒断面图、主要保护煤柱图、采掘计划图及矿井生产系统图等；介绍矿图绘制的基本步骤及计算机辅助绘图；概略介绍数字矿山信息系统。

学习目标

知识目标：

①能正确陈述矿图的特点、矿图绘制要求、矿图的种类、矿图的分幅及编号方法；

②能够正确陈述采掘工程平面图上所要表示的内容；

③能够了解数字矿山信息系统的功能和作用。

技能目标：

①能够熟练运用 CAD 绘制采掘工程平面图；

②能够识读常见的矿图。

【导入】

党的二十大报告提出“到二〇三五年……建成现代化经济体系，形成新发展格局，基本实现新型工业化、信息化、城镇化、农业现代化。”“加快建设制造强国、质量强国、航天强国、交通强国、网络强国、数字中国。”当前能源行业的智慧矿山建设正是为了更好地贯彻二十大精神，大力提升矿业勘探开发的数字化、智能化水平，提高能源行业现代化管理水平，更好地服务人民。

广义的观点把为煤炭开采、生产服务的地质测量、设计工程图、生产管理图等都统称为矿图。事实上，人们通常所说的矿图主要是指矿井测量图。矿图是煤矿建设和生产的工程技术语言，一个煤矿技术人员，只有掌握矿图的基本知识，才能够正确识读、应用和绘制矿图。有了矿图，人们才能够正确地进行采矿设计、科学管理、指挥生产及合理地安排生产计划，才能及时地制订灾害预防措施和处理方案。

【正文】

单元一　矿图概述

一、矿图的特点和要求

(一)矿图的特点

(1)矿井测量是随着矿井的开拓、掘进和回采逐渐进行的，矿图的图面内容要随着采掘工程的进展逐渐增加、补充和修改。

(2)测绘区域随着矿层分布和掘进巷道部署情况而定,通常是水平的、呈条带状的,测绘面积相对较小。

(3)矿图所要反映的是比较复杂的井下巷道的空间关系、矿体和围岩的产状及各种地质情况,测绘内容较多,读图也比较困难。

(4)采用实测和编绘的方法,以实测资料为基础,再辅以地质、水文地质、采掘等方面的技术资料绘制而成。

(二)矿图的绘制要求

(1)矿图必须采用经久耐用、变形小的图纸或聚酯薄膜绘制。

(2)矿图的分幅应根据矿层产状和采区布置加以确定,这样便于绘图和使用,同时节省图纸。

(3)矿图必须准确、及时、完整和美观。

(4)矿图要能明显反映所绘对象的空间关系,同时要求作图简易,易于度量。

二、矿图的种类

(一)广义的分类

通常,一个生产矿井必须具备的图纸一般可分为三大类:地质测量图、设计工程图和生产管理图。

地质测量图主要有井田地形地质图、井田煤层底板等高线图、各种地质剖面图、地质构造图、水文地质图、储量计算图、井田区域地形图、工业广场平面图、采掘工程平面图、主要巷道平面图、采掘工程立面图、井上下对照图和主要保护煤柱图等。

生产管理图主要有采掘计划图、各类安全系统图和生产系统图等。

(二)其他分类

按照投影方法和投影面的不同,矿图分为平面投影图、竖直面投影图、断面图和立面图。

按照成图方法的不同,矿图分为原图和复制图两类。原图是根据实测、调查或收集的材料直接绘在聚酯薄膜或原图纸上的矿图,它是复制图的基础,必须长期保存。原图的副本称为二底图。复制图是根据原图或二底图复制或编制而成的。

按用途和性质的不同,矿图又可分为基本矿图和专业矿图。

煤矿必须具备的基本矿图种类和比例尺应符合表 8-1 和表 8-2 的要求。

三、矿图的分幅及编号

(一)矿图的分幅

煤矿测量图的分幅方式采用矩形分幅(包括正方形分幅)、梯形分幅或自由分幅。矩形分幅和梯形分幅与同比例尺地形图的分幅方法相同。这两类分幅方式主要应用于矿区地面的测量图纸。

反映井下采掘工程的各种矿图,则通常采用自由分幅法划分图幅。幅面大小和格网方向按下列原则考虑:

(1)要便于图纸的绘制、使用和保存。

表 8-1 煤矿必须具备的基本矿图种类和比例尺

图名	比例尺	说明
井田区域地形图	1:2 000 或 1:5 000	
工业广场平面图	1:500 或 1:1 000	包括选煤厂
井底车场平面图	1:200 或 1:500	斜井、平硐的井底车场一般可不单独绘制
采掘工程平面图	1:1 000 或 1:2 000	须分煤层绘制
主要巷道平面图	1:1 000 或 1:2 000	可按每一开采水平或各水平综合绘制。如开拓系统比较简单,且分层采掘工程平面图上已包括主要巷道,可不单独绘制
井上下对照图	1:2 000 或 1:5 000	
井筒(包括立井和主斜井)	1:200 或 1:500	
主要保护煤柱图	一般与采掘工程平面图一致	包括平面图和断面图

表 8-2 露天矿必须具备的基本矿图种类和比例尺

图名	比例尺	说明
矿田区域地形图	1:1 000 或 1:2 000	根据需要可加绘 1:5 000 或 1:10 000 比例的
工业广场平面图	1:500 或 1:1 000	如在 1:1 000 矿田区域地形图上已包括工业广场可不单独绘制
分阶段采剥工程平面图	1:500 或 1:100	
采剥工程断面图	1:5 000 或 1:1 000	
采剥工程综合平面图	1:1 000 或 1:2 000	根据需要可加绘 1:5 000 或 1:10 000 比例的
排土场平面图	1:1 000 或 1:2 000	根据需要可加绘 1:5 000 或 1:10 000 比例的
防排水系统图	1:1 000 或 1:2 000	根据需要可加绘 1:5 000 或 1:10 000 比例的
排水井巷平面图	1:1 000 或 1:2 000	也可与防排水系统图绘在一起

(2)幅面大小视井田和采区的范围而定。井田范围不大时,可按全井田或井田一翼为一幅,大型矿井采区范围很大时可按采区分幅。

(3)坐标格网线可以平行于图边方向,也可以图边斜交。交角视煤层走向和倾向而定,以使图面上的煤层走向大致平行于图面上的上、下图边方向,煤层倾向下图边。

(4)在同一矿井中,矿图的图幅大小应尽量一致,并便于复制。图幅的长度一般不超过 1.5~2.0 m,如超过 2.0 m 则应分幅绘制,并绘出接合表。

(二)矿图的编号

当矿图采用梯形分幅(国际分幅)时,按国际分幅的编号方式统一编号,如 J—50—5—(24)—b。

当矿图采用矩形分幅时,图幅编号按图廓西南角坐标千米数编号,X 坐标在前,Y 坐标在后,中间用短横线连接。如某矿地面 1:1 000 比例尺地形图的图幅编号为 3690. 0—8550. 0。

当矿图采用自由分幅时,可只给出图名而不进行编号。

单元二　煤矿基本矿图的种类及其应用

一、井田区域地形图

井田区域地形图是指某一井田范围内的地形图。它较全面地反映井田范围内地面的地物和地貌情况。地物是指地面上的房屋、河流、农田、森林、道路、桥梁及各种公用和民用设施等。

地貌是指地面上的高低起伏的形状,如高山、盆地、山谷及山脊等。

井田区域地形图是一种地面测量图纸,是对井田地理环境做周密调查和研究的重要资料。在煤矿各种工程建设规划、工程设计、工程施工等工作中(如合理选择井口位置、考虑工业场地布置、修筑运输路和输电线路、解决矿山供水问题等)都需要用地形图来了解规划地区的地貌和地物分布状况,以便根据地形资料和其他资料做出合理的规划、设计和施工方案。

井田区域地形图如图 8-1 所示。

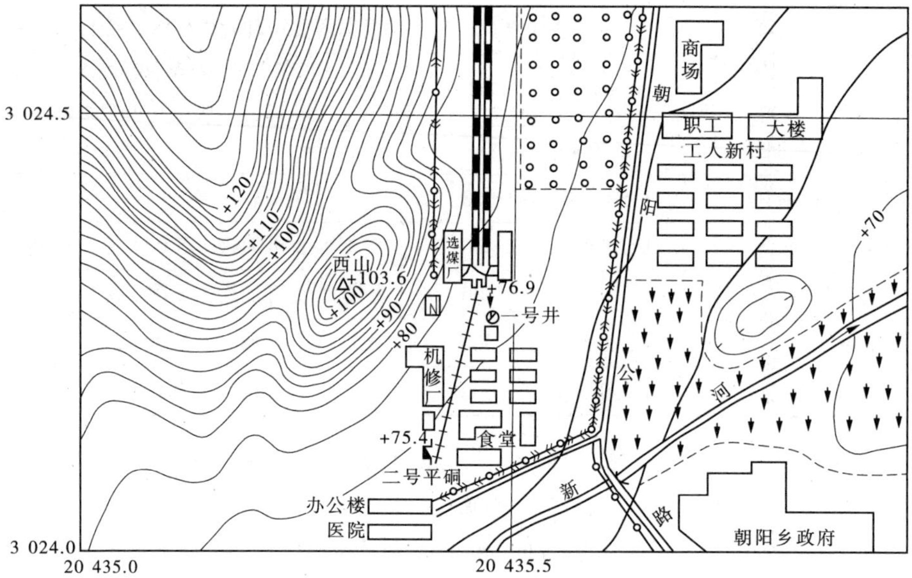

图 8-1　井田区域地形图

井田区域地形图图示的主要内容如下:

(1)图名、比例、指北方向、坐标网。

(2)测量控制点。包括各级三角点、GPS 点、水准点和埋石图根点等。

(3)居民点和重要建筑物外部轮廓。

(4)独立地物。包括各种塔、烟囱、高压输电杆(塔)、储气柜、井筒、井架等。

(5)管线、交通运输线路及垣栅。包括输电线、通信线、煤气管道和围墙及栅栏等。

(6)用等高线表示的各种地形、地貌。

(7)河流、湖泊、水库、水塘、输水槽、水闸、水坝、水井和桥梁等。

(8)土质和植被。包括重要资源、森林、经济作物地、菜田、耕地、沙地和沼泽等。

井田区域地形图的比例尺一般为1:2 000或1:5 000。当几个矿井连成一片,测区范围较大时,宜采用航空摄影方法成图;若测区范围不大,则可采用数字化测图技术成图。该图是编绘井上下对照图和采掘工程平面图的基础。井田区域地形图的图面内容与大比例尺地形图基本相同,但为了满足煤矿企业生产建设的需要,还应反映各类井口、各类厂矿及居民区、矿界线、塌陷积水区、矸石堆及石灰岩地区的岩溶漏斗等。

井田区域地形图采用国际统一分幅或正方形分幅,绘制在聚酯薄膜上或经过裱糊的优质原图纸上。为了日常使用,应复制印刷图或蓝晒图。为了使用与阅读方便,也可以为一个井田或将一个井田分成若干幅,描绘大幅面的聚酯薄膜图作为直接复制图的底图。

井田区域地形图是矿井规划、设计和施工的重要依据,是矿井建设和生产必须具备的矿图之一。

二、工业广场平面图

工业广场平面图是反映工业广场范围内的生产系统、生活设施和其他自然要素的综合性图纸,是井田区域地形图的一部分,是一种专用矿图,其比例比井田区域地形图大,为1:500或1:1 000。工业广场平面图表示的内容也更详细准确,除包括工业广场范围内的所有地形、地物外,还有地下各种主要的隐蔽工程。工业广场平面图如图8-2所示。图上主要内容如下:

(1)测量控制点、井口十字中线基点、注明点号、高程。

(2)各种永久和临时建(构)筑物,如办公楼、井架、选煤厂、锅炉房、机修厂、食堂、仓库、料场、烟囱、水塔、储水池、广场及花园等。

(3)各井口(包括废弃不用的井口)的位置。

(4)各种交通运输设施,如铁路、轻便铁、路架空索道和公路等。

(5)各种管线和垣栅,如高低压输电线、通信线、煤气管道、围墙、铁丝网等。

(6)供水、排水和消防设施,如排水沟、下水道、供水管、暖气管和消火栓等。

(7)隐蔽工程,如电缆沟、防空洞、扇风机风道等。

(8)以等高线和符号表示的地表自然形态及由生产活动引起的地面特有地貌,如塌陷、塌陷台阶、积水区、矸石山(堆)等;当地形特别平坦或工业场地很平整不便以等高线表示时,要适当增加高程注记点的个数。

(9)保护煤柱围护带,注明批准文号。

工业广场平面图主要是作为工业场地的规划、设计、改建、扩建和留设工业场地保护煤柱的依据,同时,在检修和改建地上下各种管道中,有着特别重要的作用。

三、主要巷道平面图

主要巷道平面图是反映矿井某一开采水平内的主要巷道和地质特征的综合性图纸,其比例尺与采掘工程平面图一致,主要为安全生产、进行矿井改扩建设计、掌握巷道进度和煤层分布等提供基础资料。如图8-3所示,图上必须绘出下列内容:

(1)井田技术边界线、保护煤桩边界线和其他技术边界线,并注明名称和文号。

(2)本水平内的各种硐室和所有巷道(包括与本水平相连的斜井、上下山等),并按采掘

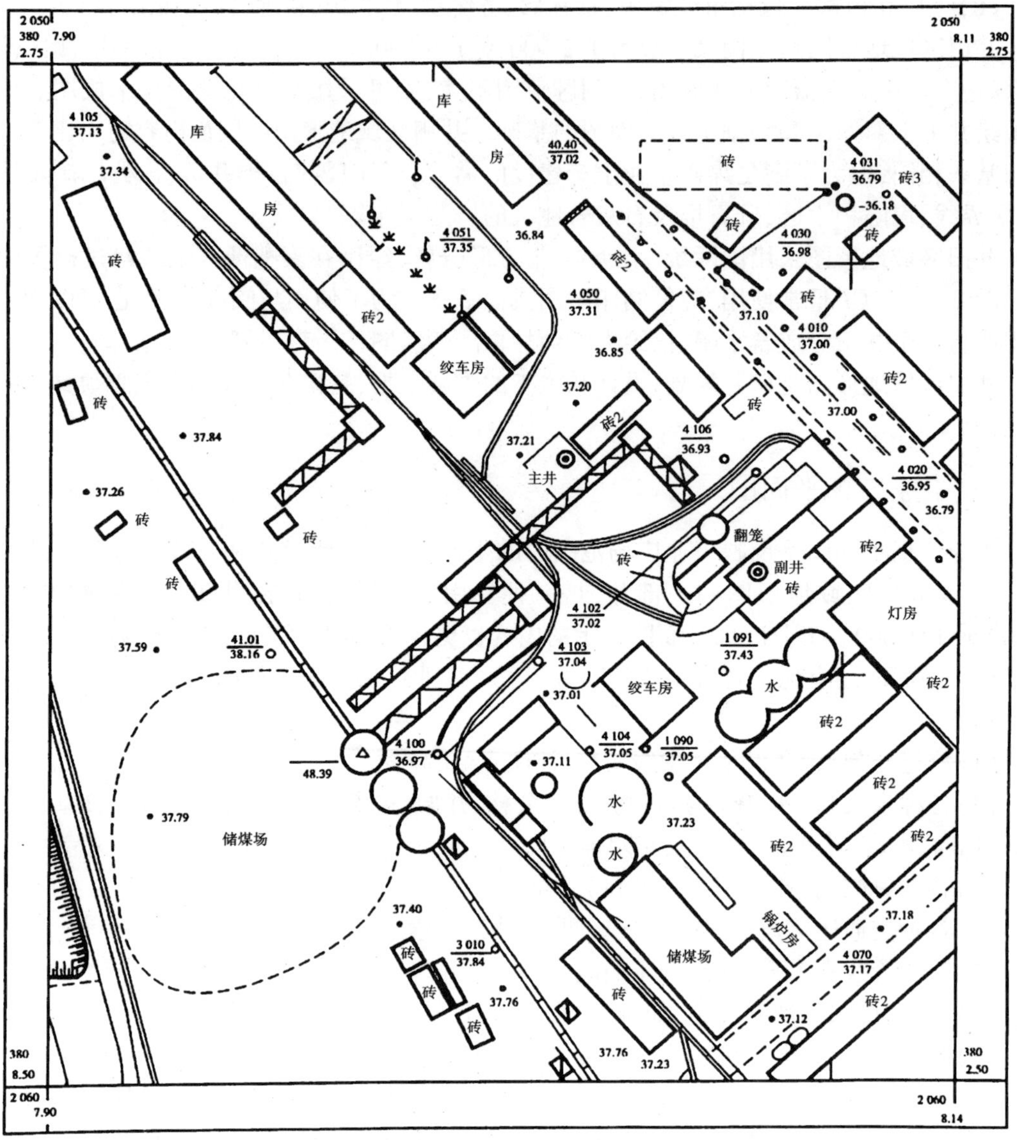

图 8-2　工业广场平面图

工程平面图中对巷道的要求进行注记。

(3)永久导线点和水准点的位置。

(4)勘探和表明煤层埋藏特征的资料,如钻孔和勘探线,煤层、标志层和含水层的分布,煤厚点、煤样点以及断层、褶曲等地质构造。

(5)重要采掘安全资料,如水闸门、永久风门、防水门、突水点、瓦斯和煤尘突出点及抽防水钻孔等。

(6)井田边界以外 100 m 内邻矿的采掘工程和地质资料。

若矿井开采一、二层近距离煤层,水平开拓系统比较简单且在采掘工程平面图上已绘有主要巷道平面图所要求的内容,主要巷道平面图可不单独绘制,或在一张图上绘制若干个水平的综合主要巷道平面图。

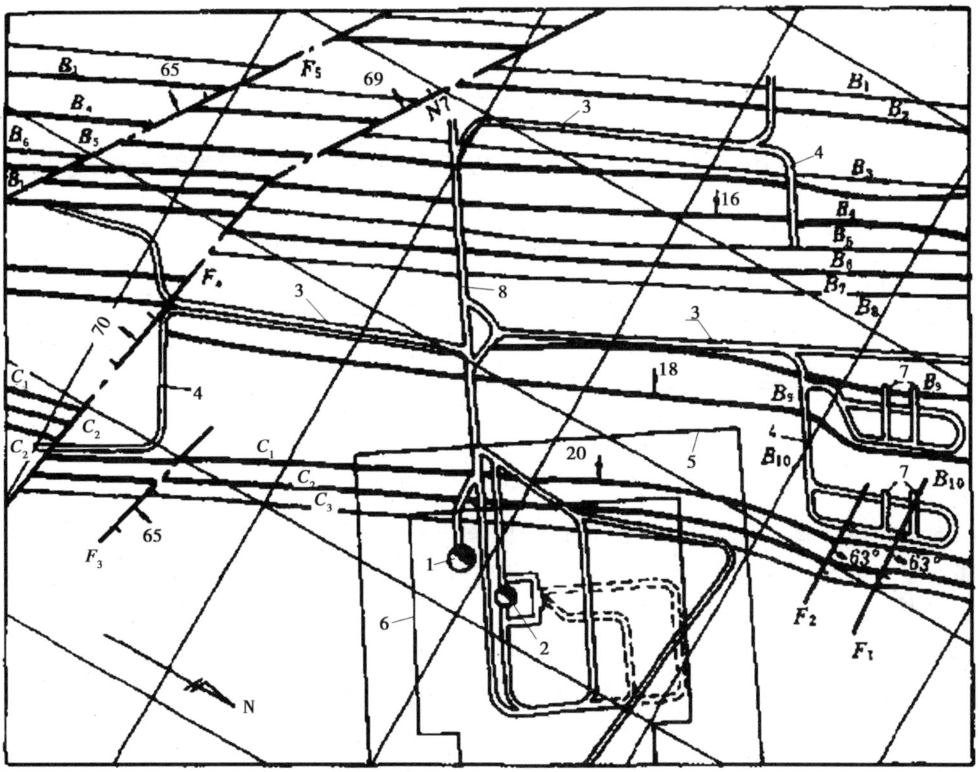

图 8-3 水平主要巷道平面图

主要巷道平面图一般采用自由分幅法绘制在聚酯薄膜上，图幅大小和方格网方向应尽量与采掘工程平面图一致。

四、井底车场平面图

井底车场平面图是反映主要开采水平的井底车场的巷道与硐室的位置分布以及运输与排水系统的综合性图纸，比例尺为 1∶200 或 1∶500，主要为矿井生产和进行改建、扩建设计服务。如图 8-4 所示，图上应绘制出如下内容：

(1)井底车场内各井口位置；各个硐室及所有巷道；水闸门；水闸墙和防火门的位置；轨道要表示坡向和坡度，并须区分单轨或双轨；曲线巷道要注明半径、转向角和弧长；巷道交叉和变坡点要注记轨面(或底板)标高；泵房要表示出各台水泵位置，注明排水能力；扬尘和功率；水仓要注明容量。

(2)永久导线点和水准点的位置。

(3)附有硐室和巷道的大比例尺横断面图，图上绘制硐室和巷道的衬厚度和材质；轨道与排水沟的位置，并标注有关尺寸。

井底车场平面图一般采用自由分幅绘制在聚酯薄膜上。

五、采掘工程平面图

采掘工程平面图是将开采分层内的实测地质情况和采掘工程情况，采用正形投影的原理，投影到水平面上，按一定比例绘制出的图件。它是煤矿生产建设过程中最重要的图纸，

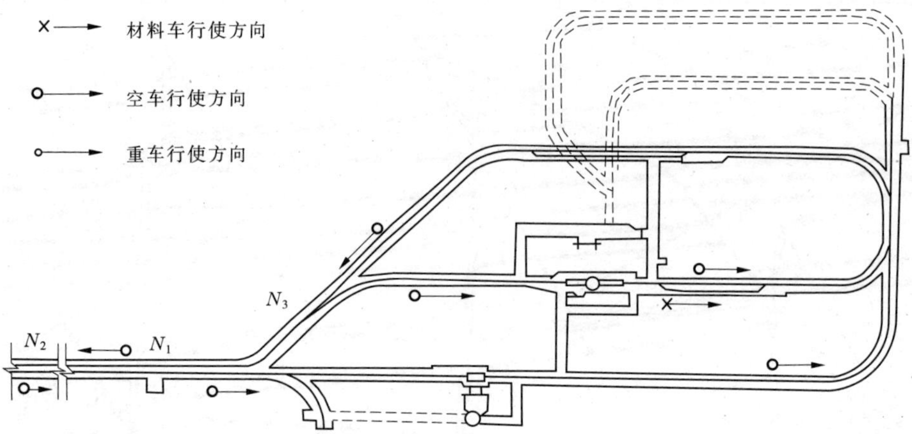

图 8-4　井底车场平面示意图

比例尺为 1∶1 000 或 1∶2 000。采掘工程平面图主要用于指挥生产,及时掌握采掘进展,了解与邻近煤层的空间关系,进行采区设计,修改地质图纸,安排生产计划,以及进行“三量”计算等方面。它是编绘其他生产用图的基础。

(一)采掘工程图的内容

矿井开采一般要持续很长的时间,随着时间的推移,井下巷道和回采工作面逐渐增多,而这些又是必须表示的内容,因此采掘工程平面图往往图面负荷较重。为了让采掘工程平面图清晰明了,人们往往分煤层,表示各煤层的采掘情况。例如,某矿煤层为倾斜煤层,可采煤层有 K1 和 K2 两层,其采掘工程平面图分别按岩石巷道、K1 煤层、K2 煤层绘制成 3 张。如图 8-5 所示为某矿的 K2 煤层采掘工程平面图。

一般来说,在采掘工程图中应当表示下述内容:

(1)井田或采区范围、技术边界线、保护煤柱范围、煤层底板等高线、等厚线、煤层露头线或风化带、较大断层交面线、向斜背斜轴线、煤层尖灭带、火成岩侵入区和陷落柱范围等。

(2)本煤层内及与本煤层有关的所有井巷。其中,主要巷道要注明名称、方位,斜巷要注明倾向、倾角,井筒要注明井口、井底高度,巷道交岔、变坡等特征点要注明轨面标高或底板标高。

(3)采掘工作面位置。需注明采掘工作面名称或编号。采掘年月日,并在适当位置注明煤层平均厚度、倾角,绘出煤层小柱状图。

(4)井上下钻孔,导线点,水准点位置和编号,钻孔还要注明煤层的堤岸边标高、煤层厚度,导线点、水准点要注明坐标、高程。

(5)采煤区、采空区、丢煤区、报损区、老窑区、发火区、积水区、煤与瓦斯突出区的位置及范围。

(6)地面建筑、水体、铁路及主要公路等位置、范围。

(7)井田边界以外 100 m 内的邻近采掘工程和地质资料,井田范围内的小煤窑及其开采范围。

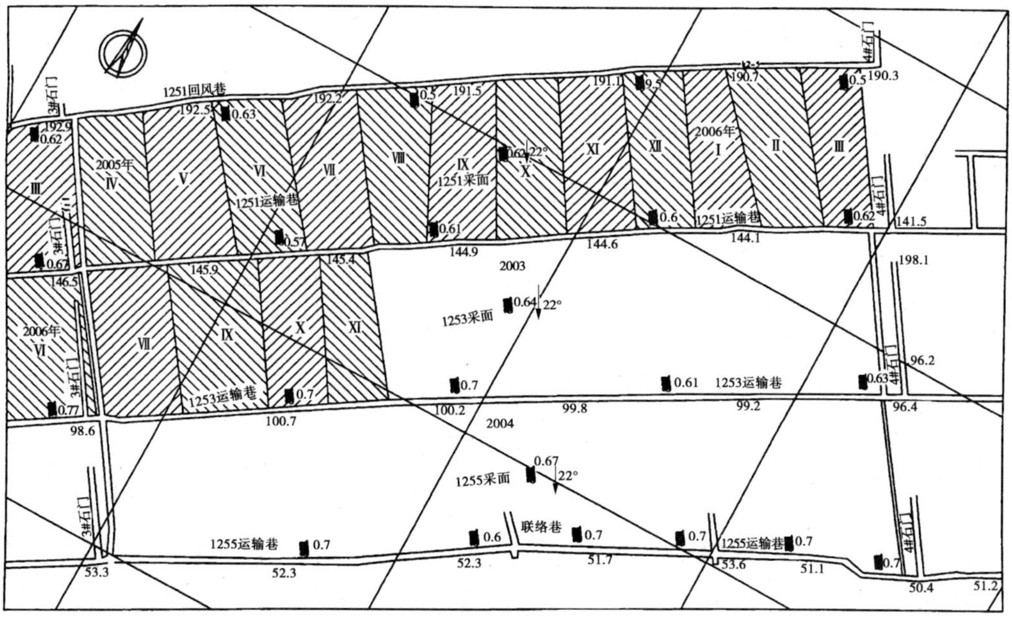

图 8-5 采掘工程平面图

(二)采掘工程图的画法

1. 缓倾斜和倾斜煤层采掘工程平面图

绘制缓倾斜和倾斜煤层采掘工程平面图时,应绘制的内容有:本煤层的全部采掘工程和规定的其他内容;进入本煤层的集中运输大巷、采区石门、采区上下山、阶段集中运输巷等巷道;本煤层与上下煤层之间的巷道和硐室;本煤层上部的主要建筑物、主要巷道、硐室及煤柱边界;通过本煤层的全部竖井和斜井。此外,还要注明回采年月日、煤层倾角及回采厚度、工作面的斜长等内容。

2. 急倾斜煤层采掘工程立面图

对于倾角较大的急倾斜煤层,除绘制采掘工程平面图外,还须绘制与其对应的采掘工程立面图。由于煤层倾角较大,当向水平面投影后,沿煤层倾斜方向的长度将产生显著的变形,因而采掘工程平面图不利于解决采掘工程中的问题,因此要绘制采掘工程立面图,如图 8-6 所示。

采掘工程立面图是在采掘工程平面图的基础上绘制的。首先,绘制平面图,使煤层的平均走向与图纸的底边线大致平行,即使煤层沿图纸左右方向分布。其次,在平面图上过一固定的测点作一直线,使其平行于煤层的平均走向,以此作为竖直投影面的迹线。再次,在图纸的上方,按平面图的比例尺画高程线,令其一竖直投影面的迹线平行。最后,由平面图上各特征点沿垂直于迹线的方向作垂线,在此垂线上按各点的高程,确定其在立面图上的位置,即各点的立面投影,根据图例符号画出该图的全部内容,即得采掘工程立面图。

3. 厚煤层采掘工程图

厚煤层采掘工程平面图的绘制方法与薄煤层采掘工程平面图基本相同。无论是水平分层还是倾斜分层开采,都应分层绘制采掘工程平面图。图上除绘制本分层的所有采掘巷道和地质资料外,还必须展绘开采本煤层的基本巷道,如采取上下山、集中运输巷道、采区石门等。

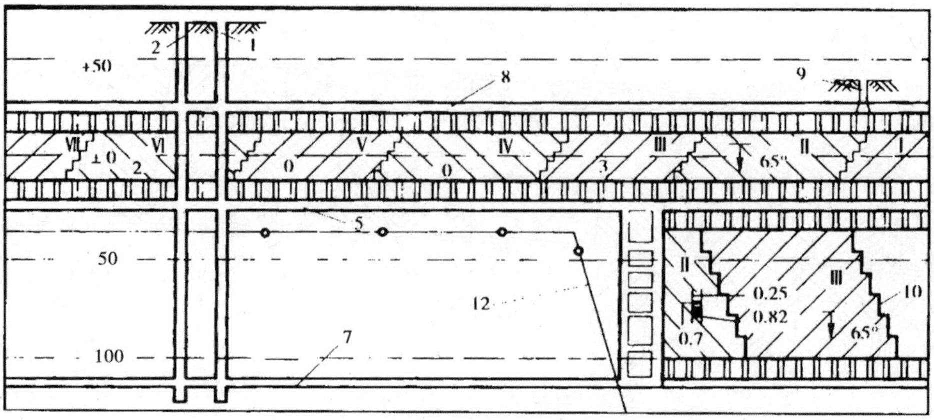

(a)立面图

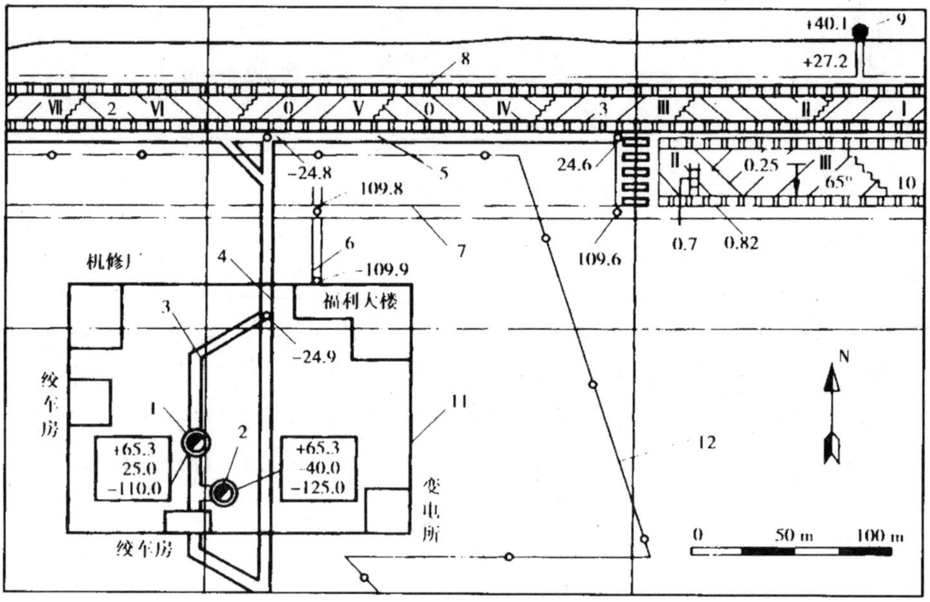

(b)平面图

1—主井;2—副井;3—井底车场;4、6—石门;5—25 m 水平大巷;7—110 m 水平大巷;
8—回风大巷;9—小立井;10—工作面;11—工业场地边界线;12—工业场地保护煤柱。

图 8-6　某矿急倾斜煤层采掘工程平面图和立面图(局部)

4. 特厚煤层采掘工程图

特厚煤层的分层数较多,各分层的情况相差不大,没有必要每一层都绘制采掘工程平面图。因此,在开采特厚煤层时,采掘工程平面图的绘制方法比较特殊,可以只绘制底分层的采掘工程平面图和沿倾斜方向的垂直剖面图。

特厚煤层采掘工程平面图中应填绘的内容如下:

(1)本水平的运输大巷、采区石门、皮带运输巷和煤门等,注明巷道特征点的高程。

(2)自然分层中第1人工分层的顺槽和上山管子道。

(3)上水平的走向管子道和平巷管子道。

(4)上水平的煤层顶底板和断层等,并注明煤层和断层的倾角。

此外,在图上还应填绘煤层顶底板、剖面所截巷道、断层线、人工分层及其回采年月日、高程线及高程等。

(三)采掘工程图的用途

(1)了解采掘空间位置关系,及时掌握采掘进度,协调采掘关系,对矿井生产进行组织和管理。

(2)了解本煤层及邻近煤层地质资料,进行采区或采煤工作面设计。

(3)根据已揭露的煤层地质资料,补充和修改地质图件。

(4)根据现有采煤工作面生产能力及掘进工作面掘进速度,安排矿井年度采掘计划。

(5)绘制其他矿图,如生产系统图等。

为了便于平、立面图进行对照,须注明各点的高程。

(四)采掘工程的读图方法

拿到1张采掘工程平面图后,要看清图名、坐标、方位、比例尺和编制时间,了解采区或采煤工作面的范围、边界及四邻关系,搞清楚煤层产状及主要地质构造、全矿井、采区或采煤工作面巷道布置,掌握采掘情况。同时,注意不同巷道的识别方法。

1. 竖直巷道、倾斜巷道、水平巷道的识别

立井、暗立井等属于竖直巷道,立井的附近标示有井名、井口标高,箭头向里表示进风井,箭头向外表示出风井,两标高的差表示立井的深度。

斜井、暗斜井和上下山等巷道属于倾斜巷道,用专用符号来表示。判别一巷道是否为倾斜巷道,主要看其名称和底板标高的变化情况。如果一巷道内各点标高数值相差较大,可判定该巷道为倾斜巷道。

平硐、石门、运输大巷、回风平巷等属于水平巷道。所谓水平巷道,并不是绝对水平的,为了方便运输和排水,一般会设有3%或5%的坡度。可以根据巷道名称、底板标高来判定巷道是否为水平巷道。

2. 煤巷、岩巷的识别

在巷道断面中,煤层占到4/5及以上的巷道称为煤巷。这类巷道在采区中较多,如上山、下山、区段平巷道、开切眼等。巷道断面中,岩层占4/5及以上的巷道称为岩巷。在采掘工程平面图中,可根据巷道名称来判断是煤巷还是岩巷,或根据图例来辨别,或根据巷道标高和煤层底边标高来辨别。在同一点上,巷道标高和煤层底边标高大致相同,则说明巷道是在煤层中开掘的,煤层厚度大于巷道高度为煤巷,小于巷道高度为岩巷。

3. 巷道相交、相错或重叠的识别

井下各巷道在空间上的相互位置关系有三种情况:相交、相错或重叠。两条巷道相交是指不同方向的巷道在某一位置交于一处。两条巷道相错是指方向和高程均不同的巷道在空间上相互错开,在采掘工程平面图上,两条巷道虽然相交,但交点处标高不相等。两条巷道重叠是指标高不同的巷道位于同一竖直面内,在采掘工程平面图上,两条巷道重叠在一起,但标高相差较大。

采掘工程平面图上一般用双线表示巷道,两巷道相交时,交点处线条应断开;两巷道相错时,上部巷道线条连续而下部巷道线条中断;两巷道相叠时,位于上部的巷道应用虚线表示。

六、井上下对照图

井上下对照图是用水平投影的方法，将井下主要巷道投影到井田区域地形图上得到的，反映地面的地貌和井下的采掘工程之间的空间位置关系的综合性图纸。井上下对照图比例尺一般为 1:2 000 或 1:5 000，主要用来了解地面情况和井下采掘工程情况的相对位置关系，为井田范围内进行各类工程规划、重组、村庄搬迁、征购土地、土地复垦、矿井防排水进行“三下”采煤等提供资料依据。

某矿井上下对照图(局部)如图 8-7 所示。

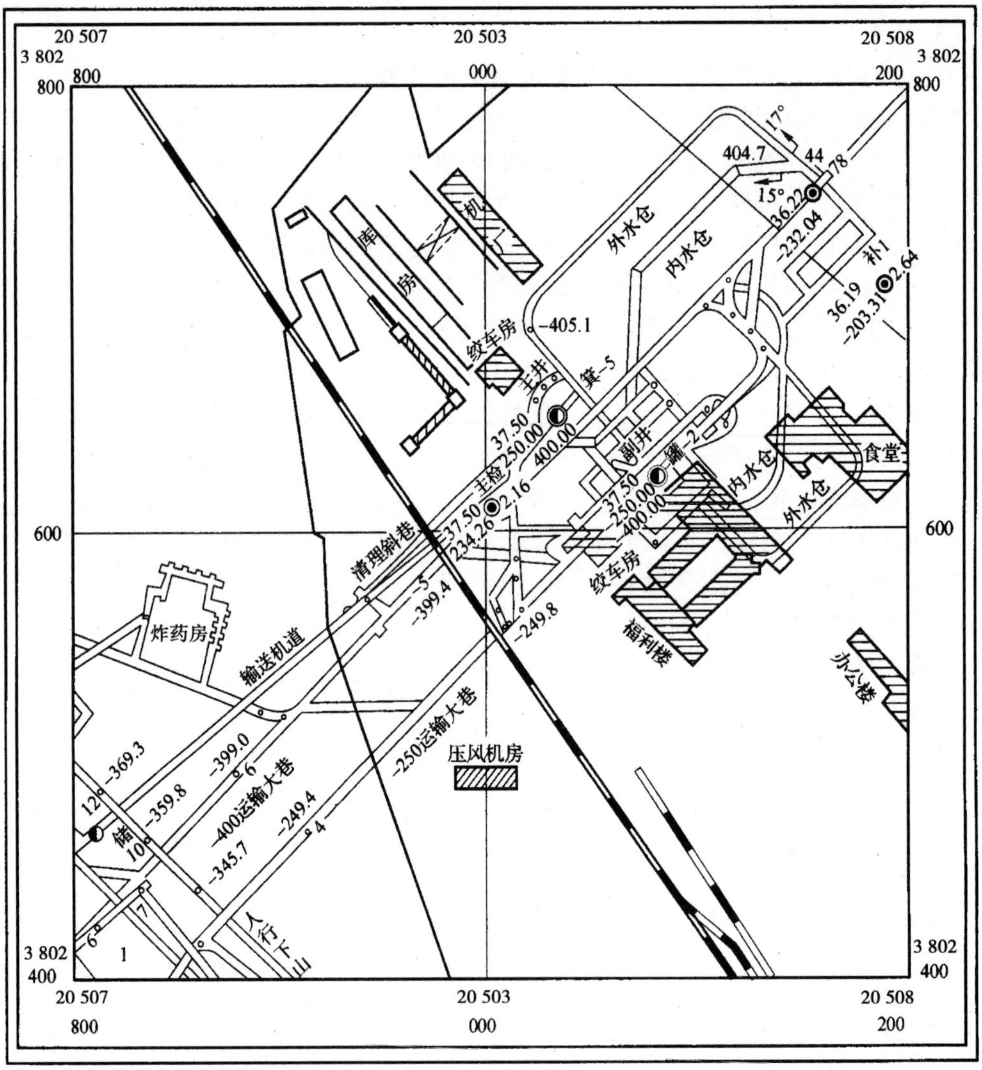

图 8-7　某矿井上下对照图(局部)

（一）井上下对照图上应表示的内容

（1）井田区域地形图所规定的主要内容包括地面的地物、地貌、河流、铁路、湖泊、桥梁、工厂、村庄及其他重要建筑物等。

（2）各个井口（包括废弃未用的井口和小窑开采的井口）位置。

（3）井下主要开采水平的井底车场、运输大巷、主要石门、总回风巷、采区内的主要巷道；回采工作面及其编号（对于煤层开采数较多的矿井，应根据煤层间距和煤层倾角，可绘有代表性煤层的开采面或只绘最上层煤的开采工作面）。

（4）井下技术边界线，保护煤柱围护带和边界线并注明文号。

（二）井上下对照图主要用途

1. 确定地表移动的范围

井下开采所引起的岩层移动和地表沉降，可能使地表的铁路和重要建筑物遭受破坏，还可使地面河流或湖泊之水顺地表塌陷而涌入地下，造成重大灾害，因此必须确定受到采动影响的地表移动范围，以便采取必要措施。

2. 确定井下开采深度

井上下对照图上可同时知道地面某点标高和煤层底板标高，这样两者之差即为开采深度，这可以确定排水钻孔、灌浆灭火钻孔等各种钻孔的速度。

3. 考虑在铁路下、建筑物下、河水体下采煤的问题

在铁路下、建筑物下、河水体下进行开采工作，由于岩层塌陷会造成地表的沉降，为了使地表的沉降不致引起铁路、建筑物的破坏，则需要在开采方法、开采顺序和开采时间上采取适当的措施，井上下对照图是研究“三下”（建筑物下、水体下、铁路下）采煤的基础资料之一。

4. 确定钻孔位置

在进行钻探、井下注浆灭火、排水或处理井下灾害事故中，往往需要向井下打钻，此时，准确地定出钻孔位置是极其重要的，这一工作也需要借助于井上下对照图来解决。

七、井筒断面图

井筒断面图是反映井筒施工和井筒穿过岩层地质的综合性图纸，比例尺为 1∶200 或 1∶500，如图 8-8 所示。井筒断面图主要为矿井开采提供井筒的地质资料，为井筒延深设计和井筒维修提供依据。井筒断面图上应表示的内容如下：

（1）井壁的支护材料和衬砌厚度，掘进的月末位置。

（2）穿越岩层的柱状，并注明岩层名称、厚度、距地表的深度及岩性简况，在开凿过程中的涌水量和其他水文资料等。

（3）地表（锁口）、井底和各中间连通水平的高程注记。

（4）井筒竖直程度。

（5）井筒横断面图，图上绘出井筒内的主要装备和重要设备，并标出井筒的提升方位。

（6）附表列出井筒中心的坐标、井筒直径、井深、井口和井底高程、井筒提升方位、井筒开工与竣工日期及施工单位等。

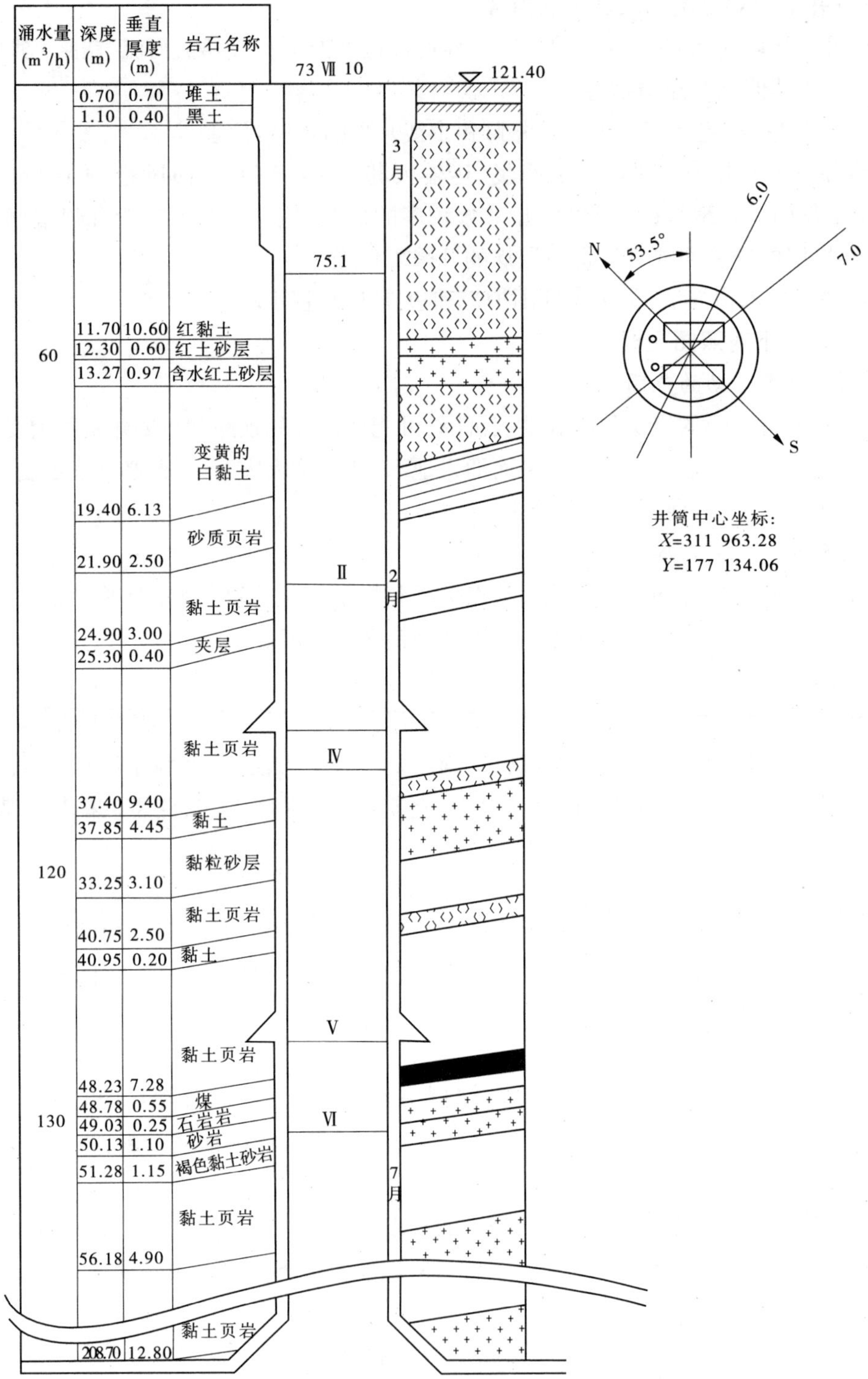

涌水量 (m³/h)
深度 (m)
垂直厚度 (m)
岩石名称
73 Ⅶ 10
121.40
0.70 0.70 堆土
1.10 0.40 黑土
3月
75.1
11.70 10.60 红黏土
60
12.30 0.60 红土砂层
13.27 0.97 含水红土砂层
变黄的白黏土
19.40 6.13
砂质页岩
21.90 2.50
Ⅱ
2月
黏土页岩
24.90 3.00
夹层
25.30 0.40
黏土页岩
Ⅳ
37.40 9.40
37.85 4.45 黏土
黏粒砂层
120
33.25 3.10
黏土页岩
40.75 2.50
40.95 0.20 黏土
Ⅴ
黏土页岩
48.23 7.28
48.78 0.55 煤
130
49.03 0.25 石岩岩
Ⅵ
50.13 1.10 砂岩
51.28 1.15 褐色黏土砂岩
7月
黏土页岩
56.18 4.90
黏土页岩
208.70 12.80
N
53.5°
6.0
7.0
S
井筒中心坐标:
X=311 963.28
Y=177 134.06

图 8-8　井筒断面图

八、主要保护煤柱图

主要保护煤柱图又称为保护煤柱图，它反映井筒和各种重要建（构）筑物免受采动影响所划定的煤层开采边界的综合性图纸，由平面和沿煤层走向、倾向的若干剖面图组成，比例尺一般与采掘工程平面图和主要巷道平面图相一致，为矿井改扩建设计。确定开采煤层的开采边界和指挥生产提供资料依据。

主要保护煤柱图如图 8-9 所示。图上应表示如下内容：

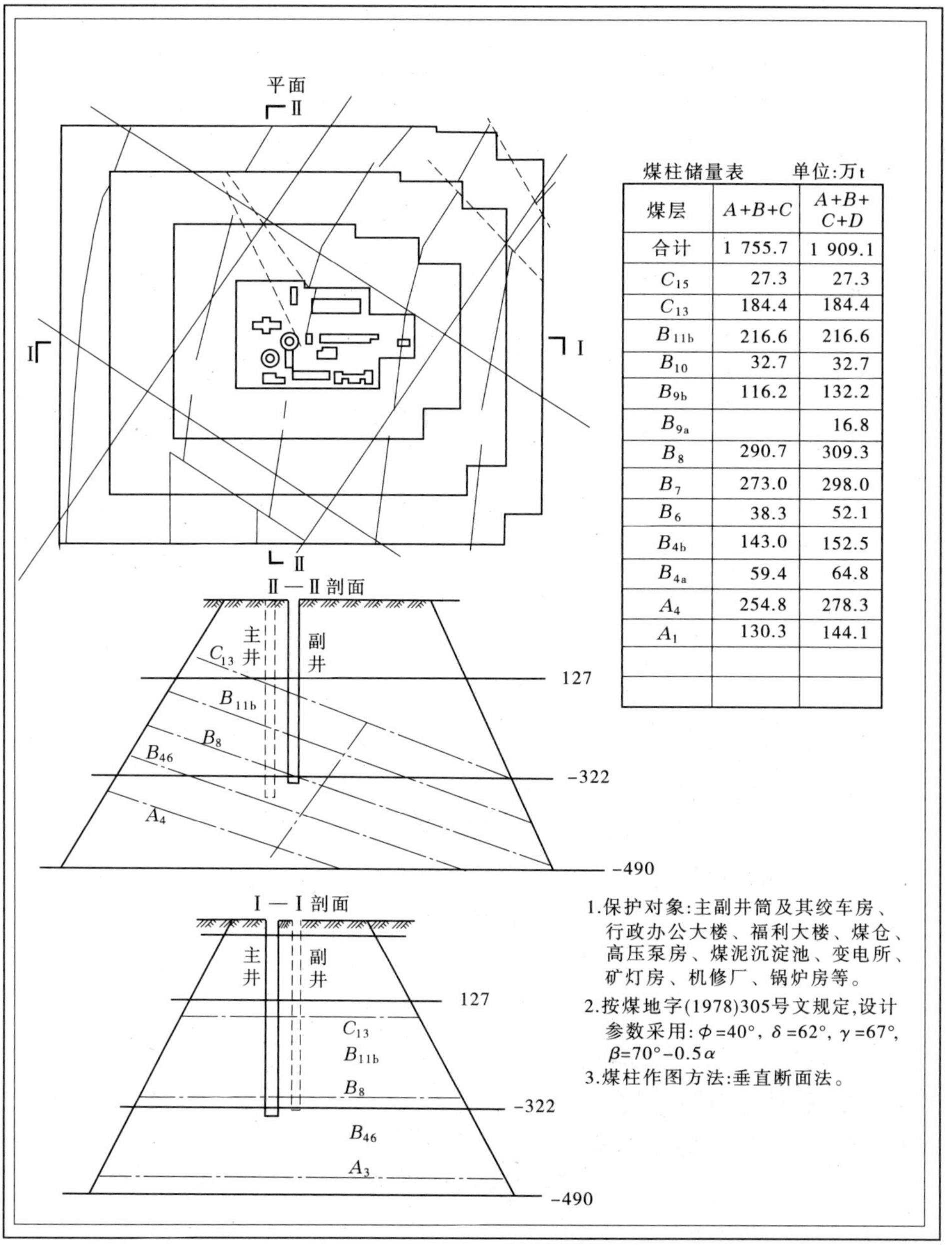

煤柱储量表　　单位：万t

煤层	$A+B+C$	$A+B+C+D$
合计	1 755.7	1 909.1
C_{15}	27.3	27.3
C_{13}	184.4	184.4
B_{11b}	216.6	216.6
B_{10}	32.7	32.7
B_{9b}	116.2	132.2
B_{9a}		16.8
B_8	290.7	309.3
B_7	273.0	298.0
B_6	38.3	52.1
B_{4b}	143.0	152.5
B_{4a}	59.4	64.8
A_4	254.8	278.3
A_1	130.3	144.1

图 8-9　主要保护煤柱图

(1)平面图上绘出受保护对象、围护带宽度、煤层底板等高线、主要断层、煤柱各侧面与开采水平(或与开采煤层)的交面线的水平投影线。

(2)剖面图上应绘出受保护对象、围护带宽度、底层厚度、各开采水平的水平线、煤层剖面、主要断层和保护煤柱边界线。

(3)附表说明守护对象及其名称和保护级别、煤柱设计所采用的参数及其依据、围护带宽度和各角点的坐标、煤柱内各煤层的分级储量统计、煤柱设计的批准文号等。

保护煤柱的设计方法主要有垂直断面法和数字标高投影法,可以根据守护对象轮廓的复杂程度和开采煤层的数目,以及开采水平的多少,选择合适的方法。当守护对象轮廓比较复杂、开采煤层和开采水平都较多时,宜采用数字标高投影法绘制主要保护煤柱图;当守护对象轮廓比较简单、开采煤层和开采水平都较少时,可以采用垂直断面法或垂线法绘制主要保护煤柱图。

九、采掘计划图

采掘计划图是在现有采掘工程平面图、水平主要巷道布置平面图的基础上,根据市场对矿井的煤炭产量和质量提出的要求,依据矿井设计资料、生产技术和地质条件以及矿井的实际管理情况绘制的关于掘进计划和采煤计划的图件。

掘进和采煤是矿井生产过程中的两个基本环节,要想采煤必须先进行掘进,只有合理安排采掘布置,平衡采掘关系,才能保证矿井创造出好的经济效益。

采掘计划图可以分为开采计划图和掘进计划图。开采计划图又分为采煤工作面年度计划图、煤采工作面较长期(5~10年)规划图和采区接替规划图。掘进计划图可分为年度计划图、较长期巷道掘进规划图和水平接替规划图;按巷道类别又分为回采巷道掘进计划图、准备巷道掘进计划图和开拓巷道掘进计划图。

(一)采掘计划图上应表示的内容

(1)矿井现有采煤、掘进工作面的类型、数目和位置。

(2)年度内各采掘队逐月、逐季工作地点、计划进度及接替关系等。

(3)采煤工作面、采区、水平的接替。

(二)采掘计划图的用途

(1)用于编制年度产量计划和采掘设备投资预算。

(2)用于安排与组织采煤和掘进工作。

(3)了解计划年内(各时期)的计划产量和巷道掘进进尺。

(4)了解采区内工作的计划接替情况。

(5)了解采掘的进度或进尺,指挥生产。

(6)检查、验收各队采掘生产完成情况。

(7)用于检查分析水平之间、采区之间的接替关系。

(8)作为下年度采掘计划的参考。

十、煤矿生产系统图

运输生产系统图包括运输系统图、供电系统图、排水系统图和通信系统图。各矿井可根据自己的生产需要选择绘制。

(一)运输系统图

运输系统图是反映井下运输情况的图件,即把全矿井主要线路及运输设备画在一张图上。

1. 运输系统图上应表示的内容

(1)各段巷道内的运输方式和运输设备的分布情况,如刮板输送机、无机绳、带式输送机和电极车等,在图上要注明这些设备的主要技术规格,并画出其位置。

(2)各段巷道的运输距离及通过能力。

(3)井底车场的通过能力。

(4)井筒的提升方式、提升设备和提升能力。

2. 运输系统图的主要用途

(1)根据井下运输线路、运输设备、运输方式和通过能力等情况指挥井下工作。

(2)分析井下运输和运输设备的布置是否合理,简化运输环节,提高运输效率。

(3)作为编制年度运输计划及规划的基础资料。

(4)作为运输图表管理的参考资料。

(二)供电系统图

在井下供电系统图上,不表示井下各巷道系统的关系,只表示井下供电线路、供电设备、电缆规格,以便了解井下供电情况,研究和解决井下供电问题,如图 8-10 所示。

(三)排水系统图

排水系统是表示井下各开采排水线路,泵房内水泵的型号、台数,管线的规格、趟数和布置的综合性示意图。某矿主要排水系统图如图 8-11 所示。

排水系统示意图的主要用途如下:

(1)反映井下排水线路、排水设备和排水能力等信息,以便主管人员了解排水,分析和解决井下排水问题。

(2)便于检查排水管理、排水设备的布置是否合理。

(3)可作为井下防水、排除水害的重要参考图纸。

(4)可作为矿井编制年度计划和长远规划的基础资料。

(四)通信系统图

通信系统图是反映矿井通信系统网络的图件。通信系统由通信网络及通信设备组成。

煤矿井下通信装置的作用十分重要,在正常工作时,它可远距离联络工作人员,使机械设备互相配合运转。在输送机、转载机、斜巷串车、运输设备启运前发出警报信号,以保证启动运行的安全。井下通信系统采用矿用隔爆兼本质安全型设备,并与井上通信系统接通,在紧急情况下及时与地面管理部门联系,快速采取事故应急救援措施,处理事故。通信系统如图 8-12 所示。

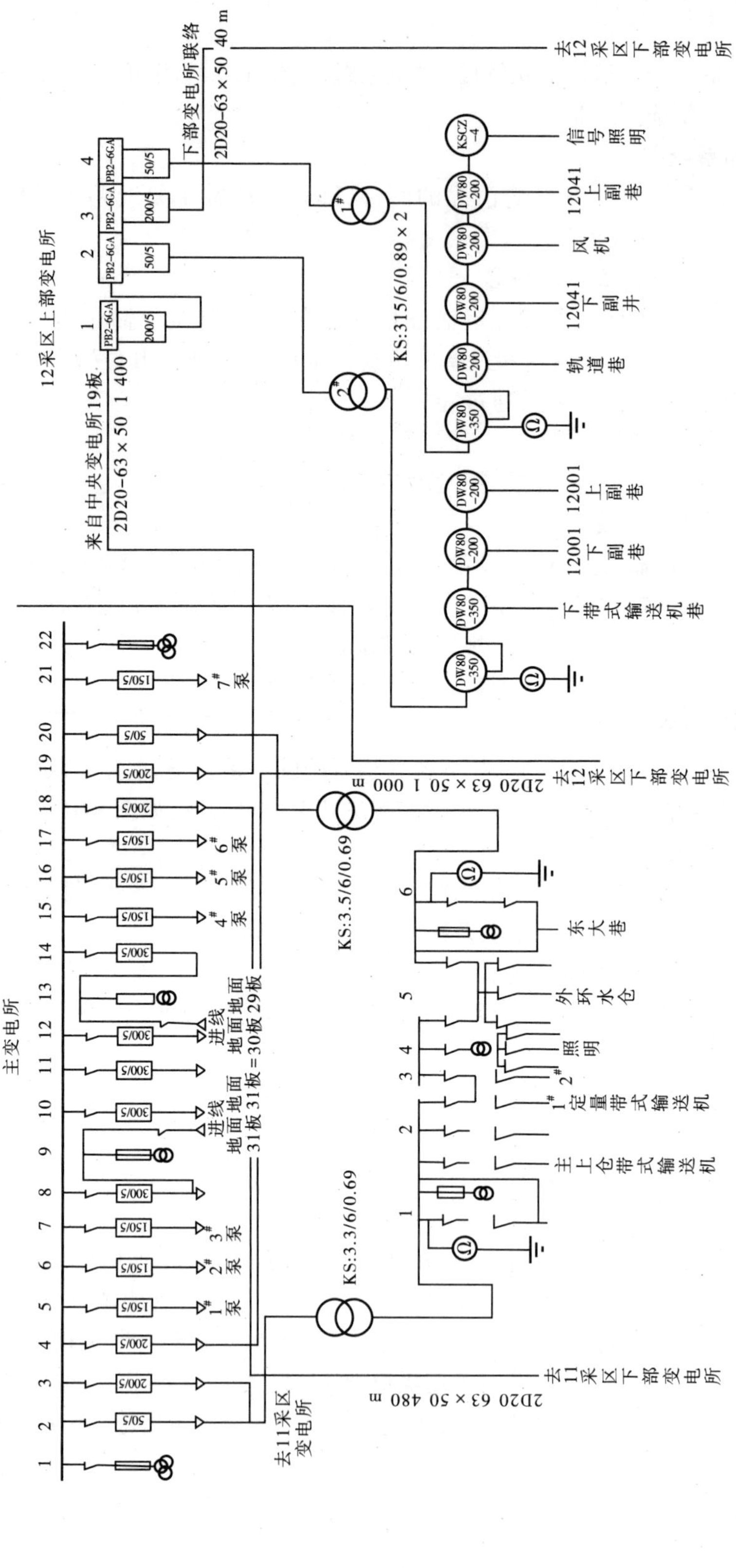

图8-10 某矿井下供电系统图

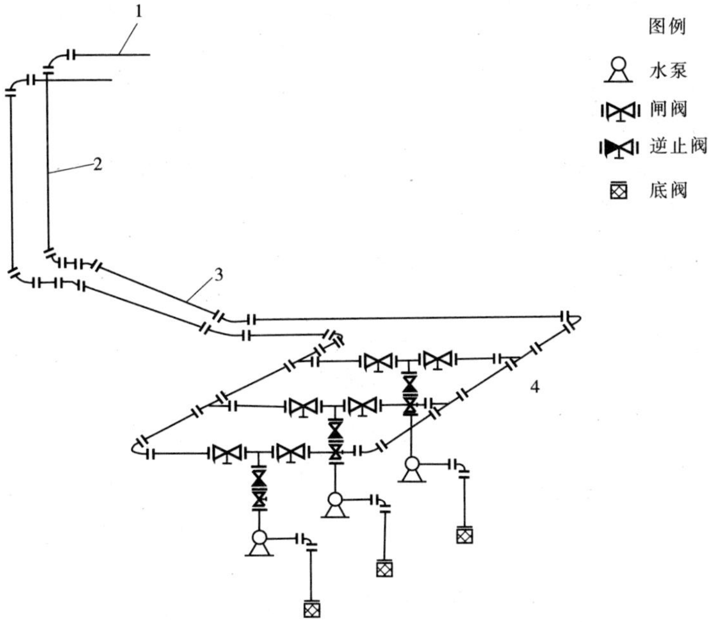

图 8-11 某矿主要排水系统图

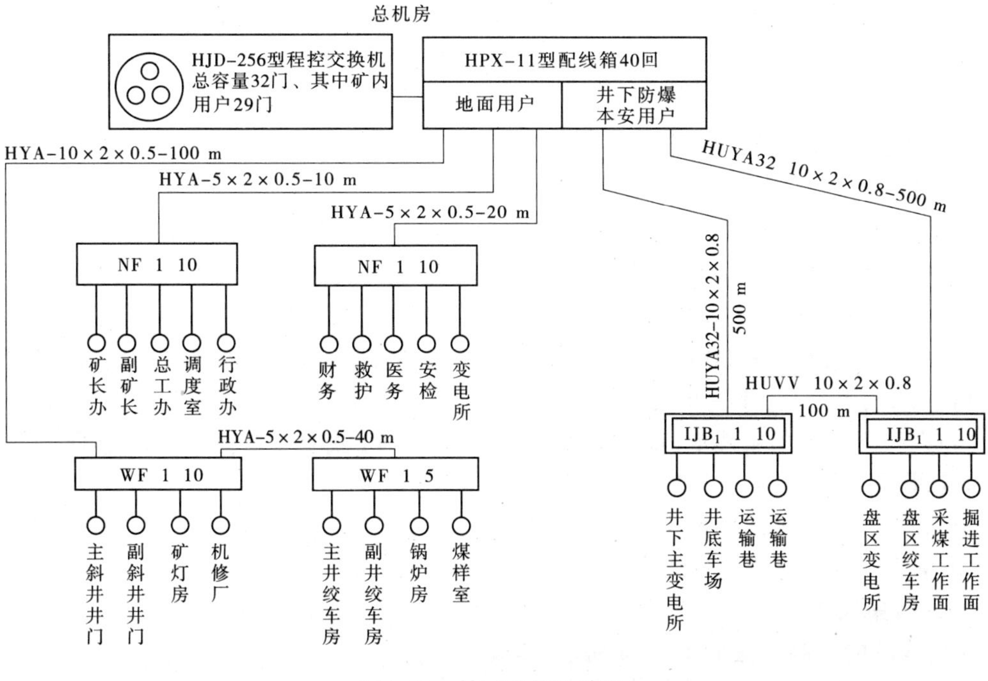

图 8-12 某矿通信系统图

单元三　矿图的填绘与计算机辅助绘制矿图

一、绘制大幅坐标法方格网的方法

矿图一般为平面图。图上坐标方格网为正交的正方形格网，每个方格的边长一般规定为 100 mm，其精度要求规定为：每个方格边长的误差不得超过 0.2 mm，各方格的顶点应在一条直线上，方格对角线长度应为 $100\sqrt{2}$ mm。

绘制方格网的方法很多，现介绍其中的两种。

(一) 自由分幅矿图的方格网绘制方法

矿图的图幅，多采用自由分幅，一般幅面较大，格网线图廓线斜交，如图 8-13 所示。此时绘制方格网的方法步骤如下：

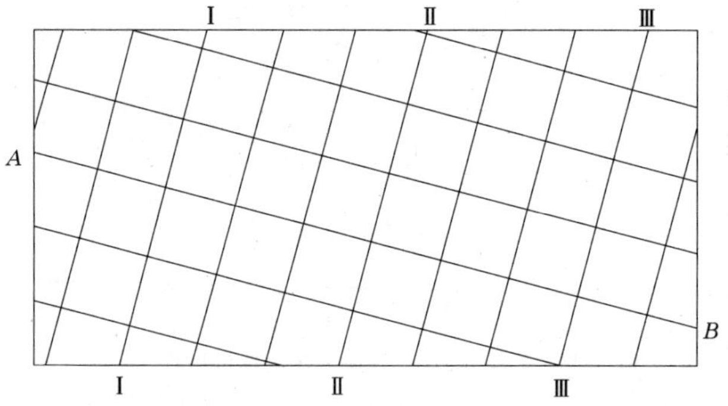

图 8-13　自由分幅矿图的方格网绘制

(1) 按图幅大小，绘出长方形图廓线。

(2) 根据图面内容，在图幅内适当位置画一直线作为格网的基准线。如图 8-13 所示的 *AB* 线与图廓线的交角由煤层的走向及倾向而定(煤层的走向与图廓线的长度方向大致平行)。

(3) 在基准线上，每 100 mm 截取一点，并每隔一些截取点作为基准线的垂线(控制线如图 8-13 所示的Ⅰ—Ⅰ，Ⅱ—Ⅱ，Ⅲ—Ⅲ)。

(4) 在所做的几条垂线上，由基准线开始，每 100 mm 截取一点，并分别连接距基准线等距离的各截取点，画出平行于基准线的各网格线。

(5) 在平行于基准线的网格线上，由同一条控制线开始，每 100 mm 截取一点，连接等距点，画出垂直于基准线的网格线。

(二) 对角线法

对角线法的绘制方法如图 8-14 所示，步骤如下：

(1) 在正方形或长方形图纸上，先绘出两条对象 *AC* 和 *BD*。

(2) 以交点 *O* 为圆心，以适当长度为半径，用卡规在对角线上截取等长的线段 *OA*、*OB*、*OC*、*OD* 并将 *AB*、*BC*、*CD*、*DA* 连接起来，即得一矩形 *ABCD*。

(3) 截取 *AB*、*BC*、*CD*、*DA* 各边的中点 *E*、*F*、*G*、*H*，并连接 *EG*、*FH*，检查其交点是否通过中

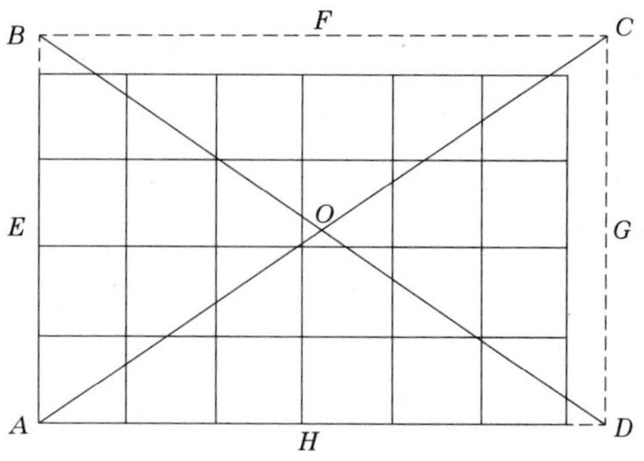

图 8-14 对角线法绘制坐标方格网

心 O,若不通过,需要重新绘制。

(4)在矩形四边形上,以 100 mm 长度的距离用卡规截取个点,连接相应个点,擦除对角线等多余的线条后,即得坐标方格网。

二、计算机辅助绘图

随着计算机绘图软件的不断完善和功能的日益强大,计算机绘制矿图现已取代了传统的手工绘制矿图。

与传统的手工绘制矿图相比,计算机绘制矿图可以任意进行矿图的分解或合成,随时动态修改或填图,图件可按要求任意放大或缩小,可随时复制,图件资料可数字化存储、保存,可通过网络传输图形信息,实现信息资源的共享,具有无可比拟的优越性。

计算机辅助绘制矿图的实质是,根据矿图绘制的具体目标和任务要求,利用计算机及其外围设备等硬件设施,借助于空间数据管理及计算机绘图软件等工具的支持,开发研制出矿图绘制的专业性应用软件,从而形成计算机绘图系统,并利用该系统完成矿图绘制的工作过程。

(一)硬件配置

通常应根据矿图绘制要求和软件要求来配置计算硬件。一般来说,必须具备的硬件设备有微型计算机、彩色显示器、A0 或 A1 幅面的绘图仪、喷墨或激光打印机。此外,还可根据需要配置其他一些设备,如 A0 或 A1 幅面的数字化仪、A1 幅面的扫描仪、电子记录手簿、网卡、网络文件服务器等。

(二)软件配置

通常根据一些部门研制开发的计算机辅助绘制矿图的软件系统来配置。一般说来,必须具备 Windows 或其他操作系统、AutoCAD、Office 等。此外,还可以配置一些图像处理软件、网络软件和数据库编程软件等。

(三)常见计算机辅助绘制矿图软件系统功能

国内一些研究单位或部门开发有一些功能齐全、界面友好、实用性强的矿图绘制系统,能够满足煤矿测量生产中各种基本矿图的绘制和管理。无论用何种手段开发,计算机矿图绘制系统都应该具有如下所述基本功能。

1. 图形数据的采集与输入

野外或井下测量数据可采用电子手簿、便携机等设备将观测数据成果记录下来,并传输给主机,也可采用手工记录,经键盘输入主机。已有的图件资料可通过扫描仪或数字化仪采集,并输入主机。

2. 图形数据的组织与处理

野外或井下采集的图形数据量相当庞大,数据格式既有几何数据,又有属性数据和拓扑关系。因此,需要通过图形数据的组织和处理,经过编码、坐标计算、组织实体拓扑信息,将这些几何信息、拓扑信息、属性数据按一定的存储方式分类存储,形成基本信息数据库。根据矿图绘制的特点和要求,将现有图例形成图例库,将巷道、硐室、井筒等矿图基本图素形成图素库,以便于图素拼接法成图,简化绘图方法,加快成图速度。

3. 图形的编号与处理

目前,国内多数测量绘图软件包都是在 AutoCAD 环境下开发的。在数据组织一定的条件下,成图方法基本可以分为两种类型:一是在 AutoCAD 环境下成图,这种方法是在环境外部利用高级语言形成 AutoCAD 的 * . SCR 文件(或 * . DXF 文件),再回到 AutoCAD 环境下成图,或者直接利用 Lisp 语言编程,让 AutoCAD 运行 Lisp 函数生成图形。二是在外部高级语言环境下,进行数据处理的同时直接生成 AutoCAD 的图形文件。基本图形形成之后,对图形进行整体或局部移动、缩放、增删,改变图形线条的颜色、粗细、属性,进行地貌地物的标注,最后形成满足要求的矿图。

4. 矿图的动态修改

矿井采掘工作是动态变化的,矿图要随着采掘活动的进程不断修改与填绘,才能保证其现势性。因此,矿图绘制系统应具有随时更改数据库的数据,可以随时向数据添加数据,并能根据修改和增加后的数据及时修改和填绘矿图的功能。

5. 矿图的存储、显示和输出

根据矿井生产建设的需要,随时输出不同比例尺、不同种类的图纸。输出方式可以是纸质、聚酯薄膜,也可以直接将数字化图形转记到软盘上,或者可在大屏幕上直接输出平面图、断面图和三维立体图,供工程、设计、回忆、调度用。

(四)直接在 AutoCAD 中绘制矿图的方法

一些煤矿的测量部门,本着节约的原则,不愿意购买别人已经开发好的矿图绘制软件,也可以在 AutoCAD 环境下直接绘制矿图。事实上,采掘工程平面图等反映井下生产情况的图纸,线条一般比较简单,内容并不复杂,完全可以直接在 AutoCAD 中绘制。

(五)用 CAD 软件绘制采掘工程平面图实训

1. 本次实训技能目标

掌握在 CAD 中绘制采掘工程平面图的方法。

2. 本次实训使用仪器工具

每位学生 1 台电脑。

3. 本次实训步骤

(1)老师给每位学生提供 1 幅小煤矿的采掘工程平面图的扫描图。

(2)每位学生独立操作电脑,对照图例符号,在 CAD 中绘制 1 个规模较小的煤矿的采掘工程平面图。

(3)学生按照本次技能训练的内容,独立练习,由教师辅导并答疑。

4. 本次实训基本要求

每位学生独立操作,在 CAD 中绘图。

5. 本次实训提交资料

(1)每人提交 1 幅独立绘制的采掘工程平面图。

(2)每人提交 1 份训练报告。

单元四　数字矿山信息系统

一、数字矿山信息系统概述

数字矿山信息系统,就是以采集、存储、管理和描述矿井范围内有关矿井地质和测量数据的空间信息系统,是矿区资源环境信息系统的基础和核心子系统。数字矿山信息系统有 4 大基本功能:数据的采集、管理、分析和表达。

地理信息系统的理论和技术方法是矿区多层空间(地面、地下河近地表大气层),以及资源和环境等动态四维时空信息的存储、处理、复合、分析与评价的有力武器。在此基础上,开发用于矿区条件的矿区资源环境信息系统,可以为矿产资源的合理开发、环境影响与生态效应、自然过程与社会经济问题的分析评价或预测等提供最好的信息载体和有效的技术手段。

矿井地质测量工作为矿井生产建设提供完备的地质信息、几何数据和图形信息,矿井地质测量空间信息是整个矿区资源空间信息的主要来源和核心。因此,数字矿山信息系统是矿区资源环境信息系统的基础,它具有如下特点:

(1)基础性。矿井地质测量信息是矿井地面与井下规划设计、矿井生产指挥调度、矿井通风安全等方面的基础信息源。因此,数字矿山信息系统具有基础性的特点。

(2)三维空间性。矿井空间是包括地面、井下及上覆岩层的多层立体空间,它具有复杂的内部结构,如起伏的地形,矿床中的褶皱、断层构造,井下巷道的空间交错等。

(3)动态性。矿区开发和生产作业的地理空间地点时刻处在变动之中,地下巷道、采场和矿床储存状况不断变化。这就要求地质测量信息系统能不断地扩充、更新和完善,能及时反映新揭示的地质现象,准确地表达井下巷道和采场的空间位置。

(4)不确定性和随机性。由于地下矿藏赋存状况和地质构造的复杂性、不稳定性,并且受勘探技术手段和勘探工程量的限制,对矿体及其围岩地质特征的描述往往带有一定的推断性质,对开采对象不完全确知,因而生产作业和管理工作完全按原定计划执行很难做到,故具有一定的随机性。

地理信息系统(GIS)是以采集、存储、管理、分析和描述整个或部分地球表面(包括大气层在内)与空间和地理分布有关的数据的一种特定而又十分重要的空间信息系统,处理空间数据和图像是 GIS 的最大特点。

二、系统的基本组成

数字矿山信息系统是在国内外现有的通用 GIS 软件的基础上,根据矿井地质测量的空间特点和矿井生产的需要,进一步扩展和再开发的专用软件。与通用 GIS 软件一样,数字矿山信息系统的主要组成部分如图 8-15 所示。其主模块介绍如下。

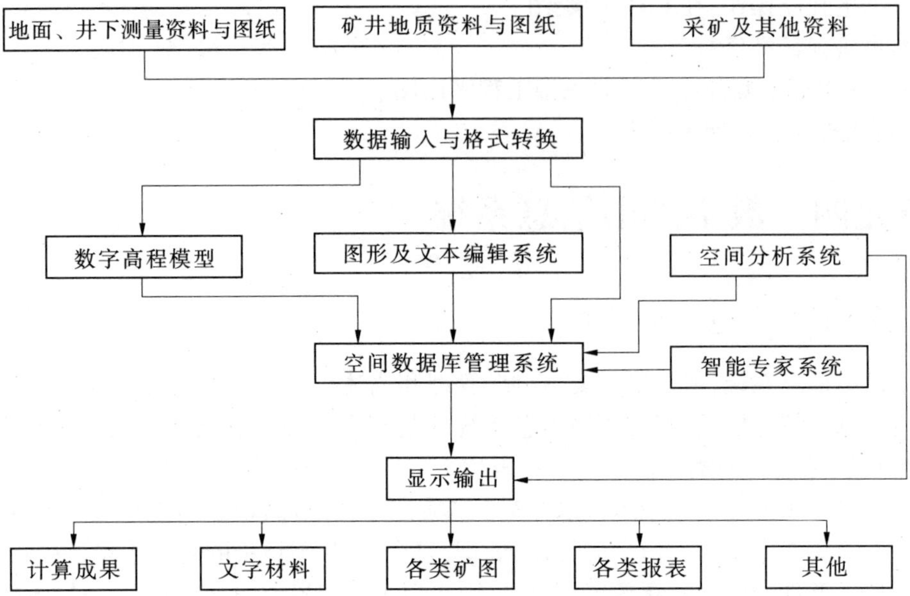

图 8-15 数字矿山信息系统主要功能模块

1. 数据输入与格式转换

该系统能够实现常用 GIS 数据格式间的转换,能够支持多种形式的数据输入,如文本、数字、矢量和网格图形数据的输入,将现有的井田区域地质地形图、煤层底板等高线图、采掘工程图等图件,以及野外测量数据、地质编录资料和采矿数据等转换成与计算机兼容的数学形式。

该系统不仅要包括通用的图形处理功能,如图形数据的输入、编辑、构建拓扑关系、地图整饰、图幅接边等,而且要具备图像功能,以实现 GIS 和遥感的完全结合。在图形编辑系统中设计属性数据的输入功能可以直接参照图形资料,实现图形数据与属性数据的连接。

2. 数字高程(地面)模型模块

数字高程(地面)模型是一种特殊的数据模型。在矿产资源开发中,在地面地形图、煤层底板等高线图以及采掘工程图上,不能再把高程当作属性,而应该用真三维的方法研究,因此把它设计成一个单独的模块。

3. 空间数据管理系统

它是 GIS 软件工具的核心部分,统一管理属性和空间数据,具有初始化、输入、更新、删除、检索、变换、量测、维护等功能,并为其他模块提供基本图形图像支持工具和接口。

4. 空间数据分析系统

空间数据的处理、分析是 GIS 软件的又一个重要内容和特色。关于空间数据分析可分为三个层次:一是简单的空间搜索、空间叠加;二是空间格局的关系及其描述;三是空间模拟。

5. 智能专家系统工具

该系统工具以人工智能为基础,它具有模仿专家的思维、推理、进行分析和解决问题的能力。它对于处理井下复杂的、不确定的地质现象,进行地质推断和地质预报等具有重要意义。

6. 数据显示、输出系统

数据显示和输出是关于数据显示和向用户报告分析结果的方法问题,数据可能以图形、图像、文本、表格等各种形式出现。

三、系统的主要功能

(一)数据的采集与输入功能

数字矿山信息系统的数据主要来自于矿井地质数据、矿井测量数据和采矿信息数据。例如,地质勘探资料、井下开拓掘井揭露的地质资料、野外和井下测量数据、现有的图纸资料等。

不论地理数据信息的形式怎样多样化,它大体可分为两类:一是地理基础数据或空间数据,如地形、地下巷道、工作面的位置,矿床的储存状态及地质构造的位置等;二是属性数据或描述数据,如煤质、顶地板岩性、生产统计数据等。

野外和井下测量数据、属性数据等可通过键盘、电子数据记录器等输入;现有图纸资料可通过数字化仪或扫描仪输入。

(二)图形处理功能

图形处理器是 GIS 的主要功能之一。它能完成图形的输入、编辑、建立拓扑关系、图形修饰、分层显示、输出等主要任务。对于数字矿山信息系统来说,它具备以下功能:

(1)制图功能。根据矿井地质测量资料建立矿井地面、煤层底板的数字高程模型,生成各类矿图。

(2)矿图动态修改功能。根据井下采掘工程的进展情况,及时填绘采掘工程图、井上下对照图等矿山测量图;根据采掘过程中新揭露的地质资料补充和修正煤层底板等高线图、地质水平切面图、勘探线剖面图、地形地质图等矿井地质图,动态地对矿图进行更新,以保证矿图的现实性。

(3)生成断面图、立体图及其他专业图纸。

(4)实现属性数据与图形的互访。如某个位置的煤质、剩余煤厚,或不可采厚度所圈定的不可采块段范围。

(5)图形显示、输出功能。

(三)地质测量数据库管理功能

地质测量数据库是地质测量信息的核心部分,其功能如下:

(1)数据库的建立与维护。根据地质测量的原始数据、计算成果、应用模式等分别建立原始资料库、成果库、图例库、模型库等。数据库建立后,还需要对其进行维护,确保其安全和效率。

(2)数据库的操作。应能从数据库中检索出满足条件的数据,可以在数据库中插入新数据,可以修改、删除数据库中的数据。

(3)通信功能。可以向上级主管部门或其他有关部门发送数据库中的数据或图形,也可以接收到其他数据库中的数据,实现信息的共享。

(四)数据处理与空间分析功能

(1)根据数据库的资料进行设计。如控制网优化设计、贯通测量设计、开采沉陷设计、煤柱设计等。

(2)进行数值计算。如地面控制网平差计算、井下导线的平差计算、各级储量的计算、资源损失量计算、开采沉陷观测资料的分析计算等。

(3)根据地质测量数据库提供的信息,利用智能专家系统工具,对矿井地质现象进行推断。诸如工作面前方地质构造预测、煤层顶底板岩石稳定性预报、综采工作面小断层预报等。

思考题

1. 矿图有什么特点?矿图绘制有什么要求?
2. 什么叫矿图?
3. 矿图常见的分幅方式有哪些?
4. 煤矿必须具备的基本矿图有哪些种类?
5. 采掘工程平面图上要表示哪些内容?
6. 井上下对照图要表示哪些内容?
7. 井田区域地形图上要表示哪些内容?
8. 如何绘制自由分幅的方格网?
9. 绘制基本矿图方格网的精度有何要求?
10. 请叙述用 CAD 绘制矿图的步骤。
11. 煤矿地质测量信息系统由哪些部分组成?
12. 煤矿地质测量信息系统的功能有哪些?

项目九 地表移动及变形观测

项目概述

学习地表移动观测站的设计及布设形式和方法；掌握地表移动观测站的工作流程和技能方法；能熟练对观测数据进行预处理和解算；能够依据矿区资料及《测绘技术设计规定》(CH/T 1004—2005)、《测绘技术总结编写规定》(CH/T 1001—2005)、《建筑变形测量规范》(JGJ 8—2016)等要求，编写矿区地表移动及变形观测的工作方案，结合实测结果编写地表移动及变形观测的工作技术总结。

学习目标

知识目标：

①掌握地表移动及变形观测站的分类形式和布设原则；

②熟悉地表移动及变形观测工作方案设计和技术总结的编写规范及流程；

③掌握地表移动及变形观测工作规范及流程；

④掌握地表移动及变形观测工作数据处理原理和方法。

技能目标：

①能进行地表移动及变形观测站的布设和实施测量；

②能正确处理地表移动及变形观测数据，获取满足精度要求的监测结果数据；

③能独立编写地表移动及变形监观测方案及技术总结。

【导入】

党的二十大报告提出“我们坚持绿水青山就是金山银山的理念，坚持山水林田湖草沙一体化保护和系统治理，全方位、全地域、全过程加强生态环境保护，生态文明制度体系更加健全，污染防治攻坚向纵深推进，绿色、循环、低碳发展迈出坚实步伐，生态环境保护发生历史性、转折性、全局性变化，我们的祖国天更蓝、山更绿、水更清。”能源行业的矿山生态修复不仅是对闭坑矿山废弃地的生态环境进行修复，还包括对正在开采矿山中不再受矿业活动影响区块的生态环境的修复。通过矿山生态修复，将因矿山开采活动而受损的生态系统恢复到接近于采矿前的自然生态环境，或重建成符合人们某种特定用途的生态环境，或恢复成与周围环境(景观)相协调的其他生态环境。

某市煤电公司取水站是工业园供水服务的重要通道，位于某市西南部约 14 km。工业园是省政府某行动计划中确定的皖电东送电源基地和煤化工基地，区内交通便捷，京沪铁路、濉阜铁路及通往宿州、淮北市、蒙城县的省道由此穿越，乡村道路也形成了交通网，交通的繁荣推动了经济的发展。测区地势较为平坦，交通较为便利。该地区属于季风气候，四季分明，降水适中。取水站位于淦河流域，北侧为某市煤电公司四采区塌陷区，南侧为工业园基地北路,东南侧为煤电公司西风井,取水站从塌陷区取水,通过香顺沟向工业园供水。煤电公司四采区 7、8、9 层煤已采完,10 层煤已回采 1041、1047、1049 等工作面,目前 1043 工作面已准备完毕,即将回采,距离取水站较近,且该地区属巨厚冲积层,地表岩层移动参数尚未准确掌握,井下采动影响可能造成取水站的下沉和变形,为准确了解取水站的稳定性,保证取水站的设备及建筑物的安全,特对取水站及周边地表进行沉降监测。以求达到以下两个方面的效果:①查明取水站整体沉降及不均匀沉降情况;②查明取水站周边地表受 1043 工作面采动影响情况。

【正文】

单元一　地表移动及变形观测站的建立

一、概述

(一)地表移动和变形观测的基本概念

1. 观测的目的和任务

为了保护地表各种重要的建筑物,使它们不受或少受开采的有害影响,必须研究地下开采引起的地表移动规律。地表移动的过程十分复杂,它是许多地质采煤因素综合影响的结果。目前,研究地表移动的主要方法是实地观测。通过观测获得大量的实测资料,然后对这些实测资料进行综合分析,从而找出各种地质采煤因素对地表移动的影响规律,为"三下"(建筑物下、水体下、铁路下)开采打下坚实可靠的基础。

2. 观测站的定义

观测站,是指开采进行之前,在开采影响范围内的地表或其他研究对象上,按照一定要求设置的一系列互相联系的观测点。在采动过程中,根据要求定期地对这些观测点进行监测,以确定它们的空间位置及其相对位置的变化,从而掌握地表移动和变形的规律。

3. 观测站的分类

观测站的分类依据有三种,如下所述。

1)观测站设置的地点

按照观测站设置的地点划分,观测站可分为:

(1)地表移动观测站。地表移动观测站是为了研究地表移动和变形的规律,在开采影响范围内的地表上所布设的观测站。

(2)专门观测站。专门观测站是为了某一个特定的目的所设立的观测站,如建筑物观测站、铁路观测站、边坡移动观测站等。

2)观测的时间

按照观测的时间划分,观测站可分为:

(1)普通观测站。普通观测站是观测时间较长(一般一年以上)的观测站。它是在地表移动从开始到结束的整个过程中定期进行观测,主要是为了研究地表移动和变形的规律。

(2)短期观测站。短期观测站是观测时间较短(一般几个月到一年)的观测站。它是在地表移动过程中的某个阶段进行观测,主要是为了求出一些近似的移动参数,如最大下沉速度、走向移动角等。短期观测站只是在急需开采沉陷资料的情况下才采用。

3)布站的形式

按照布站的形式划分,观测站可分为:

(1)网状观测站。网状观测站是指在产状复杂的煤层或建筑物密集的地区开采时,可考虑多布设一些测点,组成网格状观测站(见图 9-1)。网状观测站可以对整个采动影响范围进行观测,所得资料比较全面、准确,但测点数目较多,野外观测和室内成果整理工作量大,且受地形、地物条件的限制,所以只在研究专门问题时采用。

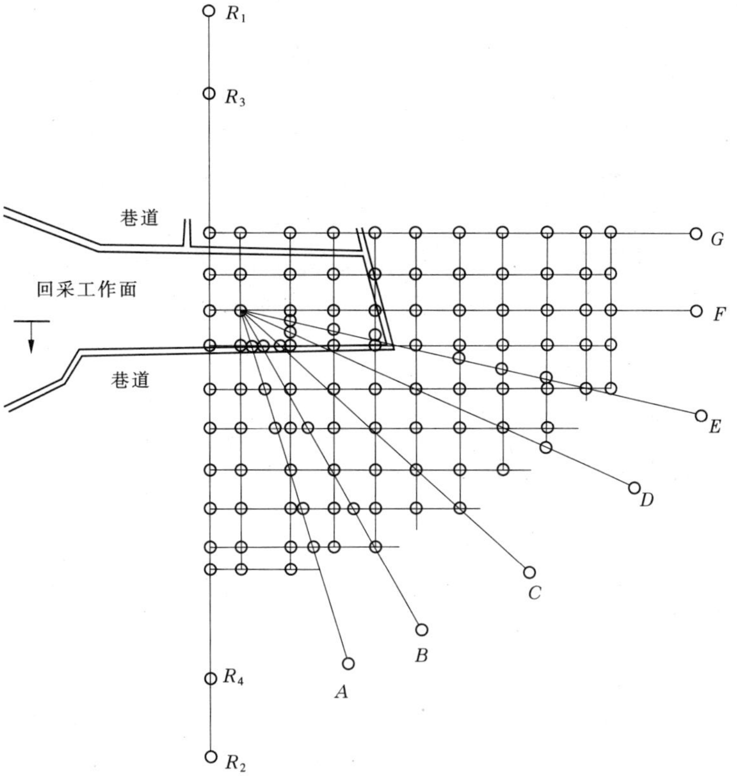

图 9-1 网状观测站的布设

(2)剖面线状观测站。剖面线状观测站是目前各矿区用得较多的一种布站形式。它是在沿移动盆地主断面的方向上,将观测点布设成直线的观测站。有时因条件限制不能布设成直线时,也可布设成具有少量转点的折线形。剖面线状观测站通常由两条互相垂直且相交的观测线(一条或半条走向观测线,一条或半条倾斜观测线)所组成(见图 9-2)。沿走向主断面布设的观测线称为走向观测线,沿倾斜主断面布设的观测线称为倾斜观测线。

(二)观测站设置地点的选择

在设站观测的过程中,应遵循从简单到复杂的原则,先在单一煤层、单一工作面、地质构造简单的条件下开始观测,再进行在多工作、重复开采、有地质构造破坏及煤层产状变化大等条件下的观测,不断积累资料,深化对移动规律的认识。

观测站设站地点的选择取决于设站的目的。对一个矿区来说,应在开发初期就做出全面规划,明确本区要解决的主要问题及其性质。在了解解决本矿区的问题所需要的资料和参数后,确定在哪些条件下建站。然后随着开采工作向纵深发展,适时建站,使观测工作逐

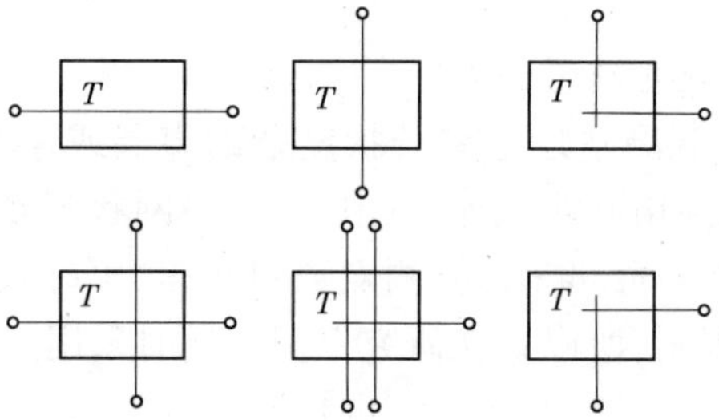

图 9-2　剖面线状观测站及其布置形式

步深入和完善。例如,是否有水下开采问题,若是水下采煤问题,就要适时地观测两带高度。又如,建筑物下开采大都是深部开采,若有建筑物下开采任务,就应在深部开采时设站观测。

观测站设站地点的选择会直接影响到观测成果的使用价值。选择设站地点时,应根据我国生产发展的具体情况及开采沉陷的研究现状,密切结合开采影响的实际问题。例如,在解决地表沉陷的防护问题(如"三下"采煤),除必须掌握开采沉陷规律外,还应掌握建筑物、构筑物变形和破坏与地表移动和变形的关系,了解各类保护物损害的特性及各种防护措施的效益。

二、地表移动观测站设计

(一)观测站设计的原则及内容

1. 设计原则

(1)设计在移动盆地的主断面上。

(2)观测线的长度应大于移动盆地的范围。

(3)观测期间不受邻近采区的影响。

(4)观测线上应根据采深和设站的目的布置一定密度的测点。

(5)观测线的控制点应在移动盆地范围之外埋设牢固,在冻土区控制点的底面应在冻土线 0.5 m 以下。

2. 观测站设计必备的资料

(1)1:1 000 或 1:2 000 的井上下对照图和开采计划图,以便确定观测地区井下开采和地面位置的关系。

(2)设站地区的地质和水文地质资料,包括地形地质图,地质柱状图,煤层赋存条件,覆岩的力学性质、水文条件等。

(3)回采工作面的设计资料,包括巷道布置、采煤方法、顶板控制方法、开采厚度、工作面推进速度、回采时间、周围开采情况等。

(4)观测地区井上下测量资料,主要有控制点、导线点和水准点的坐标。

(5)矿区的岩移资料,例如移动角、最大下沉角、充分采动角、松散层移动角及其他相关参数。

3. 观测站的布设形式

我国矿区大多数采用剖面线状观测站,走向观测线和倾斜观测线互相垂直且相交,观测站的具体布置形式如图 9-2 所示。在充分采动条件下,通过移动盆地的平地部分都可以设置观测线。在非充分采动的条件下,观测线设在移动盆地的主断面上。由于我国矿区工作面是沿煤层走向回采,因此走向方向较长,达到超充分采动,为了检验成果的可靠性,往往在充分采动区内设置两条相距 50~70 m 的倾斜观测线。

观测线的长度应保证两端(半条观测线时为一端)超出采动影响范围,以便建立观测线控制点和测定采动影响边缘。采动影响范围内的测点为工作测点,在采动过程中应保证其与地表一起移动,以反映地表的移动状态。

4. 设计内容

观测站设计包括编写设计说明书和绘制设计图两部分工作,其中设计图包括平面图和断面图,比例尺一般与井上下对照图一致。

设计说明书的内容包括:

(1)建立观测站的目的和任务。

(2)设站地区的地形、地物及地质采煤条件。

(3)观测站设计时所用的岩移参数。

(4)观测线的位置及长度的确定,测点及控制点的数目、位置及其编号。

(5)工作测点和控制点的构造及其埋设方法。

(6)观测内容及所用仪器,矿区控制网的连测方法,精度要求,连测的起始数据,定期观测的时间、方法及精度要求,有关地表采动影响的测定、编录方法。

(7)经费估算,包括观测站所需材料、购地、人工等费用的预算。

(8)观测成果的整理方法与分析步骤,所要获得的成果。

(二)设计图的内容及观测线、观测站的设计方法

1. 设计图的内容

(1)设站地区的地形、地物、地质构造、岩层柱状、煤层产状等。

(2)已有的和新设计的采区巷道。

(3)现有的和新设计的保护煤柱轮廓。

(4)观测线的平面位置,沿观测线的断面图。断面图上应表示出工作测点、位置及编号,岩层柱状,地质构造,煤层产状,开采位置等。

2. 剖面线状观测站的设计方法

剖面线状观测站的设计图如图 9-3 所示,包括煤层厚度、煤层倾角、工作面下山边界的开采深度和上山边界的开采深度,1~2 表示工作面开切眼的位置,3~4 表示终采线的位置,1~3 为运输平巷,2~4 为通风平巷。

3. 确定观测线的位置

因为工作面的走向长度 $D_1+D_2+D_3>1.4H_0+50$ m,可以考虑在充分采动区内设置两条间隔大于 50 m 的倾斜观测线(也可只设一条倾斜观测线),沿煤层走向设置半条走向观测线。下面按矿区已有的岩移资料,在平面图上分别确定走向和倾斜观测线的位置。

1)确定倾斜观测线的位置

首先判断地表是否达到了充分采动。若地表在走向方向上为非充分采动,将倾斜观测线布置在采空区的中心;若地表达到了超充分采动,倾斜观测线应布置在平地部分。如图 9-3 所示,为了使倾斜观测线 R_1R_3 不受邻近开采的影响,在走向主断面上,观测线 R_1R_3 必须设在工作面推进方向上超过 E 点的位置,即要保证倾斜观测线 R_1R_3 到开切眼的距离 D_1 为

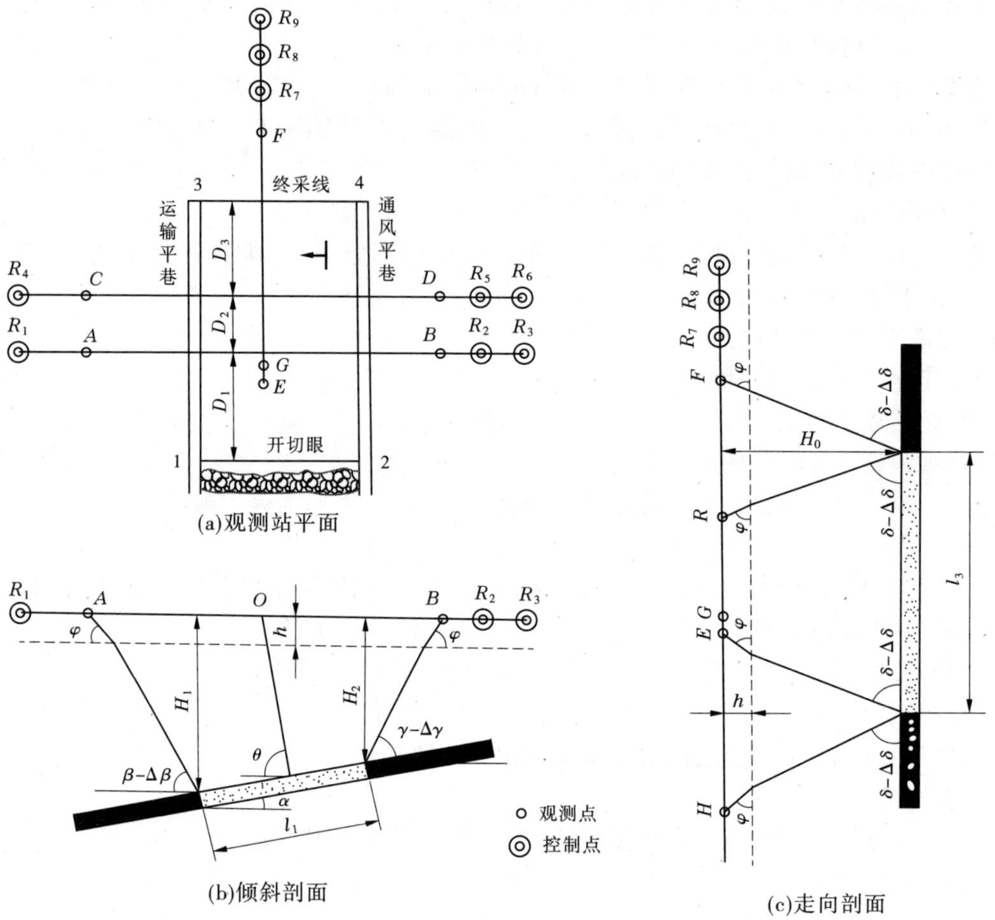

图 9-3　地表移动观测站的设计

$$D_1 \geqslant (H_0 - h)\cot(\delta - \Delta\delta) + h\cot\varphi \tag{9-1}$$

式中　δ——走向移动角；

$\Delta\delta$——走向移动角修正值；

H_0——平均开采深度；

h——松散层厚度；

φ——松散层移动角。

如果在工作面推进过程中设置观测站，倾斜观测线 R_1R_3 到开切眼的距离，除应满足 D_1 外，还应考虑观测站设计到第一次观测之间工作面的推进距离。此时，观测线到工作面的距离 D_1' 应满足

$$D_1' \geqslant D_1 + ct \tag{9-2}$$

式中　c——工作面的推进速度；

t——观测站设计到第一次观测的间隔时间。

为保证倾斜观测线 R_4R_6 通过充分采动区到终采线的距离 D_3 必须满足以下条件：

$$D_3 \geqslant H_0\cot\psi_3 \tag{9-3}$$

式中　ψ_3——走向充分采动角。

在矿区尚未取得充分采动角数据的情况下,可根据一般地表移动规律选用,即

$$D_1 \geqslant 0.7H_0 \tag{9-4}$$

两条倾斜观测线的间距 D_2 应满足条件:$D_2 = 50 \sim 70$ m。

2)确定走向观测线的位置

走向观测线必须位于走向主断面内,确定走向主断面的位置应在倾斜主断面(见图 9-3)上按最大下沉角 θ 来确定。由采空区中心向下山方向偏移一段距离 d,即

$$d = H_0 \times \cot\theta \tag{9-5}$$

4. 观测线长度的确定

1)倾斜观测线长度的确定

倾斜观测线的长度是在移动盆地的倾斜主断面上确定的,如图 9-3(b)所示,自采区边界以 $\beta-\Delta\beta$ 和 $\gamma - \Delta\gamma$ 画线与基岩和松散层接触面相交,再以该点以角画线与地表交于 A、B 两点,则倾斜观测线长度 AB 的计算式为

$$AB = 2h\cot\varphi + (H_1 - h)\cot(\beta - \Delta\beta) + (H_2 - h)\cot(\gamma - \Delta\gamma) + l_1\cos\alpha \tag{9-6}$$

式中 l_1——工作面倾斜长度;

γ——上山移动角;

β——下山移动角;

$\Delta\gamma$——上山移动角的修正值;

$\Delta\beta$——下山移动角的修正值;

H_1、H_2——采区下山边界和上山边界的开采深度。

2)走向观测线长度的确定

走向观测线的长度是在移动盆地的走向主断面上确定,为了保证观测线不受邻近开采的影响,一般情况下(首采工作面除外),走向观测线一般只设半条,如图 9-3(c)所示,在终采线一侧以 $\delta - \Delta\delta$ 角画线与基岩与松散层接触面相交,以该交点以 φ 角作线与地表相交于 F,走向观测线的长度应与倾斜观测线相交,并稍微超过一段距离的 G 点,FG 便是走向观测线的长度。也可以设一条走向观测线,其长度 HF 的计算式为

$$HF = 2h\cot\varphi + 2(H_0 - h)\cot(\delta - \Delta\delta) + l_3 \tag{9-7}$$

式中 l_3——工作面走向长度。

3)移动角修正值

观测站设计中所使用的倾斜煤层下山移动角的修正值 $\Delta\beta$,可按不同倾角 α 确定(见表 9-1)。煤层上山和走向移动角的修正值 $\Delta\gamma$,$\Delta\delta$ 一般取 20°,松散层移动角不加修正值。加入移动角修正值的目的是使观测线长度超过盆地边界一段距离。

表 9-1 移动角修正值

煤层倾角 α/(°)	$\Delta\beta$/(°)	煤层倾角 α/(°)	$\Delta\beta$/(°)
0	20	50	11
10	17	60	9
20	15	70	7
30	13	≥80	6
40	12		

5. 测点数目及其密度

观测线上的测点数目及其密度,主要取决于开采深度(见表9-2)和设站的目的。工作测点设置在预计的移动盆地范围内观测线上,一般是从移动盆地中央开始向两边的移动边界布置。为了反映地表点的移动情况,工作测点要与表土层牢固地固结在一起,以使测点和地表一起移动,并保证工作测点有适当的密度。为了以大致相同的精度求得移动和变形值及其分布规律,一般是等间距布设。控制点应埋设在观测线的两端,每端不得少于2个。若只在一端设置控制点,控制点不得少于三个。控制点与最外端工作测点的距离为50~100 m。但为了较准确地确定移动盆地边界或最大下沉点的位置,也可在移动盆地边界附近或盆地中心部位适当加密测点。观测线和测点的设计位置确定以后,将它们展绘到观测站设计平面图上。

表9-2　开采深度与测点间距

开采深度/m	测点间距/m	开采深度/m	测点间距/m
<50	5	200~300	20
50~100	10	300~400	25
100~200	15	>400	30

6. 观测站的设置

在工作面开始回采之前,或工作面虽已开始回采,但距观测线还有足够的距离,并且移动尚未波及设站地区地表时,就应将设计好的观测站标定到实地上。其方法是:在观测站设计平面图上,利用观测站附近的矿区控制点确定各观测线及观测线上各测点的平面位置,如图9-4所示。从矿区控制点 T,根据设计图中量取的角值 β 和边长 L,先标定出观测线上控制点 R_4,再根据 α 标出倾斜观测线 R_4R_1 的方向。在两观测线交点 O 处,标出与倾斜观测线垂直的走向观测线 R_5R_6 的方向。然后从 O 点开始在两条观测线的方向上,根据设计的测点间距,依次标出各测点的平面位置,并对各测点进行编号。如果矿区控制点离观测站较远,则需在观测站地区进行插点,也可利用其他控制点或图根点标定观测站。

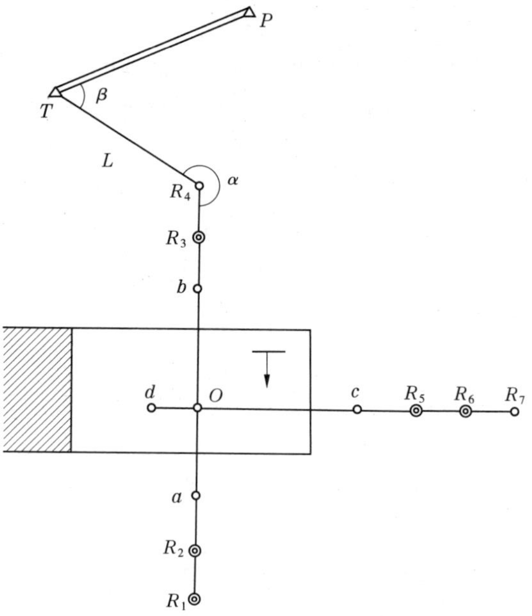

图9-4　观测站的标定

观测站的控制点和工作测点一般用混凝土灌注,或用预制的测点埋设。当地表至冻结线下0.5 m内有含水层时,可采用钢管式测点。如果使用期限较短,可用铁杆或旧钢轨等作为测点标志。为了保证观测站控制点的稳定性,应定期地进行从矿区水准基点到观测站控制点的水准测量。如果矿区水准基点离观测站较远,可在观测站附近 1~2 km 处,至少要埋设 2 个水准基点。

三、任务实施

(一)工作准备

(1)课前熟悉该矿区基本测量资料,预习相关知识部分。

(2)参阅《测绘技术设计规定》(CH/T 1004—2005)、《测绘技术总结编写规定》(CH/T 1001—2005)、《建筑变形测量规范》(JGJ 8—2016)等测量规范及相似矿区地表移动变形观测方案设计及观测站建立的实例。

(二)操作步骤

1. 分析研究地表移动及变形观测区概况

在设计布设地表移动及变形观测站之前,首先要明确地表移动及变形观测任务要求,查找现有资料,包括井上下对照图和开采计划图、设站地区的地质和水文地质资料、回采工作面的设计资料、观测地区井上下测量资料、矿区的岩移资料等。然后实地踏勘设站区的实际概况,考虑地表移动及变形观测站的布设地点、布设形式等。

2. 设计地表移动及变形观测网形及观测方案

根据分析研究地表移动及变形观测区域的概况和地表移动,变形观测任务内容及要求,结合类似地表移动及变形观测区网形设计实例,设计出初步的地表移动及变形观测网形,并讨论网形的适用情况,对不合理的地方加以修正。然后根据设计的网形,制订出地表移动及变形观测的施测方案,详细列出技术要求、操作规范、观测内容、观测时间等。

3. 地表移动及变形观测站的布设

根据地表移动及变形观测设计方案,实地选点,根据要求,标记埋石,建立永久或临时监测站,包括平面控制点和高程控制点。然后,根据方案技术要求,进行相应等级的平面控制测量、高程控制测量,测定永久和临时观测站的坐标、高程值,并标记、留档。

单元二　地表移动观测站的观测工作

地表移动观测是在采动过程中,定期地、重复地测定观测线上各测点在不同时期内空间位置的变化。地表移动观测站的观测工作可分为观测站的连接测量、全面观测、单独进行的水准测量、地表破坏的测定和编录。

一、连接测量

(一)连接测量的定义

在观测点埋好 10~15 d、点位固结之后,在采动之前,为了确定观测站与回采工作面之间的相互位置关系,首先应在观测站的某一个控制点与矿区控制网之间进行测量,以确定这个控制点的平面位置和高程,然后根据它来测定其余的控制点和工作测点的平面位置。这项工作称为观测站的连接测量。

(二)连接测量的目的

连接测量的目的就是把观测站和矿区控制网联系起来,以确定井上下的对应关系。

(三)连接测量的方法

连接测量需要独立进行两次,其测定方法可依据矿区控制网的分布及地形条件分别采用边交会、角交会、边角交会、导线测量和水准测量等。

平面连接测量是从已知坐标的控制点(或观测线的交点),按定向基点的测定精度(点位误差小于 7 cm)和 1/5 导线测量的精度要求确定观测线工作测点的平面位置。

高程连接测量就是在矿区水准基点至观测站附近的水准点之间进行水准测量,再由水准点测定观测站控制点(或观测线交点)的高程。如矿区水准基点距观测站较近,也可由水准基点直接和观测站连测,高程连测以不低于三等水准测量的精度要求进行。

二、全面观测

(一)全面观测的内容

全面观测包括各工作测点平面位置和高程测量、各测点间的距离测量和支距测量,以及记录地表的原有的破坏状况,并做素描。

(二)全面观测的时间

为了确定原始的观测数据,在采动前进行两次全面测量(两次间隔不超过 5 d);为了确定移动稳定后地表各点的空间位置,需要在地表移动稳定之后再进行一次全面测量。地表稳定的条件:6 个月观测地表各测点的累计下沉值小于 30 mm。

(三)全面观测的要求

在采动前,两次测得的同一点高程差不得大于 10 mm,支距差不得大于 30 cm,同一边的长度差不大于 4 mm 时,取平均值作为观测的原始数据,同时按实测数据,将各点展绘到观测站设计平面图上。

(四)全面观测的方法

1. 高程测量

从观测站控制点开始进行水准测量。如果观测线两端都设有控制点,则水准测量附合到两端控制点上。若只在观测线一端有控制点,则需进行往返水准测量。施测按三等水准测量的精度要求进行,经平差后求得各测点的高程。

若两点间地表倾角大于 20°,可采用三角高程测量,应用精度不低于 6″级全站仪以两测回测竖直角,往返高程互差的计算式为

$$\Delta h = 8 + 0.1l \tag{9-8}$$

式中　Δh——往返高程互差,mm;

l——两点间的水平距离,m。

三角高程测量沿观测线分段进行,观测线长度用钢卷尺丈量。每段长(相当于转点间的长度)不超过钢卷尺长度,每段的高差往返测 2 次,中间点的高差由前后转点各测 1 次。

2. 距离测量

测点间的距离须用经过比长的钢卷尺丈量。在地面平坦时,沿地面丈量,否则悬空丈量。两点间的距离应往返丈量 2 次,每次丈量以尺端不同起点读数 3 次,3 次计算的长度互差应小于 2 mm,然后取平均值为其边长。相邻两点间加入各项改正后水平边长的往返限差:边长小于 15 m 的为 2 mm,边长大于 15 m 的为 3 mm,一般不应超过总边长的 1/10 000。

量距时须施以钢尺比长时的拉力,并测记钢尺温度。有条件时,最好采用半导体触点温

度计,直接测量钢尺的表面温度。

在整个移动过程中,全面观测的次数取决于设站目的。如果设站只是为了研究稳定后(静态)的地表移动规律,只要进行首次和末次全面观测即可。为了便于比较和分析,也可在移动过程中适当增加1~2次全面观测。在薄煤层开采引起的地表最大下沉值小于开采厚度的10%~20%时,采动过程中可不增加全面观测的次数。如果设站目的在于研究采动过程中的动态地表移动规律,就须在移动过程中,特别是在移动的活跃阶段,加密全面观测次数,并保证其观测质量。

三、日常观测工作

为了判定地表是否已开始移动,回采工作面推进一定距离(0.2~0.5)H_0后,在预计可能首先移动的地区,选择几个工作测点,每隔几天进行一次水准测量(又称预测或巡视测量),如果发现观测点有下沉的趋势,即说明地表已经开始移动。

日常观测工作是首次和末次全面观测之间适当增加的水准测量工作。在移动过程中,要进行日常观测工作,即重复进行水准测量。重复水准测量的时间间隔,视地表下沉的速度而定,一般是每隔1~3个月观测1次。在移动的活跃阶段,还应在下沉较大的区段,增加水准观测次数。

在采动过程中的水准测量,可用单程的附合水准或水准支线的往返测量,施测按四等水准测量的精度要求进行。在采动过程中,不仅要及时地记录和描述地表出现的裂缝、塌陷的形态和时间,还要记载每次观测时的相应工作面位置、实际采出厚度、工作面推进速度、顶板垮落情况、煤层产状、地质构造、水文条件等有关情况。

观测站的各项观测,一般情况下可参考表9-3的程序进行。为保证所获得观测资料的准确性,每次观测应在尽量短的时间内完成,特别是在移动活跃阶段,水准测量必须在1 d内完成,并力争做到高程测量和平面测量同时进行。

表9-3　观测站观测程序

观测时间	观测内容	观测时间	观测内容
设站后10~15 d	与矿区控制网连测	地表移动活跃期	全面观测、加密水准测量
采动影响前	全面测量、预测	地表移动衰退期	水准测量
地表移动初期	水准测量	地表移动稳定后	全面观测

20世纪90年代以后,现代化的地表移动观测新理论、新技术和新设备的出现,如光电测距仪、全站仪、“3S”(GNSS、RS、GIS)技术等,为快速、全面、精确地观测地表损害情况提供了优越的条件。

四、任务实施

(一)工作准备

(1)课前熟悉该矿区基本测量资料,预习相关知识部分。

(2)参阅《测绘技术设计规定》(CH/T 1004—2005)、《测绘技术总结编写规定》(CH/T 1001—2005)、《建筑变形测量规范》(JGJ 8—2016)等测量规范,分析研究地表移动及变形观测技术设计方案书。

(二)操作步骤

1. 外业工作

1)设备安排

使用 GNSS 接收机 3 台,精度 $\pm(5\ mm+1\times10^{-6}D)$ 以上;选用的全站仪测角精度为±2″,测边精度:$\pm(5\ mm+1\times10^{-6}D)$ 以上,辅助设备(气压计、温度计)均经过计量部门鉴定。

2) GNSS D 级网

布置 4 个控制点,安置 GNSS 接收机进行同步观测,构网强度优。

仪器安置时要求:①仪器对中精度<0.5 mm;②天线定向标志线指向正北;③天线的圆水准气泡要始终居中;④雷雨过境时要暂时关机。

3)全站仪导线

按照一级导线的要求施测。

2. 数据处理

1)基线处理

软件、基线处理软件采用 GNSS 静态处理软件。星历预报根据从网上下载的最新星历文件,选择良好的时段进行外业数据采集,以保证外业采集数据的质量。基线检核进行同步环和重复基线、异步环检核。

2)二维约束平差

二维约束平差采用 GNSS 数据处理软件,为了使解算精度更高,先采用 CGCS2000 国家大地坐标系平差,以测区所在高斯投影 3°带的中央子午线为中央子午线,以大地水准面为测区高程投影面。

3)简易平差

根据导线施测成果和 GNSS 成果进行简易平差。

(三)高程控制

1. 高程系统选择

考虑与本矿目前使用高程系统的一致性,本次水准测量高程采用 1985 国家高程基准。

2. 作业人员及时间安排

四等水准测量由 6 人完成,即监测 1 人、记录 1 人、司尺 2 人、前后距离丈量 2 人。按方案书上的工期,按时从近井点测至取水站 20 个监测点一次。

3. 使用仪器

使用 DINI2 水准仪一台,配合铟钢水准尺进行测量,在作业开始前、结束后,各检校水准仪 i 角一次,若 i 角保持在±10″以内可以使用,超出时,必须进行校正。

4. 路线设计及作业方法

取水站内两栋房屋 4 个房角地基处布置 8 个监测点,沿基地北路间距 25 m 布置一条观测线、20 个工作测点。建筑物监测点采用电钻在外墙上打眼 160 mm,然后安装 $\phi25$ mm 螺纹钢,螺纹钢长 200 mm,外露出墙 40 mm,作为监测点使用。本次测量按四等水准要求监测,采用单程双转点、中丝读数法,每月进行一次监测。监测顺序为后—前—前—后。

5. 作业要求

1)精度要求

四等水准测量精度限差要求见表 9-4。

表 9-4 四等水准测量精度限差要求

等级	监测视距	前后视距差	每站前后视距累差	黑红面读数的差	黑红面所测高差的差	每千米偶然中误差	往返测高差不符值
四等	75 m	2 m	5 m	3 mm	5 mm	10 mm	20 mm

2)作业要求

(1)水准路线以起止地名简称为线名,等级标于线名之前,本次水准路线名为风补—取水站水准路线。

(2)工作间歇应在水准点上结束监测,如无固定点可选,则间歇前后两站的转点应打入铁钉作为间歇点,间歇后进行检测,若高差的差<3.0 mm,即符合限差要求,可由此继续,否则,需从前一水准点起测。

(3)监测时以白色测伞给仪器遮蔽阳光,成像不稳定时不进行监测。

(4)在连续各测站上安置水准仪三脚架时,应使其中两脚与水准路线方向平行,第三脚轮换于路线的左侧与右侧。

(5)除路线转弯处,每一站上仪器和前后标尺的三个位置应尽量接近一条直线。

(6)同一站上监测,一般不得进行两次调焦。

单元三　实测资料的数据处理和分析

一、实测资料处理和分析的内容

(1)观测成果的处理。在观测工作结束后,根据各个观测站野外记录手簿,绘制计算表格,求取各条观测线上各点的实测下沉、倾斜、曲率、水平移动和水平变形等。据此绘制实测移动、变形分布曲线图,求取通用的角量参数,如边界角、移动角、裂缝角、最大下沉角和充分采动角等。

(2)实测参数的求取。根据各个观测站的实测资料,求取各种参数值。这些参数中,少数参数(如下沉系数 q 等)可以是各种预计方法通用的,大部分参数随预计方法的不同而不同。

(3)实测移动变形值分布规律的研究。用选定的预计方法和求得的实测参数,预计该观测站上各观测线方向的移动变形值,将这些值与实测值相比较,可以看出实测值与哪种方法预计的结果较为接近,从而分析这种预计方法所用的移动变形分布函数,以便从理论上研究这个观测站所揭示的地表移动规律。

(4)编写观测站总结。根据观测站的情况和上面三项工作求得的资料,编写观测站总结。

(5)进行多个观测站实测参数的综合分析。若具有多个观测站的实测资料,并且对每个观测站资料进行上述 1~4 项工作之后,就可以对这些观测站进行综合分析。研究这些观测站所求得的各个参数(如下沉系数 q 或概率积分法的参数 $\tan\beta$ 等)与地质采煤条件的关系,并用回归分析方法建立各个参数与地质采煤条件数据之间的函数关系,以建立根据地质采煤条件数据求定预计参数的经验公式。

(6)编写整个矿区的地表移动实测资料综合分析报告书。根据整个矿区的实测资料和实测资料的积累情况,每隔数年编制一次全矿的综合分析报告书,对全矿开采沉陷工作进行总结,以便在今后工作中应用这些成果。

二、观测数据的处理

(一)观测数据的整理

在进行移动和变形计算之前,观测数据的整理包括:

(1)为确保实测数据的正确性,应对每一次观测的记录本进行全面的检查。

(2)计算各测点的高程、相邻两测点间的水平距离和各测点偏离观测线方向的支距。

(3)对观测数据加入各种改正。例如,对水准测量数据进行平差,计算各测点的高程;对钢尺丈量的边长加入比长、温度、倾斜、支距、垂曲等改正,计算各测点在观测线方向上的水平距离。

(二)移动和变形的计算

观测数据经过整理改正后,便可计算观测线上各测点和各测点间的移动和变形。移动和变形计算主要包括:

(1)下沉、倾斜、曲率、水平移动和水平变形的计算。

(2)下沉速度的计算。

(3)横向水平移动(u'_n,单位为 mm)的计算,即

$$u'_n = y_{nm} - y_{n0} \tag{9-9}$$

式中　y_{nm},y_{n0}——第 m 次观测和首次观测时 n 号点的支距值,mm。

横向水平移动是垂直于观测线方向的水平移动,计算时需注意正、负号。移动和变形计算结果的取位见表 9-5。

表 9-5　移动和变形计算的取位

名称	下沉 ω/mm	倾斜 i/(mm/m)	曲率 k/(mm/m)	水平移动 u/mm	水平变形 ε/(mm/m)	横向水平移动 u'/mm	下沉速度 v/(mm/d)
取位	1	0.1	0.01	1	0.1	1	0.1

(三)移动和变形曲线图的绘制

根据移动和变形曲线图能够清楚地看出沿观测线(主断面)的地表移动和变形的分布特征及其发展过程,所以在每一次观测和计算完后,要及时地绘制出观测线的地表移动和变形曲线图,如图 9-5 所示。

绘制移动和变形曲线图时,竖直比例尺要使绘制的曲线能清楚地反映出移动和变形的分布规律,并便于分析比较;水平比例尺应为 1∶1 000 或 1∶2 000,并与观测站平面图一致。曲线图和观测线断面图应绘制在一起,以表明各种地质采煤条件对移动和变形分布形态的影响。断面图的竖直、水平比例尺与井上下对照图的竖直、水平比例尺相同。在断面图上应

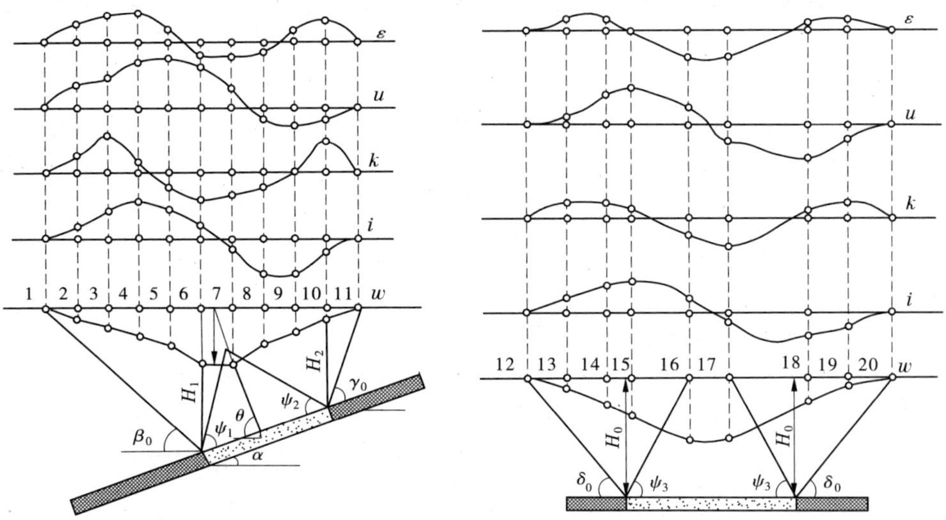

(a)沿倾向主断面 (b)沿走向主断面

图 9-5 观测线的地表移动和变形曲线

标出地面、测点及其编号、松散层厚度、岩层柱状、采区位置、开采厚度，各次观测时的工作面位置及采区周围的开采情况等。

在观测站平面图上应表示出测点的实际位置、地形、地物、钻孔、保护煤柱边界线、每次观测时的工作面位置、回采边界、地表裂缝、塌陷坑的形态及出现日期。若观测站为网状的，可利用计算机绘图软件绘制全盆地的地表移动和变形等值线图，如图 9-6 所示。

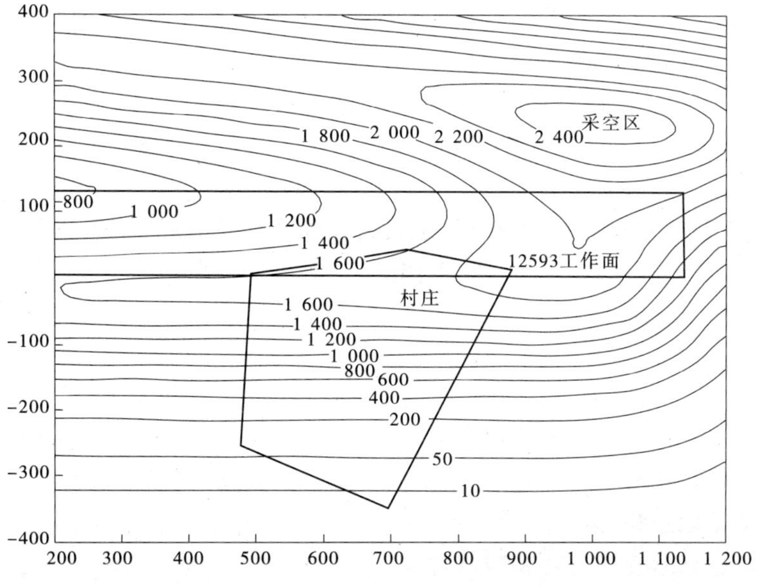

图 9-6 某矿 12593 工作面开采引起的地表下沉等值线

(四)观测数据处理的结果

观测站的实测数据经过处理后可求得下列成果：

(1)地表移动盆地的范围、形状、大小,以及各种角值参数(边界角、移动角、裂缝角、最大下沉角、充分采动角等)。

(2)地表移动盆地主断面上的移动和变形分布及其特征,移动和变形最大值的位置。

(3)工作面推进过程中移动和变形的发展过程及其相应的主要参数(起动距、超前距、超前影响角、滞后距、滞后角等)。

(4)在地表移动过程中,地表移动速度的变化以及与工作面的相应关系。

(5)地表移动各个阶段(初始阶段、活跃阶段、衰退阶段)的持续时间,以及地表移动持续的总时间。

(6)工作面开始回采到地表开始下沉的时间等。

通常,地表移动和变形的主要参数是根据最后一次全面观测结果确定的。根据一个观测站所确定的参数只反映某种特定地质采煤条件的特征,对一个矿区来说,它不具有代表性。要得到具有代表性的矿区移动规律,必须保存好每一个观测站的成果和技术总结,以便不断地积累资料,为建立地表移动理论和解决实际问题提供依据。

三、观测站总结报告书的编写

观测站总结报告书应包括以下内容:

(1)观测站设置目的、位置(附位置图)。

(2)观测站的设计。包括文字说明、计算和图纸。

(3)观测站标定情况。包括文字说明及观测站标定后的实际位置图(井上下对照)。

(4)观测站的观测情况。包括仪器、观测方法、精度要求、观测次数等,对观测站连测、矿区观测站布设总图。

(5)各观测站实测及分析成果。列表说明观测站分组情况、各组中各个观测站本身的资料(名称、位置、时间等)、观测站的地质采煤条件数据,通过数据处理求得的分布规律及实测参数、观测站布置图(井上下对照图)等。

(6)综合分析成果。包括各组的分布规律,求取参数的经验公式等,应附有各种综合分析的图表。

(7)结论及建议。对目前的观测站情况及分析结果做出评价,列出主要成果,指出今后要解决的问题及计划进行的观测和研究工作。

思考题

1. 地表移动及变形监测的目的和任务是什么?
2. 地表移动变形监测观测站的定义及观测站类型有哪些? 观测站的布站形式有哪些?
3. 观测站设置地点如何?
4. 地表移动观测站设计的内容和原则?
5. 剖面线的设计方法有哪些?
6. 地表移动观测站的观测工作有哪些? 进行这些观测工作地目的、方法有哪些?
7. 如何编写观测站总结报告书?

参考文献

[1] 张国良. 矿山测量学[M]. 徐州:中国矿业大学出版社,2001.

[2] 朱红侠,宋太江. 矿山测量[M]. 重庆:重庆大学出版社,2010.

[3] 何沛锋. 矿山测量[M]. 2 版. 徐州:中国矿业大学出版社,2012.

[4] 李天和,王文光. 矿山测量[M]. 北京:煤炭工业出版社,2004.

[5] 周建郑. 工程测量[M]. 郑州:黄河水利出版社,2006.

[6] 邓念武. 测量学[M]. 北京:中国电力出版社,2004.

[7] 冯耀挺,闫光准. 矿图[M]. 北京:煤炭工业出版社,2005.

[8] 高井祥. 测量学[M]. 4 版. 徐州:中国矿业大学出版社,2010

[9] 周立吴,张国良,林家聪. 矿山测量学:第一分册 生产矿井测量[M]. 徐州:中国矿业大学出版社,1993.

[10] 李战宏. 矿山测量技术[M]. 北京:煤炭工业出版社,2008.

[11] 孔昭璧. 生产矿井测量[M]. 北京:煤炭工业出版社,1995.

[12] 罗聚胜,杨晓明. 地形测量学[M]. 北京:测绘出版社,1999.

[13] 同济大学测量系,清华大学测量教研室. 测量学[M]. 北京:测绘出版社,1991.

[14] 张海东. Y/JTG-1 陀螺全站仪性能研究[D]. 郑州:解放军信息工程大学,2005.

[15] 煤炭工业部生产司. 煤矿测量手册:上册[M]. 修订版. 北京:煤炭工业出版社,1990.

[16] 中华人民共和国国家质量监督检验检疫总局,中国国家标准化管理委员会. 全球定位系统(GPS)测量规范:GB/T 18314—2009[S]. 北京:中国标准出版社,2009.

[17] 中华人民共和国住房和城乡建设部. 工程测量标准:GB 50026—2020[S]. 北京:中国计划出版社,2021.

[18] 中华人民共和国住房和城乡建设部. 城市测量规范:CJJ/T 8—2011[S]. 北京:中国建筑工业出版社,2012.

[19] 中华人民共和国住房和城乡建设部. 卫星定位城市测量技术标准:CJJ/T 73—2019[S]. 北京:中国建筑工业出版社,2019.

[20] 国家测绘局. 国家一、二等水准测量规范:GB/T 12897—2006[S]. 北京:中国标准出版社,2006.

[21] 中华人民共和国国家质量监督检验检疫总局,中国国家标准化管理委员会. 国家三、四等水准测量规范:GB/T 12898—2009[S]. 北京:中国标准出版社,2009.

[22] 国家测绘局. 测绘技术总结编写规定:CH/T 1001—2005[S]. 北京:中国标准出版社,2006.

[23] 国家测绘局. 测绘技术设计规定:CH/T 1004—2005[S]. 北京:中国标准出版社,2006.

[24] 国家市场监督管理总局 . 国家标准化管理委员会 . 地质矿产勘查测量规范:GB/T 18341—2021[S]. 北京:中国标准出版社,2021.

[25] 中华人民共和国住房和城乡建设部. 工程测量标准:GB 50026—2020[S]. 北京:中华计划出版社,2021

[26] 中华人民共和国住房和城乡建设部. 建筑变形测量规范:JGJ 8—2016[S]. 北京:中国建筑工业出版社,2016.